맛 과 향 으 로 가 득 한 술 의 신 세 계

말술남녀

말술남녀

말문 술술 푸는 **남녀**들의 맛있는 술이야기

명 욱 | 박정미 | 신혜영 | 장희주

미래문화사
MIRAE

목차

009 — 더 맛있는 음주생활을 위한 좋은 술친구, 말술남녀 ····· 빤스PD
015 — 인류의 삶에서 절대 빠질 수 없었던 술 ····· 명사마

01. 소주, 이건 몰랐지

022 — 술병 두 개를 제대로 맞대기만 하면 완성! **링거주** ····· 장기자
025 — 한국 희석식 소주의 대명사 **참이슬 프레시** ····· 장기자
030 — 오크통 10년 숙성 원액에서 탄생하다 **일품진로** ····· 명사마
036 — 일본 소주 1위 업체의 대표작 **키리시마 소주** ····· 명사마
042 — 가장 유명한, 그리고 가장 기본적인 **안동 소주** ····· 장기자
048 — 예거마이스터 못지않은 한국의 전통주? **전주 이강주** ····· 박언니
054 — 섞는 비율에 따라 달라지는 맛과 향 **오유와리** ····· 명사마
058 — 폭탄주의 개념을 바꿔본 창작 칵테일 **젤리폭탄주** ····· 신쏘
061 — 한식과 최고의 궁합을 보여주는 **화요** ····· 박언니
067 — 국내 최저가 증류식 소주 **대장부** ····· 명사마
071 — 일본 소주를 논할 때 빠질 수 없는 술 **이이치코 실루엣** ····· 박언니

02. 핫서머! 쿨맥주!

078 — 한국 맥주의 어제와 오늘 ····· 명사마

086 — 봄이면 생각나는 꽃향기의 술 **호가든** ····· 박언니

093 — 너무나 유명한 엔젤링이 남는 **아사히 슈퍼 드라이** ····· 명사마

102 — 오랜 역사만큼 편안하다 **기린 이치방** ····· 박언니

112 — 일본 최초의 저온 발효 맥주 **삿포로 프리미엄** ····· 장기자

116 — 하이네켄을 닮은 싱가포르 라거 **타이거 맥주** ····· 명사마

122 — 프랑스는 맥주마저도 낭만적이다 **크로낭부르 1664 블랑** ····· 박언니

130 — 여름에 수박이 빠지면 섭섭하지! **워터멜론 위트에일** ····· 신쏘

136 — 달콤한 독일의 라거 맥주 **슈파텐 뮌헨** ····· 박언니

145 — 맥주 혁명기에 탄생한 스타일 **스텔라 아르투아** ····· 명사마

150 — 원조의 품격을 보여주는 맥주 **필스너우르켈** ····· 장기자

157 — 흑맥주 초보자에게 권한다 **기네스** ····· 신쏘

03. 사케, 이것만 알아도 중간은 간다

164 — 사케의 역사 ····· 박언니

172 — 캘리포니아에서 만들어진 일본 사케 **겟케이칸 준마이 750** ····· 명사마

177 — 맛으로는 부족함 없는 한국의 청주 **경주법주 초특선** ····· 명사마

182 — 맑고 깨끗한 겨울을 연상시키는 사케 **구보타만쥬** ····· 박언니

188 — 정미율 23%라는 장인의 집념 **닷사이** ····· 명사마

194 — 나를 매료시켰던 추억의 맛 **간바레오토짱** ····· 박언니

200 — 눈이 녹아들은 듯한 투명한 부드러움 **죠젠미즈노고토시** ····· 명사마

206 — 눈의 나라, 눈의 사케 **핫카이산** ····· 박언니

212 — 일본 사케의 부흥을 이끌어낸 술 **고시노간바이** ····· 명사마

221 — 깜찍한 캐릭터, 알고 보면 깊은 역사 **유키오토코** ····· 명사마

04. 막걸리, 어디까지 마셔봤니

225 — 지역 명품 막걸리는 왜 동네 마트에 없을까? ····· 명사마

226 — 기교 없이 투박하지만 생생하다 **해창 막걸리** ····· 장기자

230 — 빨간색 막걸리의 맛은? **술취한/붉은 원숭이** ····· 신쏘

234 — 대한민국 민속주 1호 막걸리 **금정산성 막걸리** ····· 장기자

237 — 단맛과 신맛의 근사한 밸런스 **산이 막걸리** ····· 신쏘

243 — 고급 샴페인을 능가하는 탄산과 향 **복순도가** ····· 박언니

249 — 땅콩맛 구름은 분명 이런 느낌일 것 **1932 새싹 땅콩 막걸리** ····· 박언니

256 — 전통주 입문자를 위한 최고의 선택 **느린마을 막걸리** ····· 장기자

260 — 막걸리의 새로운 얼굴 **이화주** ····· 신쏘

266 — 묵직하고 구수한 맛의 옛스러움 **지평 생막걸리** ····· 장기자

270 — 응답하라 1960 **옛날 고(古) 막걸리** ····· 신쏘

273 — 잣의 고소함과 쌀의 부드러움 **가평 잣 막걸리** ····· 명사마

277 — 쌀음료처럼 가볍고 향긋한 막걸리 **백련 막걸리** ····· 신쏘

280 — 오미자로 빚은 스파클링 막걸리 **오희** ····· 장기자

283 — 좋은 음식, 좋은 술, 좋은 사람들 **자희향** ····· 박언니

05. 특별한 날 특별한 술

289 — 탄산이 있는 화이트와인 VS 샴페인 **모엣 & 샹동** ····· 박언니

298 — 오미자로 만든 한국의 고급 와인 **오미로제** ····· 장기자

303 — 한국의 3대 명주를 아시나요? **감홍로** ····· 신쏘

307 — 사계절을 담은 네 가지 술 **풍정사계** ····· 박언니

312 — 진달래꽃 향기가 배어 있는 술 **면천 두견주** ····· 박언니

318 — 한국 전통주의 역사에는 와인도 있다 **꿈** ····· 신쏘

321 — 무형문화재는 고리타분하다는 편견 **문배주** ····· 신쏘

324 — 칵테일의 제왕을 즐겨보자 **마티니** ····· 박언니

332 — 비 오는 날 생각나는 스파클링 와인 **모니스트롤 카바** ····· 신쏘

335 — 마셔봐야 이 술의 진가를 알 수 있다 **경주 교동법주** ····· 신쏘

338 — 좁쌀과 화산 암반수로 빚어낸 상큼함 **오메기술** ····· 장기자

더 맛있는 음주생활을 위한
좋은 술친구, 말술남녀

나이가 차서 술을 마시기 시작했을 때부터, 늘 고민이던 질문이 있었다.
'어떻게 하면, 술을 더 맛있게 마실 수 있을까?'

학생 때는 좋은 친구와 마시는 술이 가장 맛있는 술이었다. 쉬는 날 없이 술을 매일 마시던 스무살 시절, 학교 앞 1인분에 2000원 대패 삼겹살집 된장국으로도 안주는 충분했다. 학사주점 이모님 가게에서 친구 넷이 모은 돈으로 겨우 부대찌개를 시켜 재탕 삼탕을 해먹어도 그 시절 최고의 안주였다. 아르바이트로 목돈이 생긴 날에만 갈 수 있는, 우리에겐 한없이 럭셔리했던 돼지곱창집에서는 안주 1점에 1잔이 원칙이었다. 열띤 대화 도중, 슬쩍 들이대는 무심한 젓가락질에는 가차 없는 친구들의 태클이 들어왔었다. 그래도 친구들과 함께여서 마냥 좋았고, 그래서 맛있던 술이었다.

돈을 벌기 시작하고부터는, 좋은 안주와 함께하는 술이 가장 맛있는 술이었다. 친구들이나 회사 동료들과 함께 도심의 숨은 맛집들을 찾아다니기 시작했다. 광장시장의 빈대떡과 막걸리, 피맛골의 꼬치구이와 히레사케, 골목 곳곳에서 벌어지는 안주의 퍼레이드는 자연스레 우리들의 술잔을 모이게 했다. 학생시절과는 다르게 안주빨을 세워도 어색하지 않았다. 기름진 안주는 술을 더 맛있게 만들어줬다.

물론 이 모든 것이 지금도 유효하지만, 언제부턴가 이야기를 알고 마시는 술이 더 맛있었다. 사회에서 새롭게 만난 술꾼들을 통해 알게 된 새로운 술, 그리고 슬쩍 알려주는 술에 얽힌 이야기를 알아가는 재미가 생겼다. 싱글몰트 위스키, 크래프트 맥주, 지역 막걸리 등 다양한 술을 마시면서, 같은 술이라도 브랜드와 지역에 따른 차이, 술의 뒷이야기까지 나누니 술자리가 더 풍성해졌다. 녹색병 소주와 갈색병 맥주만 주로 마시던 음주생활에 무지개 빛이 비치던 시절이었다.

방송쟁이라 그런지 이런 술에 대한 이야기를 여러 사람들과 나눠보고 싶다는 생각이 들었다. 이런 이야기를 듣는 사람들의 술맛은 분명 더 맛있어질 거란 상상을 하면서. 하지만 그간 공중파 라디오에서는 심의 문제 때문에 술에 대한 이야기를 금기시하고 있었다. 그래서 술 자체를 소개하기보다는 술이 담은 이야기, 곧 문화이고 사람 이야기인 그것을 다루면 면피(?)는 되겠다, 그렇게 시작한 게 SBS 라디오 <아름다운 이 아침 김창완입니다>의 코너 '젊은 베르테르의 술품'이었다. 아무래도 듣는 사람들이 쉽게 이해할 수 있는 지역과 문화를 담아야 했기에 우리나라 술을 주로 다뤘고, 수소문 끝에 운 좋게 만난 주류 칼럼니스트 '명사마'가 2년이나 잘 이끌어주셨다. 명사마의 말씀을 듣고 보니 술이란 게 각각 역사도 있었고, 만들어진 곳과 환경에 따라서도 달랐다. 그야말로 술 한잔에 담긴 이야기들이 무궁무진했다. 술은 단순히 건강에 해가 되는 무익한 존재인 줄 알았는데, 술에는 사람의 이야기가 담겨 있었다.

그런데 코너를 진행하면 할수록 심의를 피해 좀 더 솔직하고 노골적인 술 이야기를 담고 싶었다. 브랜드와 맛 평가도 거침없이 하고 싶은데, 공중파 방송으로는 불가능한 일이었다. 그래서 택한 게 팟캐스트 오디오 콘텐츠였다. 마침 명사마를 통해 전통주 관련 유튜브 콘텐츠 <우리 술 한잔 할까>를 만들던 사케 소믈리에 '박언니', 전통주 소믈리에 '신쏘', 전통주 콘텐츠 기획자 '장기자'를 만났다. 기존에 전통주를 중심으로 문화와 역사를 엮은 술 이야기를 들려준 명사마와 안주보다는 술 자체에 대한 이야기와 풍류를 즐기는 '우술까' 트리오가 함께해 팟캐스트 <말술남녀>가 탄생했다. 먹고 마시고 노는 걸 연구하는, 미식가와 요식업계 분들 사이의 '셀럽' 달교수님도 <말술남녀> 팟캐스트로서 운좋게 영입해 좀 더 풍성한 내용을 담을 수 있었다. 적어도 지금까지는 어떠한 광고도 받지 않고 객관적으로 술 이야기를 하려 노력해왔다. 단순히 술에 대한 평가만 하기보다는, 술을 앞에 두고 오래 대화를 나눈 주전지교(酒前之交)라 케미스트리가 형성되었는지 나름 조용한 팬들도 생기고, 몇 차례 애청자들과의 현장 만남도 이루어냈다.

팟캐스트를 하다 보니 나 같은 '술알못'도 라식수술을 한 듯 술에 대한 시각이 드라마틱하게 밝아졌다. 처음에는 지역 소주부터 시작해 위스키, 브랜디, 맥주, 중국집에 진열된 백주까지 다양한 술을 한자리에서 비교하면서 마시니 그 차이가 확연히 드러났다. 〈말술남녀〉에서 주워들은 이야기는 다른 술자리로 이어져 좋은 안주거리가 되었다. 부디 이 책이 여러분에게도 더 맛있는 음주생활을 위한 좋은 술친구가 됐으면 하는 바람이 있다. 평범한 소주와 맥주가 좀 질린 분께, 다양하고 더 세련된 취향의 음주 생활을 원하는 분께 이 책을 권하고 싶다. 어디선가 술 이야기를 읊으며 여러 병의 술을 놓고 비교 시음을 하는 자리가 있다면, 음지에서 활동하고 있는 우리 말술남녀 크루라고 알고 격하게 하트를 보낼 것이다.

by 빤스PD(윤의준, SBS PD, 팟캐스트 '말술남녀' 제작)

저자 소개

명욱(명사마)

일본 릿쿄대학교 사회학과 졸업. 유학 시절 스모 동아리에서 스카우트 제의도 받은 거구의 술 칼럼니스트. 획일화된 술보다는 다채로움이 있는 동네 술을 좋아합니다. 팟캐스트 〈말술남녀〉, 히스토리 채널 〈말술클럽〉, tvN의 〈어쩌다 어른〉, SBS-R 〈아름다운 이 아침 김창완입니다〉에 출연했고, 최근에는 KBS-1R 〈김성완의 시사夜〉에 출연 중입니다. 숙명여자대학교 미식문화 최고위과정, 세종사이버대학교에서 교수로도 활동 중이며, 저서로는 전통주 인문학서 《젊은 베르테르의 '술품'》이 있습니다.

신혜영(신쏘)

영동대학교(현 유원대학교) 와인발효·식음료서비스학과를 졸업하고 경희대학교 관광대학원 와인소믈리에학과 석사과정에 재학 중으로 주류업계의 엘리트 코스를 밟고 있습니다. 대학 재학 시절에 이미 전통주 소믈리에 부문 국가대표 수상자가 되면서 전통주 업계에서 젊음을 대표하고 있지만 알고 보면 알코올 알레르기로 삶과 죽음의 경계에서 일하는 외로운 소믈리에. 전통주 갤러리 주임을 거쳐 올댓매너연구소 전통주 분야 전임강사로 활동 중입니다.

박정미(박언니)

애주가 집안의 고주망태 아버지를 보며 자라나 남자보다도 술을 먼저 사랑하게 되었고 나만의 술을 만들어 마셔보겠다며 술을 공부하게 되었습니다. 한국 전통주부터 시작하여 사케까지 파고 들었고 일본술서비스연구회(SSI) 공인 인증 기키자케시(唎酒師, 사케 소믈리에) 자격을 취득한 후 지금은 경희대학교 관광대학원 와인소믈리에학과 석사과정을 공부 중입니다. 〈우리 술 한잔 할까?〉에서 신쏘, 장기자와 함께 여성의 술 이야기를 했으며 그것을 계기로 SBS 팟캐스트 〈말술남녀〉를 하고 있습니다.

장희주(장기자)

소주와 맥주만 알던 풋내기가 운명처럼 전통주를 만나 전국 35곳 양조장을 취재하고 마시러 다녔습니다. 말과 글로 술을 전하고 있는 초짜 술기자. 전자신문(etnews.com)과 디지틀조선일보를 거쳐 현재는 자아 찾기 방황 중입니다. SBS 팟캐스트 〈말술남녀〉에 출연했고, 조선닷컴 라이프미디어팀에서 1년여간 〈우리 술 한잔 할까?〉라는 이름의 술 투어에 대한 연재 기사를 썼습니다. 시간이 나면 술을 마시거나, 글을 씁니다. 여전히 다양한 술 세계에서 고군분투 공부 중.

인류의 삶에서
절대로 빠질 수 없었던 술

🍶 술은 어떻게 만들어지나

술은 언제부터 있었을까? 기록상으로 보면 와인은 기원전 7000년 전, 맥주는 기원전 6000년 정도로 보는 것이 일반론이다. 하지만 자연 상태의 술을 놓고 본다면, 인간의 존재 이전부터 알코올은 있었다. 이유는 당분과 효모만 있으면 되기 때문이다. 수분 속의 당분을 효모가 먹고서 만들어 내는 것이 알코올이다. 즉, 당분을 함유한 식물이 있고, 효모가 살 수 있는 산소가 있으면 알코올은 생길 수 있는 조건을 충족한다. 그리고 자연에서 당분을 함유한 식물은 너무나도 많다. 다양한 포도, 배, 감 등의 과일은 물론, 나무의 수액 등에도 당분은 존재한다. 무나 파에도 있다. 이러한 것이 으깨져서 수분과 만났을 때, 알코올 발효가 일어나게 된다. 즉, 진정한 술의 역사는 인류의 탄생 이전부터 시작되어 있었다.

쌀로 술을 만드는 방법

쌀 및 보리, 밀 등의 곡물을 술로 만드는 방법은 간단하다. 바로 이러한 곡물을 당분으로 만들어주면 된다. 실은 이들이 가지고 있는 전분은 당이 모여 있는 복합당이다. 이것을 당으로 쪼개주면 되는데, 이러한 역할이 대표적으로 동양에서는 누룩, 서양에서는 맥아인 것이다. 그래서 밥과 물에 누룩을 넣으면 쌀 주스가 되고, 보리에 맥아를 넣으면 보리 주스가 된다. 물론 동양에서도 밥에 맥아(엿기름)를 넣어서 술을 만들기도 하며, 보리에 누룩을 넣어서 만드는 경우도 있다.

누룩이나 엿기름의 역할이 발견되기 전에는 사람이 직접 씹어서 만들었다. 씹으면 침 속의 아밀라제가 전분을 분해해 당으로 전환해주기 때문이다. 우리가 쌀밥을 입안에서 씹으면 단맛이 나는 이유가 여기에 있다.

샴페인, 막걸리의 탄산은 모두 발효의 부산물

알코올 발효를 할 때 무조건 나오는 것이 있다. 이산화탄소(CO_2)이다. 효모가 당분을 먹고 알코올을 만들어갈 때 부산물로 이산화탄소를 발산한다. 생막걸리의 탄산이 바로 이것인데, 정확하게는 발효되는 모습이다. 이러한 것을 술 속에 용해시켜 만든 것이 샴페인 또는 스파클링 와인이며, 단백질과 적절히 융합시킨 것이 맥주의 거품이다. 결국 샴페인의 거품이나 막걸리의 탄산이나 발효에서 나오는 부산물이라는 차원에서는 모두 같다.

이렇게 탄산이 나오는 모습을 가지고 보통 양조 관계자는 "술이 끓는다"라고 표현한다. 거품이 계속해서 올라오는 모습이 마치 불로 끓이고 있는 모습으로 보이기 때문이다. 그래서 술의 어원은 물 속의 불이라는 뜻으로 '수불'이라는 어원이 가장 유력하다. 한마디로 발효라는 의미이다.

참고로 주세법상 술의 기준은 1% 이상의 알코올을 함유한 것. 0%라고 하지 않고 1%라는 기준을 가진 이유는 당분이 있으면 아무리 미량이라도 알코올이 발생할 수 있기 때문이다. 그래서 생과일주스에도 알코올이 이미 발효되어 있을 수 있다. 다만 지극히 적은 양이라 우리가 느끼지 못하고 몸에 영향을 덜 미치는 것뿐이다. 가끔 생과일을 밀봉된 비닐봉지에 버리고 2~3일 지나면 팽팽해져 있

다. 냄새를 맡아보면 술 냄새가 난다. 알코올 발효가 진행된 것이며, 이미 이산화탄소가 나오고 있는 중이다.

막걸리와 맥주가 친구?

술의 종류는 한없이 다양하다. 이 발효 과정에 허브 하나만 첨가해도 술맛과 종류가 확 달라진다. 그렇다면 어떻게 구분하는 것이 가장 중요할까? 일단 발효이냐, 증류이냐로 구분된다. 발효주는 자연 상태에서도 생겨날 수 있는 술로, 일반적으로 알코올 도수가 20도를 넘기지 못한다. 이유는 알코올의 독성이나 삼투압의 영향으로 효모가 살기에 무척 힘든 환경이기 때문이다. 증류하기 위해서는 일단 먼저 발효주가 있어야 한다. 그래서 세상의 모든 증류주는 발효주로 시작된다. 발효주를 증류한 것이 증류주가 되기 때문이다. 증류란 과정 자체는 간단하다. 물은 끓는점이 100도, 알코올은 78도 정도이고, 알코올과 수분이 같이 있는 술을 끓이면 알코올이 먼저 기체가 돼서 올라온다. 이 기체에 차가운 물체를 대면 다시 액체가 된다. 이렇게 응축된 알코올을 뽑아내는 것으로 서양에서는 이러한 증

류주를 스피리트(Spirit), 술의 영혼이라고 표현했다. 우리도 한자로는 주정(酒精), 술의 정신이라고 부른다. 그렇다면 어떤 발효주를 증류하면 어떤 증류주가 나올까?

	증류 하면	
막걸리를		증류식 소주
청주를		증류식 소주
맥주를	➡	위스키
와인을		브랜디
수수 발효주를		고량주

모든 것을 이 표 하나로 모두를 설명을 할 수 없지만, 개요는 설명할 수 있다. 맥주(홉 제외)를 증류한 것이 위스키의 시작이며, 와인을 증류한 것이 브랜디의 시작이다. 우리 역사에서는 막걸리나 청주를 증류하여, 구울 소(燒)와 술 주(酒)라는 이름을 가진 소주가 나왔다.

일본의 고구마 및 보리 소주는 말 그대로 고구마 및 보리 발효주를 만들어 증류한 것이다. 이것과 서양의 맥주, 위스키 간의 차이점은 소주는 증류를 무조건 한 번만 한다는 것. 그렇다 보니 원료가 가진 풍미가 좀 더 들어가게 된다.

한국에서 마시는 초록색 병의 희석

식 소주는 연속식 증류기란 것을 통해 증류 회수를 굉장히 높인다. 그렇게 하면 결국 순도 90%가 넘는 순수한 알코올이 나오게 된다. 결국, 원료의 풍미가 없는 상태. 이러한 식으로 만드는 술은 원료가 특별히 구분되지 않는다. 대표적으로 보드카, 진, 럼 등이 이러한 술에 해당하는 경우가 많다.(물론 고급 제품은 다른 방식으로 만들기도 한다) 다만 확실한 것은 그래도 곡식 등의 농산물로 발효주를 만드는 선행 과정은 같다. 희석식 소주를 석유화합물이다, 공업용 알코올을 사용했다는 식의 말은 잘못된 말이다.

참고로 이 발효주와 증류주를 합친 술도 있다. 이른바 주정강화술인데, 술이 산폐되지 않기 위해 높은 도수의 알코올을 추가했다. 여름을 나기 위해 빚었다는 한국의 과하주(過夏酒), 수출하기 위해 저장성을 좋게 한 스페인의 셰리 와인, 포트 와인, 일본의 하시라쇼츄(柱燒酎)가 그것이다.

혼성주라고 불리는 술은, 증류주나 양조주에 약초, 초근목피, 인공 향료 등의 향을 넣고, 설탕이나 꿀 등으로 단맛를 더하는 알코올 음료이다. 이것을 상황에 따라 증류주에 허브를 담그는 침출법, 직접 증류주에 혼합하는 향유혼합법(에

센스법), 증류주에 원료를 섞어 증류하는 증류법으로 나누어 구분한다.

대표적인 침출법은 소주에 인삼을 담근 인삼주, 향유혼합법은 색소나 착향을 추가로 넣은 술로 이른바 가짜 위스키들이 적용되는 경우가 있다. 증류주에 원료를 섞어 다시 한 번 하는 대표적인 술은 우리나라의 경우 죽력고, 송화 백일주 등으로 고급 약소주가 여기에 해당하는 경우가 많다.

숙성의 미학은
막걸리부터 위스키까지

일반적으로 술의 숙성 하면 위스키가 제일 먼저 생각난다. 12년, 18년, 25년, 30년으로 넘어가는 장기간의 숙성연도를 기록했기 때문이다. 그렇다면 위스키만 숙성을 중요시하는 술일까? 절대로 아니다. 일단 우리 가까이에 있는 막걸리부터 예로 들 수 있다. 막걸리의 숙성은 양조장에서도 진행되지만, 병입 후 출하날부터 진행된다.

양조장 출하일로부터
냉장고(10도 전후)에 넣었을 때의 생막걸리 맛의 변화

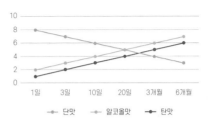

기본적으로 단맛은 적어지고, 알코올(술맛)은 올라간다. 알코올 발효에 있어서 당분과 알코올 생성은 반비례하기 때문이다. 탄산은 더 나오지만, 대부분의 생막걸리가 뚜껑에 틈이 있어서 탄산을 다 나가게 한다. 해당 그래프는 뚜껑이 완전히 밀폐된 것을 가정하여 만든 그림이며, 양조장에서 출하된 날을 기준으로 잡았다. 계절에 따라서도 달라질 수 있으며 각 양조장의 막걸리 제품에 따라서도 달라질 수 있다. 당분이 낮아지면 알코올 도수는 높아지며 탄산이 많이 나온다는 것은 확실하다.

그래서 막걸리 마니아들은 김치 냉장고에 생막걸리를 6개월 숙성시켜서 마셔보는 사람도 있다. 하지만 어디까지나 개인의 선택일 뿐. 생막걸리 유통기한이 일반적으로 10~30일인데, 이 기한은 지

키는 것이 좋다.

당분이 없거나, 알코올 도수가 높아 미생물이 살지 못하는 증류주의 경우, 따로 놀던 알코올 분자와 물분자가 자연스럽게 향미는 물론 맛이 부드러워지는 데 더욱 집중된다. 동시에 알코올은 증발이 되어 원액이 가졌던 향미의 비율이 높아진다. 이러한 현상은 결국 원료가 주는 풍미를 더욱 강하게 해준다. 그래서 증류주의 경우 숙성을 오래한 술일수록 가격이 올라간다. 알코올의 증발로 인한 원가 비율의 상승과, 숙성저장의 비용, 그리고 무엇보다 맛이 좋아지기 때문이다.

기록상 오래된 술
와인, 벌꿀 술, 그리고 맥주

술이 발효하기 위해서는 무조건 당분이 있어야 했다. 그래서 천연 당분이 있는 상태면 술이 되기 편했다. 첫 번째가 과실, 두 번째가 벌꿀. 그리고 그다음에야 곡물이 나온다.

그래서 역사적으로 가장 빠른 술은 와인, 정확히 말해 포도주로 본다. 와인은 기원전 7000년경, 조지아, 아르메니아, 터키 등에서 최초로 포도를 재배한

흔적이 발견되었다. 또한 기원전 4000년 전에 와인 발효통의 뚜껑으로 보이는 유물이 조지아(Georgia)에서 발견되었다. 이러한 와인은 그리스, 로마를 거쳐, 프랑스, 스페인 등으로 퍼져나갔을 것이라는 설이 일반론이다.

기원전에 제작된 것으로 추정되는 아시아의 한 도자기에서 신기한 성분이 하나 검출된다. 미드(mead)라고 하는 벌꿀 술이다. 일명 벌꿀은 당도가 일반적으로 60브릭스 이상으로 높아서 효모가 살수 있는 환경이 되지 못한다. 효모는 보통 35브릭스 이상이 되면 거의 사멸하거나 활동을 멈춘다. 하지만 여기에 물이 들어가서 30 이하의 브릭스가 되면 알코올 발효가 시작된다. 따라서 웅덩이나 나무 구멍 등에서 최초로 발효했을 가능성이 높다. 유럽에는 포도를 재배되기 어려운 북유럽 지방에서 많이 만들었으며, 독일의 바이에른 지방에서는 신혼 초기에 부부가 벌꿀 술을 마시며 아기 만들기에 노력했다는 이야기가 있다. 덕분에 신혼여행에 해당하는 영어의 허니문은 바로 이 꿀(Honey)에서 온 유래가 있는 것이다. 그래서 밀월여행이란 말도 여기서 왔다. 이때의 밀은 비밀의 밀(密)이 아닌 벌꿀의 밀(蜜)인 것이다.

맥주는 수메르인이 기록한 빵을 이용한 제법과 기원전 4세기 이집트에서 발효된 보리술을 기원으로 하는 것이 일반론이다. 다만 이때는 보리떡이나 빵을 발효한 것이며, 홉은 들어가지 않았다. 그래서 맥주를 리퀴드 브레드(liquid bread), 액체 빵이라 부른 것이다. 결국 우리가 막걸리를 밥이라고 표현한 것과 같다. 결국 인류가 생각한 것은 막걸리나 맥주나 같았다. 참고로 홉은 중세 유럽에서 개발한 것이며, 술의 저장성과 향미를 좋게 하기 위해 사용했다.

맥주나 벌꿀 술 중에 어느 쪽이 더 먼저 만들어졌는가는 기록으로 따지기는 어렵다. 다만, 다양한 기록이 남아 있는 것은 맥주가 확실하다. 인간이 맥주를 더욱 다양하게 만들고 기록으로 남긴 것이 맥주이고, 벌꿀은 귀했지만 보리 자체는 척박한 땅에서도 잘 자라는 작물이었기 때문이다.

전 세계의 술을 다 마시려면 2740년이 걸려 ⌛

일본 고단샤(講談社)에서 발행한 전 세계의 명주 리스트를 보면 14,000종 정도가 수록되어 있다. 이는 전 세계에서 유명한 술만 취급한 것으로, 작은 양조장에서 만드는 것까지 다 넣으면 100만 종은 충분히 된다고 본다. 따라서 전 세계의 모든 술을 마셔보기 위해서는 하루에 한 종씩 마신다고 해도 2740년이 걸린다. 술이 100만 종이나 된다는 것은 결국 인류의 삶, 먹을 것과 직결된 농업 속에 술은 절대로 빠질 수 없었던 존재임을 보여주는 증거이다.

by 명사마 (주류문화 칼럼니스트)

일러두기

1. 제품명과 인명, 지명 등의 고유명사 표기는 국립국어원의 외래어표기법을 따랐으나 제품명과 생산지명 간의 표기 모순이 일어나게 된 경우에는 통일성을 위해 현지 발음에 가깝게 표기했다.(예. 키리시마/아카키리시마) 그 밖에 필요 하다고 판단되는 경우 원어를 괄호로 병기했다.

2. 책의 본문에 실린 사진들은 대부분 지은이가 직접 찍은 사진 및 주류회사와 양조장, 제조사 등의 공식 사이트에서 제공하는 자료를 활용한 것이며 일부 상업적 이용을 허락한 사이트에서 제공받은 것과 퍼블릭 도메인 이미지들도 있 다. 출처는 다음과 같다. 120p ⓒ Walter Lim, flickr.com ; 131p ⓒ Elena, flickr.com ; 137p ⓒ Jon Åslund, flickr.com ; 163p ⓒ tokyofoodcast, flickr.com

01

소주, 이건 몰랐지

술병 두 개를 맞대기만 하면 완성!

링거주

by 장기자

주종	폭탄주
제조사	참이슬(진로하이트), 백세주 (배상면주가)
알코올	참이슬 프레시(17.2%), 백세주(13%)
원료	참이슬 프레시, 백세주
색	은은한 노란색
향	은은한 한약재 향
맛	본래 소주의 알코올 맛에서 끝에 백세주의 은은한 달콤함이 느껴진다.

나만의 술자리 분위기 메이커, 링거주

　나는 술보다 분위기에 취하는 사람이다. 술 자체 맛이나 함께 먹는 음식보다도 사람이나 경험을 가장 먼저 고려하는 편이다. 그래서 내가 좋아하는 술 하나하나에는 저마다의 사연과 사람이 있다. 그중 링거주는 가장 즐거운 이야기를 많이 품고 있는 술이다. 매번 마실 때마다 새로운 추억을 끄집어낼 수 있을 만큼 자주, 많이도 마셨다. 특히 술자리 분위기를 띄우는 데 링거주만한 게 없었다. 술게임을 잘 알지 못해서 갑자기 분위기를 싸하게 만들었을 때, 3:3 미팅이 어색해서 쭈뼛거릴 때도 참이슬 프레시와 백세주, 잔고가 텅텅 빈 체크카드만 있다면 무적이었다. 이래저래 참 정이 쌓인 술이다.

시작은 참이슬 프레시와 매화수였다

언제부터 링거주를 만들어 마셨는지는 사실 기억이 나질 않는다. 어느 순간부터 자연스럽게 알고 있었다. 링거주라고 하니 병원에서나 볼 수 있는 '링거 주사'가 떠오르겠지만, 병원과는 전혀 무관한 술이다. 링거주라는 이름은 섞어마시는 모습이 흡사 링거 주사를 닮아 붙여졌다.

본래는 참이슬 프레시에 링거주사처럼 매화수를 거꾸로 세워 섞어 마시는 게 맞지만, 취향에 따라 매화수가 아닌 산사춘이나 백세주를 사용하기도 한다. 매화수와 참이슬 프레시는 '매화이슬 링거주', 산사춘과 조합하면 '산사이슬 링거주' 혹은 '춘이슬 링거주', 백세주와는 '백세이슬 링거주'라고 불리운다. 매화수의 달달한 매실향과 어우러진 참이슬도 좋지만, 개인적으로는 백세주와의 조합을 추천한다. 너무 달지 않고 산뜻하면서도 은은한 향을 느낄 수 있다.

링거주 제조 방법은 참이슬 프레시를 아래에 세워두고 그 위에 백세주를 올려놓고 잠시 기다리면 된다. 이후 두 술이 섞이면서 백세주의 은은한 단맛과 참이슬의 깨끗함이 섞이면서 각자의 장점을 살려 마실 수 있다.

특히 서로 농도가 다른 참이슬과 백세주가 섞일 때, 마치 아지랑이가 피어오르는 듯한 모습이다. 병과 병이 입을 맞추고, 서로 섞일 듯 말 듯하는 모습이 연인이 되기 이전 묘한 긴장과 설렘을 나누는 모습을 연상하게 만든다. 이 때문에 링거주는 작업주라는 별명도 가지고 있다.

링거주 제조 팁!

　　링거주는 단순히 두 술을 맞대기만 하면 완성된다. 따라서 제조 방법이 굉장히 쉬울 것으로 보여진다. 하지만 자칫하면 제대로 맞대지 않아 위에 올려 두었던 백세주가 모두 쏟아질 수도 있다. 먼저, 참이슬 프레시의 병뚜껑을 따놓은 상태에서 제자리에 세워둔다. 다음 백세주 역시 병뚜껑을 딴 상태에서 백세주를 들고, 엄지손가락으로 백세주가 흐르지 않게 막아준다. 이후 병의 입구를 맞댄 상태에서 엄지손가락을 빼면서 참이슬 프레시와 백세주가 일직선이 되도록 세워주면 된다. 이때 굉장히 빠른 속도로 진행해야만 밖으로 흐르지 않는다. 만약 더욱 달달하게 마시고 싶다면 소주를 반 병 정도 마시고 난 후에 백세주를 올리는 것을 추천한다. 또한, 백세주를 올리기 전에 소주잔으로 1~2잔 정도를 마신 후에 소주병 입구에 거꾸로 올려 맞추는 것이 좋다. 흘릴 위험도 줄여주고, 백세주와 참이슬 프레시가 섞이는 모습이 더 잘 보이기 때문이다. 도구를 사용하는 방법도 있다. 카드나 명함으로 백세주 입구를 막아준 상태에서 카드나 명함이 백세주와 떨어지지 않도록 참이슬 프레시 위에 얹은 다음, 일직선으로 세워준다. 그리고 막아두었던 카드를 재빠르게 빼내면 된다.

 한 · 줄 · 평

빤스PD　　백세주 때문에 인삼주 느낌이 팍 나네요.
명사마　　은근히 부드러워요.
박언니　　이거 마시니까 삼계탕이 생각납니다.
신쏘　　진짜 잘 섞이니까 부드러워요.
장기자　　분위기메이커로 이것보다 좋은 건 없어요.

한국 희석식 소주의 대명사
참이슬 프레시

by 장기자

주종	희석식 소주
제조사	하이트진로
원산지	대한민국
용량	360ml
알코올	프레시(17.2%), 클래식 (20.1%)
원료	쌀, 누룩, 정제수
색	맑고 투명
향	알코올향
가격	1000원대

아빠가 마셨던 초록색 병의 술

초록색 소주병이라면 끔찍했던 시절이 있었다. 제법 머리가 커진 사춘기 시절부터 막 성인이 됐을 무렵까지 꽤 오랜 세월 동안 말이다. 이제 와서 다시금 되돌아보니 초록색 병 그 자체가 아닌, 아빠의 모습이 싫었던 것 같다.

어린 시절, 퇴근 후 집으로 돌아온 아빠 손에는 어김없이 검은 비닐 봉투가 들려 있었고 그 안에는 항상 초록색의 참이슬 한 병이 있었다. 아빠는 반주를 좋아했다. 그래서인지 매번 저녁상에는 투명한 소주잔이 빠지지 않았다. 늘 아빠의 저녁 식사는 참으로 길었다. 가족 모두 식사를 마치고 일어나도 그 자리를 홀로 지키고 앉아 밥 한 술에 술 한 잔을 마시고는 했다.

어린 나는 그 모습이 유난히도 싫었다. 어딘가 혼자서 잔을 채우는 아빠의 뒷모습이 쓸쓸해 보였기 때문이다. 어쩐지 청승맞아 보이기도 했다. 여느 대다수 딸들이 그렇듯이 저 역시도 위로보다는 모르는 척이 우선이었다. 그 시절의 나는 당최 이해할 수 없었다. 아빠가 말하는 소주 한 잔이 주는 위로라는 것을 말이다.

그렇게 시간이 흘렀다. 아빠는 여전히 초록색 병에 담긴 소주를 마시고 있다. 달라진 게 있다면 그 앞에 마주 앉아 잔을 부딪히는 딸이 있다는 점. 결코 이해할 수 없을 거라고 생각했는데, 우습게도 나이가 들고 돈을 벌어보니 이제야 조금씩 알게 되었다. 아빠가 홀로 소주잔을 비워내며, 자신의 애환과 슬픔도 함께 담았다는 것을 말이다.

당신이 마시는 참이슬의 정체

내가 희석식 소주에 대해 제대로 알게 된 건 팟캐스트 〈말술남녀〉 덕분이었다. 알고 보면 우리가 일반적으로 마시는 참이슬은 조상들이 마셨던 소주와는 다른 존재이다.

참이슬은 희석식 소주로서, 이는 95% 주정에 물, 감미료 등을 넣어서 묽게 만든 형태이다. 쉽게 말하자면, 희석식 소주는 그 태생이 불분명하다. 혹자는 희석식 소주는 '화학조미료의 집합체'라고 말한다. 원재료는 알 수도 없고. 그냥 주정에 물을 탄 것이라고도 설명한다.

희석식 소주는 연속식 증류기를 이용해 95% 이상의 고농도 알코올인 주정을 만든다. 95%가량 되는 알코올 도수를 물과 첨가물을 넣어 20~35%로 희석한 것이다. 희석식 소주는 여러 차례 필터링을 통해 증류시에 나오는 불순물을 철저하게 제거한다. 하지만 이때 불순물이 제거됨과 동시에 원료 자체의 풍미도 사라지게 된다

수차례 필터링을 거치는 희석식 소주는 원료에 대해 까다로울 필요가 없다. 쌀이나 고구마 등 원료를 다르게 사용하더라도 모두 유사한 맛이기 때문이다. 따라서 희석식 소주는 맛을 더 좋게 하기 위한 숙성 과정도 필요가 없다. 덕분에 빠른 시간 안에 저렴하고, 대량으로 만들 수 있다.

증류식 소주는 뭐길래?

증류식 소주는 단식 증류기를 통해 1, 2번만 증류한 술로, 보통 알코올 농도가 45% 내외이다. 곡물로 담근 밑술을 증류하여 만든다. 증류식 소주는 원료의 풍미가 살아 있어 원료가 무엇인지 확실히 알 수 있다. 따라서 쌀 소주, 보리소주, 고구마 소주 등 다양한 종류가 있다.

소주병이 초록색인 진짜 이유는?

현재 시중에 나와 있는 희석식 소주는 거의 대부분 초록색 병을 사용한다. 현재 소주가 대부분 초록색 병을 사용하는 데에는 크게 두 가지 이유가 전해진다.

첫 번째 원인은 지난 1994년 출시되었던 그린소주. 당시 두산에서 인수한 경월소주가 새로운 제품으로 그린소주를 선보인다. 이 술의 인기는 실로 대단했다. 1999년에는 단일 소주로는 30퍼센트가 넘는 시장 점유율을 기록했던 적도 있다. 이후 경쟁업체에서도 그린소주를 따라 초록색 병을 사용하게 되었다는 이야기이다.

두 번째 원인은 보다 근본적인 문제에서 출발한다. 병 공장에서 막 생산된 소주병, 즉 가공하지 않은 유리병은 색 자체가 초록색이기 때문이다. 초록색 병을 사용하면 가공이 필요 없고, 염료 비용이 들지 않는다. 때문에 비용 절감을 위하여 업체들은 공병 공용화 협약을 맺었고, 이후부터 제조업체와 관계없이 모두 초록색 병을 사용하게 된다.

마시기 전, 소주병 목을 치는 이유는?

현재 소주는 스크류캡을 사용하고 있다. 하지만 스크류캡이 나오기 이전에는 소주도 와인처럼 코르크 마개를 사용했다. 코르크는 나무이기 때문에 부서지기도 하고, 뚜껑을 여는 과정에 부스러기가 술 속에 떨어지기도 했다. 이에 소주병 목을 쳐서 코르크 찌꺼기를 제거하곤 했다. 또한, 기술이 발달하기 이전, 초기 소주에는 흰색 지방산이 소주 위에 둥둥 떠 있기도 했다. 이에 코르크 마개와 마찬가지로 이 지방산을 제거하고자 소주병의 목을 쳤다는 이야기도 있다.

이같은 행위가 지금까지 전해져 코르크 마개를 사용하지 않는 현재까지 소주를 마시기 전에 재미로 병목을 친다. 소주 첫 잔을 버리는 행동 역시 병목을 치는 것과 같은 이유에서 유래되었다.

오늘 당신이 마신 소주가 달콤한 이유는?

소주를 마실 때 보면 상황에 따라 맛이 다르게 느껴진다. 달기도 했다가, 어떤 날은 쓰게 느껴지기도 한다. 보통은 기분의 문제, 몸 상태의 문제로 치부한다. 물론 기분이나 몸 상태도 소주 맛에 영향을 끼치겠지만, 감미료의 차이에서 맛이 다르다는 주장이 있다. 이 주장에 따르면 소주에는 다양한 감미료가 들어가는데, 이 감미료의 용해에 따라 맛이 달라질 수 있다. 감미료가 제대로 녹아들지 못하고 뭉쳐진 부분은 달게 느껴지고, 반대인 경우에는 쓰게 느껴진다는 것이다. 또한, 소주를 흔드는 이유 역시 조미료를 잘 섞기 위함이라고 한다.

하지만 대선주조 연구실장으로 근무했던 농업실용화재단의 김용택 박사는 "2000년대 이후의 소주 관리 기술을 보면, 똑같은 제품에 조미료로 인한 맛의 차이는 거의 없을 것"이라고 말했다.

 한·줄·평

빤스PD	소주에 이런 이야기들이 있었군요!
명사마	으… 희석식 소주는 싫어요.
박언니	이제는 이런 소주를 안 마시게 되더라구요.
신쏘	추억도 이야기도 많은 술!
장기자	사람들이 사랑하는 만큼 재미있는 술이에요.

오크통 10년 숙성 원액에서 탄생하다
일품진로

주종	증류식 소주
제조사	하이트진로
원산지	대한민국
용량	375ml 외
알코올	25%
원료	쌀
색	옅은 황금색(일품진로 10년 숙성), 투명색(일품진로 1924)
향	강하지 않은 과실향
맛	부드러운 오크향과 가벼운 단맛
가격	12,000원 내외

한국의 소주는 총 몇 종류가 있을까? 대구, 마산, 광주 등 지역마다 소주 이름이 다르긴 하지만, 큰 범위에서 소주를 나눈다면 두 가지라고 볼 수 있다. 바로 희석식 소주와 증류식 소주이다.

원료의 풍미가 없는 소주, 희석식 소주

희석식 소주는 연속식 증류기라고 해서 수백번(보통 240회 정도 본다)의 증류 과정을 거치면 순도 95% 이상의 알코올이 나오는데, 여기에 물을 넣고 희석하고, 마시기 편하게 조미료 등을 통해 가미한 술이라고 보면 된다. 수십 회를 증류하다 보니 원료의 맛은 거의 사라지고 순수한 알코올만 남아 원료의 풍미를 기대하기는 힘들다. 그리고 원료가 좋다고 술맛이 좋을 것도 없다. 어차피 순수한 알코올만 나오기 때문이다. 그래서 희석식 소주의 주원료는 주로 잉여 농산물. 태풍의 피해를 받은 낙과들이나 남은 나라미(정부미) 등을 쓰기도 한다. 그래서 원료(농산물)가 일정치 않으며, 해당 원료를 거의 기입하지 못한다. 다만 단순히 공업용 알코올이란 것은 잘못된 표현이다. 저렴하게 대량생산하고 있으며, 외국의 진, 보드카도 비슷한 방식으로 만들어지고 있다.

원료의 풍미가 있는 소주, 증류식 소주

증류식 소주는 일반적으로 단식 증류기, 또는 다단식 증류기를 통해 1~2회의 증류만 진행한다. 이렇게 하면, 본래 가지고 있던 원료의 향미가 증류주 속에 들어간다. 그래서 원료 자체가 중요하며, 이렇게 만든 증류식 소주를 고구마 소주, 보리 소주, 쌀 소주라고 말할 수 있는 것이다. 아주 간단히 말하자면 희석식 소주는 원료가 불확실한 관계로 원료의 풍미가 없으며, 증류식 소주는 원료의 풍미가 살아 있는 술이라고 볼 수 있다. 더불어 가격이 높으니 더욱 부가가치를 높이기 위해 숙성 과정(보통 1년 이상)도 길게 가져간다.

경영난에 빠진 진로, 증류식 소주 원액을 그냥 놔두다

일품진로가 시장에 나온 것은 2007년의 일이다. 10년 숙성을 한 소주니까 이것을 증류한 시기는 그로부터 10년 전인 1997년이다. 바로 IMF 구제금융을 받아야만 했던 시기. 당시 진로는 미국 쿠어스사와 합작하여 진로쿠어스를 설립, 맥주인 카스를 만들었고(현재 카스는 OB에 매각) 맥주 사업 외에 아파트 건설 사업까지 진행하는 등, 무리한 문어발식 확장을 하다가 경영난에 봉착하게 되었다. 결국 좋은 소주 원액은 만들었지만 경영난에 신제품 출시도 어려웠고 또 그 당시는 지금처럼 고급 소주 시장이 형성되지 않았던 시기였다. 그래서 일단 소주 원액을 오크통에 넣어놨는데, 2005년 하이트맥주가 인수를 하고 나서 2007년까지 기다려 10년을 채운 후에 출시했다. 결국은 10년 숙성이라는 것은 제품 계획을 잡고 숙성을 했다기보다는 기업과 사회의 경제적 상황에 따라 흘러간 경우라고 보는 것이 맞을 것이다.

술을 숙성하면 어떻게 될까?

술에서 숙성은 여러 가지 화학작용을 불러일으키나 가장 중요한 것은 물 분자와 알코올 분자의 화합이다. 술은 기본적으로 알코올과 수분을 모두 가지고 있는데, 초기에는 이 두 물질이 따로 있지만 시간이 지나면서 알코올 분자와 물 분자의 결합을 통해 맛이 부드러워진다. 숙성 술의 향미가 좋은 이유는, 시간이 지남에 따라 원액이 증발되는데 이때 알코올 자체가 날라가고 향미만 남는다. 숙성 술이 오래되면 오래될수록 알코올 도수는 낮아지며 향미가 높아진다고 볼 수 있다. 결국 회사 입장에서 장기 숙성한 술은 저장에 대한 비용은 물론 도수까지 낮아져 원가비율이 올라가게 된다. 따라서 장기 숙성한 술은 고가로 팔 수밖에 없으며 향미에 있어서도 부드러움과 그윽함 모두 가지게 된다. 참고로 모든 술이 숙성해서 좋은 것은 아니다. 알코올 도수가 20도 이하인 것은 세균이 살 수 있는 환경이 되어 온도를 낮게 하는 등 관리에 심혈을 기울여야 한다. 일품진로는 오크통에 숙성시켜 살짝 연갈색을 띤 것이 특징이다.

일품진로가 오크통에 숙성한 이유는?

그렇다면 왜 일품진로는 항아리가 아닌 오크통에 숙성을 시켰을까? 실은 일품진로가 소주 최초로 오크통에 숙성시킨 경우는 아니었다. 일본에서 대히트를 친 '햐쿠넨노코도쿠(百年の孤獨)'라는 증류식 소주의 영향이 컸다고 볼 수 있다. 햐쿠넨노코도쿠는 거의 업계 최초로 화이트 오크통에 일본식 보리 소주를 숙성, 소주 특유의 단맛과 향을 모두 잡았다. 무엇보다 위스키의 소비층을 소주 소비로 끌고 왔으며, 일본 소주의 다양성을 이끌었다고 평가받는다. 생산량도 많지 않고 1병당 1만 엔(10만 원 정도)의 고가에 판매되고 있다. 참고로 소주를 일반 항아리에 담아 장기 숙성시키는 것은 정말 어렵다. 항아리의 숨구멍을 통해 알코올이

증발되기 때문이다. 오크통도 물론 증발이 되지만, 수분으로 인해 나무가 팽창하고, 수분으로 코팅되어 비교적 덜 날라간다. 1년에 5% 내외의 알코올이 증발되는 것으로 알려져 있다.

지금 나온 일품진로 1924와의 차이는?

하이트진로는 10년 숙성한 일품진로의 원액이 다 떨어지자 최근에는 6개월 정도의 비교적 짧은 숙성을 시킨 일품진로 1924를 출시했다. 1924의 경우, 맛 자체는 심플하고 깔끔하다는 평가이나 10년 숙성 일품진로보다는 확실히 부드러움은 떨어진다. 다만 오크통 자체의 맛이 없는 만큼 원료가 가진 맛은 그대로 드러난다. 마치 화장하지 않은 사람 같은 느낌으로, 본연의 맛이 그대로 살아 있다. 대신 부드러움과 단맛은 적어졌다. 숙성 기간이 짧고 오크통 숙성이 아닌 탓이다. 일품진로 10년 숙성은 가벼운 오크향과 바닐라향이 있는 만큼, 다양한 국물 요리와 잘 어울린다. 진한 국물의 감자탕부터 맑은 국물의 연포탕도 좋다. 오크향이 없는 일품진로 1924는 깔끔한 맛이니 생선회하고도 잘 어울린다. 비싼 일본 소주를 굳이 사마시느니 가성비 좋은 이 술을 선택하는 쪽이 더 낫지 않을까?

Tip★

감압식 증류기

압력을 낮춰(감압) 낮은 온도에서도 증류가 되게 하는 기구. 산에 올라가면 물이 쉽게 끓는 이치이다. 그 반대가 상압식 증류기이다. 일반적인 상압식 증류기의 끓는 점은 78도라면 이 감압식 증류기는 40도 이하로도 증류가 된다. 감압식을 쓰면 다양한 향미는 올라오지 못하는 대신 낮은 온도에서 증류되는 만큼 불맛(탄맛)이 적어 깔끔하다. 한국에서 판매하는 상당수의 증류식 소주 역시 감압식 증류기를 사용하고 있다.

 한·줄·평

빤스PD	아, 부드러운 맛 정말 좋아요.
명사마	살짝 단맛이 있는데, 설탕이 들어간 듯?
박언니	소주에 오크향, 나쁘지 않아요.
신쏘	그래도 하나씩 좋은 제품들이 나오는구나 싶어요.
장기자	연인이 사주면 좋은 술이라는 생각입니다.

일본 소주 1위 업체의 대표작
키리시마 소주

by 명사마

주종	증류식 소주
제조사	키리시마 주조
원산지	일본 미야자키
용량	750ml 등
알코올	25%
원료	고구마, 입국 등
색	투명
향	가볍게 삶은 고구마 향
맛	뒤끝에서 오는 묵직한 고구마의 맛
가격	10,000원대(일본 현지 기준)

증류식 소주가 가장 잘 발달된 나라, 일본

한국의 증류식 소주 규모는 2017년 추정치로 약 300억 원, 희석식 소주는 3조 원의 규모이다. 즉 증류식 소주는 겨우 1% 전후. 희석식 소주가 99%를 차지한다. 한마디로 압도적인 차이이며, 비이상적인 구조로 되어 있다. 이렇게 된 이유는 1965년 공표된 양곡관리법에 따른다. 먹을 곡물이 없으니 술 빚을 것은 더더욱 없었고, 막걸리는 밀가루를 수입해서 만든 밀막걸리가 성행하게 되며, 소주는 안동 소주와 같은 쌀 소주 대신에 알코올을 수입해 희석해서 마시는 희석식 소주만 대두하게 된다. 진로 역시 원래는 증류식 소주를 만들었으나 1965년 양곡관리법을 계기로 본격적으로 희석식 소주 시장에 등장한다. 그렇다면 일본에서는 증류식 소주 시장이 어떻게 되어 있을까?

일본은 증류식 소주 시장이 희석식 소주 시장 앞질러

일본은 희석식 소주를 연속식 증류 소주, 다시 말해 갑류소주(甲類燒酎, 고루이쇼츄)라고 칭하고 알코올 도수 36% 미만으로 지정하고 있으며, 증류식 소주는 단식 증류 소주, 그러니까 을류소주(乙類燒酎, 오쓰루이쇼츄)라는 표현을 써서 구별한다. 그 기준은 알코올 도수 45% 이하에 기본적으로 1번의 증류, 그리고 원료 본래 풍미와 맛이 살아 있는 것을 특징으로 정의하며 동시에 원재료로 곡물, 물, 누룩 등을 이용해 발효시켜 사용하는 것에 한정하고 있다.

2002년 시행령 일부가 개선되어 위의 조건을 만족하는 경우 증류식 소주는 혼카쿠쇼츄(本格燒酎)라는 이름으로 본격적으로 등장하게 되는데, 이때를 전후하여 원료의 풍미가 살아 있는 일본의 증류식 소주 시장은 산업적으로도 더욱 발전, 2003년 희석식 소주 출하량을 앞지르게 되며 각 지역을 대표하는 명주들이 그 명성을 떨치게 된 것이다.

일본의 대표 증류식 소주는
보리 소주, 고구마 소주, 아와모리 소주

일본의 소주는 크게 세 종류로 나뉜다. 하나는 대마도의 옆에 있는 이키 섬이 발상지라고 하는 보리 소주, 그리고 오키나와의 아와모리 소주, 그리고 가고시마를 중심으로 한 고구마 소주이다. 대한해협에 있는 이키 섬의 경우, 《세조실록》에 대마도 영주에게 소주를 하사한 기록이 있는데, 이것을 가지고 일본 역시 보리 소주의 발상지는 조선이라고 어느 정도 인정하고 있다. 오키나와의 아와모리 소주는 남중국 및 타이에서 그 기술이 왔다고 전해지며 주로 장립종 쌀(인디카 종)을 써서 상압증류를 통해 소주를 만들고 있다. 가고시마 고구마 소주는 이러한 증류 기술을 오키나와에서 받아들였다. 이유는 일본에서 오키나와를 복속시킨 대상이 사쓰마번이라는 가고시마의 토호 세력이기 때문이다.

일본 증류식 소주의 최대 주산지 규슈

일본 증류식 소주의 주산지는 일본 남부의 규슈 지역이다. 고구마 소주가 가장 대표적이며 이어 보리 소주, 쌀 소주가 뒤를 잇고 있다. 규슈가 소주로 유명한 이유는 두 가지이다. 하나는 날씨. 습기가 많도 온도가 높아 발효주를 만들면 산폐되기 쉽다. 온도 관리가 어렵고, 잡균들이 들끓어 품질 유지에 품이 많이 든다. 또 하나는 구황작물이 많이 생산되는 지역의 특성 탓이다. 필리핀을 통해 오키나와, 그리고 1700년대에 이 규슈 지역, 정확히는 가고시마에 고구마가 처음으로 들어온다. 덕분에 고구마 및 감자 요리 등이 많이 발달했고, 그래서 소주도 발달하게 된다.

일본 1위 증류식 소주 업체, 키리시마 주조

현재 일본의 고구마 소주 1위 지역은 규슈 지역의 가고시마와 바로 옆 현인 미야자키가 경합을 벌이고 있는데, 얼마 전부터 미야자키현이 앞서고 있다. 그 이유는 바로 일본 최대의 증류식 소주 회사인 키리시마 주조가 영업력을 늘리고 있기 때문이다. 1916년 설립된 키리시마 주조는 기존의 고객은 버리고 새로운 고객을 창출한다는 '버리는 전략'으로 증류식 소주를 중심으로 매출 7천 억을 달성했고, 이는 일본 1위의 성과이다. 키리시마(霧島)라는 이름은 그대로 해석하면 '안개섬'인데, 가고시마와 미야자키현의 경계에 있는 활화산으로 화산 활동을 통해 연기가 안개같이 있다고 하여 붙여진 이름이다.

하얀 고구마, 빨간 고구마 등
품종으로 골라 마시는 일본 고구마 소주

일본 고구마 소주의 특징은 한마디로 여러 기준으로

구분을 해놨다는 점이다. 가장 기본이 되는 술은 당연히 고구마 품종이다. 주로 고가네센칸(黃金千貫)이라는 백색을 띄는 고구마로 만들면 강한 자극이 없이 부드러운 맛을 가지며, 자색 고구마로 만들면 감귤계의 향이 느껴지기도 한다. 또 초기 고구마 발효를 담당하는 누룩균에 따라서도 맛이 달라지는 것에 착안, 제품과 맛을 다르게 해놨으며, 알코올 도수는 물론 숙성연도에 따라서도 구분을 해놨다.

아카키리시마(赤霧島)는 붉은 고구마(자색 고구마)로 만든 소주로서 이름 그대로 해석하면 '붉은 안개의 섬'이라는 뜻이지만, 나타내려는 것은 자색 고구마로 빚은 키리시마(붉은 안개)의 술이라는 뜻이다. 농후한 맛을 띄며 감귤계의 상큼한 맛이 살아 있다. 25도라는 도수는 강하게 느껴지지는 않지만, 충분히 탄산이나 얼음을 넣고 마시기에 좋다. 가볍게 레몬을 뿌려 마시면 금상첨화. 참고로 아카키리시마는 한국에서도 판매하기도 하지만, 일본 여행을 가면 웬만한 편의점에는 다 있는 제품이다. 흑국균으로 빚은 구로키리시마(黑霧島), 백고구마로 만든 시로키리시마(白霧島) 등과 비교 시음하면, 다양한 고구마 소주의 맛을 느껴볼 수 있을 것이다. 잘 어울리는 안주로는 가고시마 또는 미야자키의 흑돼지 샤부샤부가 최고의 궁합이다. 돼지고기 특유의 느끼한 맛을 고구마 소주가 잘 잡아준다.

아카키리시마를 만드는
자색 고구마

시로키리시마를 만드는
백고구마

Tip★

누룩균

일본의 대표 누룩균은 3가지가 있다.
- **백국균** : 흰색을 띠며 우리 막걸리에 많이 쓰이는 균으로 새콤한 맛을 낸다.
- **흑국균** : 검은색을 띠며 오키나와 아와모리 소주에 주로 쓰였다. 진한 맛을 낸다.
- **황국균** : 살짝 황색을 띠며 청주, 미림 등에 주로 쓰이며 부드러운 맛을 낸다.

 한·줄·평

빤스PD	아카키리시마는 확실히 감귤계의 맛이 있습니다!
명사마	정말 기본 중의 기본인 고구마 소주.
박언니	내 스타일. 역시 소주예요.
신쏘	너무 향이 강한 듯한데요.
장기자	비싼 소주 마시는 즐거움이 있어요.

가장 유명한, 그리고 가장 기본적인
안동 소주

by 장기자

주종	증류식 소주
제조사	명인 안동 소주
원산지	경상북도 안동
용량	800ml
알코올	45%
원료	쌀, 누룩, 정제수
색	맑고 투명하다
향	신선하고, 상쾌한 향.
맛	부드러운 목넘김, 마시고 난 후의 짧은 여운
가격	35,000원대(온라인)

나의 첫 느낌, 첫 전통주

카밍 래빙턴이 쓴 《첫인상 3초 혁명》 이라는 책은 다음과 같이 시작한다.

"당신이 문을 열고 사무실에 들어서는 순간 일은 벌어진다. 그 3초간, 사람들은 당신을 판단해버린다. 당신을 그저 힐끔 바라볼 뿐이지만 그들은 당신의 옷차림과 헤어스타일을 평가한다. 당신의 몸가짐을 보고, 당신의 차림새나 액세서리에 대해 판단한다. 또 당신이 들어서자마자 만난 사람에게 인사하는 모습을 본다. 그 짧은 3초 동안 당신은 사람들에게 이미 지울 수 없는 인상을 남긴다. 어떤 사람들은 그런 당신의 모습을 보고 호기심을 느끼며 당신에 대해 더 많이 알고 싶다고 생각하지만, 또 다른 어떤 사람들은 당신을 무시하기로 한다."

이 책에 따르면 첫인상은 단, 3초 만에 결정된다. 더군다나 한번 결정된 첫인상은 쉽게 바뀌지 않는다. 어쩌면 내가 전통주에 빠지게 된 것도 이 3초의 마법 탓인지도 모르겠다. 내가 처음으로 마셨던 전통주인 안동 소주 때문에 지금 여기까지 오게 되었다고 해도 과언이 아니므로.

좋아하는 오빠에게 말 한 번 더 걸어보겠다고 도전했던 술이 바로 안동 소주였다. 알싸하게 코끝으로 전해오는 깊은 향이 여전히 10년도 넘은 지금까지 남아 있다. 그때부터 내게 안동 소주는 곧 전통주이고, 전통주는 멋있다 같은 느낌으로 뇌리에 박혀버렸다.

만약 전통주를 처음 접하는 사람이라면 가장 기본인 안동 소주부터 차근차근 한 걸음씩 밟아보기를 추천한다.

가장 유명한 전통주, 안동 소주의 역사

안동 소주는 경상북도 안동시에 전해 내려오는 전통주이다. 안동 명문가에서 대대로 이어져 내려오던 가양주로, 손님 접객이나 약용으로 쓰였다. 고려 시대 때부터 안동 지역에서 소주를 만들어왔으나, 전국적으로 안동 소주라는 이름을 알린 것은 고려 시대도 조선 시대도 아닌 일제 강점기 때부터이다. 1920년 안동 최대의 부호인 권태연 씨가 안동 주조회사에서 '제비원표 소주'를 만들어 팔면서 안동의 소주가 유명세를 타게 되었다. 이후, 제비원 안동 소주는 어렵게 명맥을 이어가던 중 1965년 쌀 등의 순곡으로 술을 빚지 못하게 하는 정부의 양곡관리법이 발표됨에 따라 증류식 소주에서 희석식 소주로 바뀐다. 이어 여러 가지 이유로 1974년에는 금복주에 통폐합을 당하게 되고, 역사 속에서 사라지게 된다.

1988년 서울 올림픽을 전후로 전통 소주는 잃었던 명맥을 하나씩 찾고자 하는 노력이 이뤄졌다. 전 세계에 소개할 우리 전통술이 없다는 것이 가장 큰 이유였다. 이때 안동 소주는 경상북도로부터 무형문화재 지정이 된다. 민속주 안동 소주를 빚는 조옥화 명인은 1987년 5월 13일 경상북도 무형문화재로, 이후 1995년 명인 안동 소주의 박재서 명인도 농식품부 식품명인으로 지정된다.

현재 안동 소주는 조옥화 민속주 안동 소주, 명인 안동 소주, 일품 안동 소주, 로열 안동 소주, 양반 안동 소주, 금복주의 안동 소주까지 합치면 6곳 이상에서 만들어지고 있다.

박재서 명인의 '명인 안동 소주'

명인 안동 소주는 500여 년 전 조선 시대 때부터 은곡 박진 선생의 반남 박씨 가문에서 빚어오던 가양주이다. 현재는 반남 박씨 가문 25대손이자, 전통식품명인 6호로 지정된 박재서 명인이 빚고 있다.

국내산 쌀만 사용하며, 쌀로 만든 누룩을 섞어 청주를 만든다. 특히 소주 내릴 때, 낮은 압력에서 증류하는 감압식 증류법을 이용하여 증류 과정에서 생길 수 있는 탄내를 제거했다. 일반적으로 알코올 도수는 45도이며, 대중화를 위해서 도수를 낮추어 35도, 22도 제품도 생산한다.

명인 안동 소주는 전통 기법의 제조 방식을 고수하면서도 제조시설 현대화와 소비자의 기호에 맞는 끊임없는 제품 개발을 진행하고 있다. 알코올 도수가 높지만 깨끗하고, 신선한 향을 느낄 수 있고, 부드러우면서도 높은 도수의 알코올이 혀를 자극한다. 전반적으로 깔끔한 느낌으로, 술을 마시고 난 후 여운도 짧다.

조옥화 명인의 '민속주 안동 소주'

민속주 안동 소주는 1987년 경상북도 무형문화재 제12호 안동 소주 기능보유자로 지정된 조옥화 명인이 빚고 있는 전통주이다.

지난 1988년 서울 올림픽을 계기로, 정부의 민속주 발굴에 의해 1990년 9월부터 생산을 시작했다. 전통비법으로 빚어낸 증류식 소주로, 전통성 유지를 위해 오직 45% 안동 소주만 생산한다. 직접 빚어 만든 누룩을 사용하고, 여러 번 되풀이되는 연속 증류 방식을 통해 불순물을 완벽하게 제거한다.

알코올 도수가 높고, 민속주 안동 소주 특유의 곡향이 올라온다. 술을 입에 넣으면 알코올이 입안 전체를 채우고 혀를 오그라들게 할 정도로 자극을 준다. 술을 마시고 난 후에 쓴맛이 오랜 여운을 갖게 한다. 45도의 높은 도수에도 마신 뒤 담백하고 은은한 향에다 감칠맛이 입안 가득히 퍼져 매우 개운하다. 장기간 보관이 가능하며, 오래 지날수록 풍미가 더욱 좋아진다.

빤스PD　　깔끔하고, 퓨어한 느낌입니다.

명사마　　전통주 초보자도 쉽게 마실 수 있는 깔끔한 맛이네요.

박언니　　누룩향이 덜하고 매콤해요.

신쏘　　찌릿찌릿 톡톡 쏘는 듯한 맛!

장기자　　45도치고는 아주 부드러운 술이네요.

예거마이스터 못지않은 전통주?
전주 이강주

by 박언니

주종	증류식 소주
제조사	전주 이강주
원산지	전라북도 전주
용량	375ml~3ℓ
알코올	25%
원료	백미, 효소, 울금, 배, 꿀, 계피, 생강
색	투명
향	배향, 계피향
맛	과일과 계피, 꿀의 달콤함
가격	30,000원 전후

술에 갈비찜 재료가 들어갔다고?

인사동에 전통주 갤러리가 생긴 지 얼마 되지 않은 때, 나에게도 술 공부에 대한 열정이 이제 막 생기기 시작한 무렵이라 전통주 갤러리가 있다는 것을 알고 부리나케 예약을 잡고 그곳으로 향했다. 수많은 술과의 만남만을 기대했을 뿐. 나는 그곳에서 신쏘와의 운명적인 첫만남도 있을 거라는 생각은 미처 하지 못했다.

전통주 갤러리는 예약만 하면 한 달에 한 번 그달의 술을 시음할 수 있다. 내가 그곳에 방문했을 때는 그달의 술 중에 이강주가 있었는데 양장을 단정하게 입고 누가 봐도 사회초년생으로 보이는 신쏘가 이 술에는 배, 생강, 계피, 울금, 꿀이 들어간다고 설명한다. 그리고 내 입에서 1초의 망설임도 없이 튀어나온 말,

"술에 갈비찜 재료가 들어가네?"

최고의 재료가 아니면 명주라 할 수 없다

2015년쯤 유행했던 '순하리'라는 술이 있다. 당시 소주에 향과 색을 넣어 소주를 못 마시는 사람도 마시기 쉽게 만든 과실소주였는데 사실 과실소주라고 하기엔 과일은 전혀 들어가지 않았으니 인공적인 맛의 소주로 봐야겠다.

그럼 이강주는 어떨까? 향긋한 배향과 꿀의 달콤함이 목으로 넘어가면서 코로 전해진다. 문헌에 따르면 황해도 봉산에서 이강주가 시작되었다는 기록이 있는데 지금은 전주에서 무형문화재이자 식품명인인 조정형 선생이 이 술을 만들고 있다. 하필이면 전주에서 이강주가 복원된 이유는 무엇일까?

허영만의 만화 《식객》에서 김치를 담그기 위해 좋은 소금을 찾아다니다 결국에는 소금을 직접 만들어 김치를 담그는 내용이 나오는데, 전주에서 이강주가 만들어지는 이유는 이강주에 들어가는 재료 즉, 배와 생강으로 유명한 지역이 바로 전주이기 때문이지 않을까 생각해본다. 배로 유명한 지역은 전라남도 나주도 있지만 전주의 원동배

도 이에 못지 않다. 조정형 명인은 이강주가 만들어지는 제 1공장에 배밭을 조성해 직접 배를 키우고 재배한 배의 1년 치는 한꺼번에 술로 담가 보관한다.

전주 봉동의 생강은 뿌리가 크고 섬유질이 적으며 포도당이 풍부해 좋은 생강으로 유명하다. 그 유명세는 이 중환의 《택지리》에서도 나오는데 "전주 생강밭은 나라 안 에서 제일이라 했으며 부자들이 이익을 독점하는 물자가 된다"라며 전주 봉동 생강을 칭송했다. 그럼 이 좋은 재료 로 이강주를 어떻게 만들까?

호남 평야에서 생산되는 백미로 고두밥을 짓고 효소 와 부재료를 넣어 침출한 후, 꿀을 넣어 숙성하면 이강주가 만들어지는데 1년을 숙성하면 일반 이강주, 3년을 숙성하 면 고급 버전이 나온다.

술이 약이 될 수 있을까?

과일이야 그렇다치고 생강과 울금 등의 부재료는 왜 들어갔을까? 일단 생강과 비슷하게 생긴 울금은 혈액순환 및 면역력을 개선하고 위장과 간기능을 좋게 하는 기능이 있고 생강은 체온을 정상화해주고 성인병을 예방하는데 이 는 계피와 작용하여 몸을 데우고 울금과 작용하여 해독작 용을 한다고 한다.

술이 과연 약이 될 수 있을까? 예거마이스터는 실제로 독일에서 약으로 쓰였던 술이다. 56가지의 허브 잎, 열매, 뿌리, 향신료를 갈아넣어 참나무통에 숙성한 이 술은 천식환자의 기침을 다스리고, 소화제나 감기약으로도 쓰였는데 56가지 약재 중에는 계피와 생강도 포함되어 있다. 또, 독일의 글로바인이나 프랑스의 뱅쇼 같은 술도 와인에 계피와 과일 등을 넣고 끓여 감기약으로 곧잘 마시는데 이것 또한 술을 약처럼 마시는 경우이다.

사실 〈말술남녀〉의 달교수님만 해도 술은 절대 약이 될 수 없다고 외치고 박언니도 그렇게 외치는 이들 중 한 명이다. 그렇지만 이강주를 빚는 명인 조정형 선생의 일화는 그럴듯하여서 실제로 약효가 있는 게 아닌가 믿게끔 한다.

언젠가 지인들과 술을 나누는 자리에서 생선회와 함께 술을 마시는데 조정형 선생과 지인 한 분은 이강주를, 나머지 사람들은 일반 소주를 마셨다고 한다. 다음 날, 이강주를 마신 두 분을 제외한 나머지 분들은 탈이 나서 고생을 했는데, 이강주를 마신 두 분만이 탈이 나지 않았다. 그 이유는 이강주에 들어가는 생강이 위에서 살균되지 않고 내려오는 비브리오균을 살균하고 울금이 해독작용을 해준 덕분이라고 생각하신단다.

평소에 장이 약해 면역력이 떨어지면 장염에 걸리곤 하는 터라 이강주를 집에 하나쯤 쟁여놓고 한 잔씩 마시며 속을 달래보면 어떨까 같은 생각을 해봤다. 그렇지만 십중팔구 늘 한 잔이 아닌 한 병이 될 것 같아 참아보려 한다.

클럽에서 이강주를 마시는 그날까지

신쏘는 〈말술남녀〉에서 레몬을 띄워 마시면 좋겠다라는 의견을 냈었다. 예거밤이(예거마이스터+레드불) 칵테일이 클럽에서 인기가 있듯 이강주도 세련된 칵테일로 재탄생된다면 어떨까?

〈말술남녀〉 팟캐스트의 이강주 편을 들어보면 이강주를 마시고 느껴지는 맛 표현들에서, 여성 패널의 경우 부드러운 멋진 남성을, 남성 패널의 경우 편안하고 매력 있는 여성을 빗대며 이야기가 나왔다. 결론적으로 이성을 유혹하는 듯한 맛의 술이라는 거다. 젊은 남녀들이 모여드는 도심의 클럽에서 이강주를 베이스로 한 칵테일을 'Pear and Ginger'라고 칭하면? 혹은 PG 칵테일이라 칭하고 판매된다면? 생각만 해도 꽤 뿌듯할 것 같다. 우리나라 전통주의 흐름이 바뀌는 그날까지 그 매력을 계속해서 어필해보리라.

 한·줄·평

빤스PD   쌀+청량함. 인공향 없이 혀에 닿는 느낌이 마치 실크로 감싸는 듯한?

명사마   부드럽고 향긋해서 의외로 쉬운 술인데요.

박언니   끝맛에서 배의 청량감이 느껴져요.

신쏘   뜨거운 레몬차에 살짝 섞어 먹고 싶은 술이에요.

장기자   처음에 코카콜라 맛이 나는 것 같은데 수정과 맛도 나요.

섞는 비율에 따라 달라지는 맛과 향
오유와리

by 명사마

주종	증류식 소주
제조사	배상면주가
원산지	전라북도 고창
용량	500ml 등
알코올	40%
원료	복분자 증류원액, 과당, 주정
색	투명
향	살짝 단향이 느껴짐
맛	진한 알코올과 약한 복분자
가격	40,000원 전후

일본의 술 문화를 보면 뭐든지 잘 섞어 마시는 게 특징이다. 얼음이나 탄산수는 물론, 녹차, 우롱차, 콜라, 사이다 심지어 매실 장아찌까지 넣어가며 다양하게 즐기는 모습을 볼 수 있다.

이렇게 이것저것 섞어서 술을 마시는 이유는 알고 보면 간단하다. 일본에는 실제로 술에 약한 사람이 많기 때문이다. 일본인의 43%는 알코올 분해를 잘 못하는 부류에 속하며, 전체 인구의 7%는 아예 분해를 시키지 못하기에 마셔서는 안 되는 사람들이다. 다양한 음료와 술을 섞어 마시는 술 문화는 이런 현실에서 탄생했다. 물/음료를 섞음으로써 알코올 도수를 낮추고, 수분을 함께 섭취해 숙취를 적게 하며, 각각의 술이 가진 다양한 풍미는 최대한 즐길 수 있다.

〈말술남녀〉에서 이날 섞어 마셔보는 술로 등장한 제품은 복분자 아락이라는 증류주였다. 말 그대로 복분자를 증류해 만든 소주로서 배상면주가에서 만들었다. 아락은 원래 몽골의 증류주를 뜻하는데, 이것이 변형되어 일본에서는 아라키, 몽골에서도 아라크라고 쓰이기도 한다. 고창의 복분자로 만들었는데, 복분자향은 생각보다 강하지 않다.

따뜻한 물과 섞는 오유와리,
물이 먼저일까, 소주가 먼저일까?

겨울철에 일본 증류식 소주를 가장 대중적으로 마시는 방법은 오유와리(お湯割り)이다. 와리란 우리에게 친숙한 와리바시(割り箸, 반으로 자르는 젓가락)에서 온 말이다. 오유(お湯)는 우리말로 따뜻한 물, 와리(割り)는 나누거나 자른다는 의미로, 결국 따뜻한 물로 술을 희석한다는 의미가 된다. 반대로 차가운 물로 섞으면 미즈와리(水割り)라고 부른다.

그렇다면 오유와리를 할 때, 소주를 먼저 넣을까? 따뜻한 물을 먼저 넣을까? 일본에서는 70% 정도가 먼저 따뜻한 물을 넣고, 소주를 따른다. 소주를 먼저 넣으면 소주 향이 증발하면서 향이 자극적으로 바뀌며 술 냄새가 너무 강해진다. 반대로 따뜻한 물을 먼저 넣으면 온도 차이를 통해 대류가 일어나 물과 술이 천천히 섞이는데 그 과정에서 알코올 증발도 덜 되고 맛도 부드러워진다. 다만, 강한 느낌으로 술을 즐기고 싶다면 먼저 소주를 넣는 방식도 나쁘지 않다. 다시 말해 무엇을 먼저 넣느냐는 어디까지나 개인의 취향이다. 참고로 팟캐스트 〈말술남녀〉에서는 이 내용을 설명하면서 따뜻한 물이 먼저라면 '물소', 소주가 먼저라면 '소물'이라고 줄여서 말했다.

물과 소주의 비율은?

일본에서는 오유와리를 주문할 때 보통 로쿠욘(ロクヨン)이라고 많이 부른다. 한국말로 하면 64. 즉 소주 6, 물 4의 비율로 해달라는 의미이다. 소주를 60%의 비율로 넣는

이유는 바로 일반적인 일본 증류식 소주의 알코올 도수를 고려한 것이다. 25도가 가장 많은 일본 소주는 6대 4로 물을 넣으면 딱 알코올 도수 15도가 되는데 이것은 가장 대중적이라 할 일본식 청주, 즉 사케의 알코올 도수와 비슷하다. 즉 그들이 마시는 일반적인 술의 도수에 맞춘 것이다. 최근에는 이 방식이 획일적이라고

하여 5대 5, 또는 4대 6도 늘어나는 추세이다. 물론 물을 더 넣으면 알코올 도수는 약해지지만 향미만 즐기기에는 충분할 수 있다.

개인적으로는 5대 5 정도의 비율로 따뜻한 물부터 먼저 넣는 것을 선호한다. 이유는 알코올 도수가 와인(12~13도) 수준일 때가 나에게 마시기 가장 편하기도 하며, 동시에 술 냄새가 확 올라오는 데에도 거부감이 있어서다. 가장 중요한 것은 물과 술 중에 무엇이 먼저, 얼마나 들어가냐에 따라 섬세하게 달라지는 결과물을 직접 혀로 느껴보는 것이다. 해보고 이러한 작은 변화에도 술맛이 변화한다는 것을 아는 것이 중요하다.

🍸 한·줄·평

빤스PD	오, 완전 신기해! 맛이 달라지네.
명사마	물의 온도도 중요합니다! 보통 높아도 50도, 보통 40도가 좋아요.
박언니	별다른 차이 없는데요.
신쏘	음, 물이 좀 식어서 구별하기 어려운데요.
장기자	저는 맛알못이라서 잘······.

폭탄주의 개념을 바꿔본 창작 칵테일
젤리폭탄주

by 신쏘

주종	폭탄주
제조사	신쏘
알코올	5~10%
원료	젤라틴, 술, 설탕, 그밖의 원하는 싶은 재료(시럽, 과일, 주스 등)
색	투명(넣는 재료에 따라 색은 변한다.)
향	약한 알코올 향.
맛	푸딩 같은 달콤한 식감
가격	5000원~ (재료에 따라 변동)

나의 창작 칵테일

학교 수업시간 중 나만의 칵테일 만들기 과제에서 만들어진 독특한 폭탄주 하나를 소개해 보려고 한다.

창작물을 과제로 제출하는 것은 레포트로 제출하는 것보다 몇 배는 머리가 터질 듯한 과제였던 것 같다. 정답이 없기에 더 힘들었는데 예쁜 색깔, 특이함, 상품성, 맛 등을 고루 갖춘 칵테일을 만들기 위해서 학생들은 별의별 술과 재료를 섞어보기 시작했고 그 과정에서 별의별 이상해서 먹기 싫은 칵테일들이 만들어졌다. 그러는 도중 액체와 섞는 것은 너무 뻔하다는 생각에 술을 마시지 말고 먹어보자라는 아이디어가 떠올랐다. 또 그 시기는 전통주보다 제과제빵 공부에 더 관심이 많았기에 술을 이용하여 먹을 수 있는 디저트를 찾기 시작했다. 그때 생각난 것이 일본의 이치고히메와 젤리였다.

이치고히메는 딸기의 속을 파고서 그 안에 연유를 넣고 그대로 먹거나 아예 얼려먹는 일본의 디저트이다. 신쏘는 이 두 디저트에 술을 넣기로 했고, 레시피와 스토리를 적어서 발표를 시작했다. 학생들의 반응은 좋지 않았지만 당시의 교수님만큼은 신쏘 편을 들어주셨다. 교수님이 옳았다. 몇 년 뒤 홍대 부근의 칵테일바에서 비슷한 칵테일이 판매되기 시작했다. 나중에 알고 보니 술로 젤리를 만드는 것은 이미 유럽에서는 판매가 되고 있는 메뉴였다.

내가 직접 만든 폭탄주

폭탄주라면 칵테일보다는 조금 더 친근하고 제조법이 쉬워 보인다. 하지만 이 젤리폭탄주는 만드는 데 한 20분이 소요되며, 미리 준비해야 하는 과정이 있기에 조금은 귀찮을 수도 있지만 행사나 파티에서 재미 삼아 손님들께 만들어준다면 모임의 즐거움을 한층 더 업그레이드할 수 있을 것이다. 그런데 한동안 젤리 열풍이 불면서 짜먹는 젤리 소주가 출시가 되었다는 소식이 있으니 혹시 관심은 있으나 직접 만들어 먹기 너무 부담이 된다면 시중에 나와 있는 짜먹는 소주부터 시도해보는 것도 좋을 것이다.

어떻게 만드는지 궁금하지?

준비물은 젤라틴, 알코올, 설탕, 첨가하고 싶은 무언가. 먼저 젤라틴을 중탕으로 녹인다. 어느 정도 녹았으면 설탕과 준비한 알코올을 넣는다. 신쏘는 희석식 소주를 넣었고 설탕과 청포도 엑기스 또는 와인을 첨가하였다. 용기에 담아 식혀주면 완성이 된다. 제일 인기가 많았던 맛은 젤라틴과 소주와 와인과 설탕이 들어간 젤리였다. 텍스처도 만드는 사람마다 다를 것이다. 젤라틴을 많이 넣으면 단단한 젤리의 느낌이고 젤라틴이 적게 들어가면 과일푸딩 같은 느낌이 난다. 설탕의 양도 중요한데 이 폭탄주는 단맛이 적으면 맛이 없어진다. 단맛이 충분한 쪽이 가장 맛있다. 딱히 레시피가 정교한 요리는 아니다. 인터넷에서 '푸딩 만들기', '젤리 만들기'를 검색하여 나오는 레시피를 응용해서 만들면 간단하게 완성이 된다. 술을 마시는 것이 아닌 먹는다는 개념으로 접근해보면 재미있는 경험이 될 것이다.

 한·줄·평

빤스PD　이 술, 굉장히 재미있네요.

명사마　제 입에는 와인맛 젤리폭탄주가 제일 맛있더라고요.

박언니　신쏘, 소주만 넣은 버전은 솔직히 너무했어…….

신쏘　생각의 틀을 버립니다!

장기자　달콤한 게 내 스타일이에요.

한식과 최고의 궁합을 보여주는
화요

by 박언니

주종	증류식 소주
제조사	(주)화요
원산지	경기도 여주
용량	500ml
알코올	25%
원료	쌀, 입국
색	투명
향	쌀 특유의 풍미
맛	인위적이지 않는 부드러운 맛
가격	20,000원 (소비자가)

제주도에서 뜻밖의 만남

남편은 여행을 좋아한다기보다 집이 아닌 다른 곳에서의 휴식을 좋아하는 사람이라서 늘 바쁜 주중 업무에 녹초가 되어 맞이한 주말이면 어딘가로 떠나기에 바빴다. 딱히 관광지를 돌아다니지도, 지역 이벤트를 즐겨 찾지도 않고 그저 그 지역의 공기와 풍경, 도시에서는 없는 여유를 즐겼다. 그리고 단 하나의 여행 목적이 있다면 맛있는 지역 음식을 찾아 먹는 것.

제주도는 그런 우리 부부가 특히 선호하는 지역이다. 자연, 환경, 공기, 취미생활, 음식의 5박자를 고루 갖춘 곳이며 연애 때의 첫 여행에 대한 추억까지 있는 곳. 술 공부를 시작하고 나서 결혼기념일이 돌아왔을 때 우리는 두말없이 제주도로 향했다.

포도호텔에 짐을 풀고 저녁은 나가지 말고 호텔에서 먹자며 한식당을 예약해놨다. 술의 관심도가 한창 최고조일 무렵이었기 때문에 저녁식사 자리에서 메뉴판을 받으면 그는 음식을, 나는 술 메뉴부터 봤다. 놀랍게도 서울 어디 식당에서도 주류 메뉴에는 초록색 소주와 갈색병 맥주뿐이었는데 그날 포도호텔 한식당의 메뉴에는 이름만 들어봤던 '화요'가 있지 않은가. 나는 주저없이 주문했다. 지금은 많이 유해졌지만 비싼 음식은 먹어도 비싼 술은 왜 마시는지 이해 못 하는 남편인데, 오래 전 내가 와인아카데미에 다니고 싶다고 할 때 "차라리 그 돈으로 와인을 더 사서 마시면 안 되겠니?"라고 했던 그였다.

여하튼 그날은 마치 기념일에는 큰 마음먹고 좋은 와인을 허락하는 것처럼 두말 없이 오케이했다.

불로써 다스려진 존귀한 술

    화요의 탄생은 한국 도자기 문화를 세계화하자는 취지에서 시작됐다. 지금의 ㈜화요를 세운 광주요 그룹은 광주의 관요(관청에 납품하는 사기제조장)였는데 한국 도자기 문화의 전통을 잇고 동시에 도자기가 발달한 국가는 그에 맞는 음식과 술도 함께 발달한다는 맥락으로 처음에는 '가온'이라는 한식당을 열었고, 그다음에는 지금의 화요를 개발하게 된다. 소주(燒酒)의 '소(燒)'자를 파자해서 불 '화(火)'에 높을 '요(堯)', 화요(火堯)라고 술의 이름을 지었다. 불을 존귀한 대상이라고 칭하고 불이 있어야만 증류해 소주를 얻는다는 뜻과 화요의 정신을 담았다고 한다. 즉 '불로써 다스려진 존귀한 술'이라는 뜻이다.

    처음에는 전통방식의 술 중에 음식에 잘 매칭되고 세계화가 가능한 술이 무엇일까 생각하다가 기존의 전통 소주는 누룩취가 있고 자주 바뀌는 맛의 변화가 한국 입맛에는 맞을지 모르겠으나 세계화에는 어려움이 있다고 판단해 전통 누룩 대신 쌀에 균을 입힌(인공배양효모) 입국 방법으로 술을 만들었다. 그리고 전통 방식의 상압증류가 아닌 증류기의 압력을 낮추어 낮은 온도에서 끓게 하는 감압증류 방법으로 좀 더 깨끗하고 맑은 술을 추구했다. 특히 도자기를 만드는 곳인 만큼 숨을 쉬며 내부의 열을 발산해 술을 시원하게 유지해줄 수 있는 옹기로 빚어 술의 깊은 향을 더했다.

내가 처음 화요를 알았을 때 병을 보며 제일 먼저 드는 생각은 한국적인 단아한 디자인이되 세련된 현대미를 더했구나였다. 아마도 대부분 나와 같은 느낌이지 않을까 싶은데 도자기를 만드는 회사에서 출발한 술이기 때문에 많은 부분 고민을 했으리라 생각한다.

화요는 처음부터 해외 명주와 경쟁하려는 노력 끝에 태어난 술이다. 그래서 한국 주류 시장의 가격 경쟁에서 상당 부분 불리할 수도 있었지만 2005년을 시작으로 지금에 와서는 누구나 다 아는 고급 술로 인정받았고 3년 전부터는 적자에서 흑자로 전환하여 큰 실적을 올리고 있다.

한식과 어울리는 술, 증류식 소주의 대중화

음식과 술은 떼어서 생각할 수 없다. 음식의 맛을 살리기 위해 술이 필요하고 술을 맛있게 마시기 위해 음식이 필요하다. 그렇기 때문에 화요가 탄생했고 한식과 한국술을 세계화하기 위해 연구했으니 이런 스토리텔링만큼 한식에 적합한 술이 무엇이겠나? 이런 취지에서 한식과 화요 페어링을 자주 열어 소비자에게 다가가고자 했고 미국 등에도 페어링 행사를 진행해 한국술 화요가 세계 수출 시장에

발돋움할 수 있도록 노력하고 있다.

　　지금의 화요는 어딜 가도 메뉴판에 볼 수 있는 대중화된 한국 소주가 되었다. 그만큼 비싸도 맛에 있어서는 인정받는다는 뜻이다. 음식과의 매칭만이 아닌 술 문화를 주도하는 젊은 세대들도 한국술이 꼰대가 아니라는 이미지를 심어준다면 대중화에 그치지 않고 세계화되는 것은 어렵지 않을 것이다. 이에 맞춰 그들이 밀집되는 홍대라든지 클럽에서 행사를 하면 좋겠다 생각한 적이 있다. 아니나 다를까 역시 화요답게 일찍부터 이런 행사를 해오고 있다고 한다. 외국술과 견주어 어깨를 나란히 할 수 있는 한국술을 알리고자 전통주를 갖고 행사를 한 경우가 거의 없는 클럽에서 대규모 행사를 여러 번 했다는데 마케팅 부분에 있어서도 참신한 자세를 보여주는 화요이다.

너와 나의 연결고리

　　제주도에서 화요를 마셔보고 증류식 소주에 대한 매력에 빠져 소주를 먹는 자리에 화요가 있으면 그 맛을 알리고 싶어 내가 산다며 망설임도 없이 주문했다. 소주로는 비싼 가격을 치러야 하는 술이기에 상대방의 주머니 사정도 생각하면서 그에게 화요의 맛을 알리고 싶다면 내 돈을 기꺼이 지불하는 것이 옳기 때문이다. 10번 추천해서 9번 정도 긍정적인 반응이었고 유독 참이슬만 고집하시는 아버지께 중국요리집에서 화요를 드셔보시게 했는데 술에 있어 고집불통인 아버지마저도 꽤 괜찮다며 인정하셨다. 다만 독한 술을 잘 못 마시는 친구들은 화요의 도수가 낮았으면 하는 바람이었는데 그 후 17도의 저도수 화요도 출시되면서 이제는 골라 마시는 재미로 즐거움이 두 배가 되었다. 우리나라 증류식 소주 시장이 커져 화요 외에도 다른 증류식 소주의 브랜드들이 즐비한 술 메뉴판을 보고 싶다.

우리나라 도자기와 한식을 매칭하여 세계화를 이끌려고 하다가 고급 한식당을 열고, 그리고 음식에는 술을 곁들여야 한다며 한식에 어울리는 고급 전통주까지 만들어 대중화, 세계화를 꿈꾸는 광주요 그룹의 일련의 노력은 전통주에서 사케로, 사케에서 와인으로, 와인에서 세계 모든 술을 섭렵해 술을 알지 못하는 '술알못'인 분들께 술의 신세계를 알려드리고자 노력하는 나 자신의 것과 조금은 모습이 비슷하다고 말해도 될까?

 한·줄·평

빤스PD	우리나라 증류식 소주 문화의 선두주자네요.
명사마	도수마다 향과 풍미가 다르니 꼭 비교 시음을 하셨으면 좋겠습니다.
박언니	술맛이 깔끔해 한식과의 매칭뿐 아니라 일식과도 잘 어울려요.
신쏘	감압증류와 입국을 써서인지 다른 전통주와는 확실히 비교가 돼요.
장기자	클럽에 화요가 있으면 저는 화요를 마실래요.

국내 최저가 증류식 소주
대장부

by 명사마

주종	증류식 소주
제조사	롯데주류
원산지	대한민국
용량	350ml 등
알코올	21%
원료	쌀
색	투명
향	가벼운 쌀의 향
맛	잔잔한 쌀 맛과 부드러움
가격	2500원대(국내 소매가)

2016년 한국에는 흥미로운 소주가 하나 출시된다. 바로 롯데주류에서 내놓은 증류식 소주 대장부. 다변화되는 소주 시장에서 청하, 백화수복, 설화, 처음처럼을 보유하고 있는 롯데주류가 고급 소주 시장에도 대장부라는 신제품을 선보인 것이다.

그렇지만 롯데에서 처음부터 주류를 생산했던 것은 아니었다. 원래는 이것들 모두 두산에서 만든 제품이었는데 2009년 롯데가 5000억 원에 인수하면서 소유주가 되었다. 그리고 두산 이전에는 청주 부문은 백화양조, 소주 부문은 경월이 주인이었다. 지속적인 인수합병을 통해 주류시장의 강자가 계속 바뀌어온 역사가 있다.

대장부의 진짜 의미는?

　　롯데주류의 홈페이지에 나와 있는 대장부에 대한 소개를 요약한다면 다음과 같다. 기존의 희석식 소주 시장만이 아니라 증류식 소주 시장에도 진출하는 데 의미를 두어 '천하의 큰 뜻을 품은 사람'이라는 대장부의 이름을 붙였다. 증류식 소주에 진출하는 첫 걸음다운 출사표처럼 느껴진다.

　　그런데 이 이름에 정말로 '큰 뜻을 품은 사람'이라는 뜻만 있을까? 롯데의 지주회사인 롯데홀딩스는 일본 도쿄 신주쿠에 본사를 두고 있다. 다시 말해 기업 경영의 총괄을 일본에서 한다는 뜻이다. 그렇다면 일본에서 대장부(大丈夫)는 무슨 의미로 쓰일까? '괜찮다(だいじょうぶ, 다이죠부)'라는 의미로 사용된다. 한국어의 '괜찮다'라는 의미와 거의 유사한 상황에 쓰인다. 제품의 퀄리티에 대한 표현으로도 쓰이고, 사람의 심리상태 등을 나타낼 때도 쓰인다. 이러한 이중의 의미를 롯데주류 측에서 모를 리가 없다. 즉, 이 제품은 괜찮은 제품이라는 것을 은근히 노출시키기 위한 네이밍일 수도 있다. 참고로 롯데주류는 프리미엄 주류 라인을 만드는 데 관심을 가지고 있다. 이미 국산 맥주에서 프리미엄 등급으로 취급되는 클라우드를 만들었고, 대장부 역시 일본 시장의 수출까지 염두에 두고 만든 소주로 추측된다. 일본은 일반 소주(희석식 소주)보다 증류식 소주 시장이 더 큰 곳이고 점차 한국 또한 증류식 소주 시장이 더 확대되리라는 전망으로 포석을 깔고 출시한 것이다.

초록색 병에 담은 증류식 소주 대장부 21

흥미로운 점은 대장부 21의 경우 기존 소주의 상징과도 같은 녹색의 유리 병을 사용했다는 사실이다. 녹색병을 사용하면 가격이 얼마나 내려갈까? 녹색병의 단가는 일반적으로 200원 전후. 1병당 총 10회 전후로 재활용을 하는데, 그러면 최종적으로 원가는 병당 20원 이하가 된다. 그렇다면 다른 오리지널 유리병을 쓴다면 원가는 어떻게 될까? 가격은 천차만별이지만 평균적으로 500원에서 1000원 전후이고, 가장 큰 문제는 재활용이 전혀 안 된다는 데 있다. 그래서 유리병만 녹색병으로 해도 생산단가를 확 낮출 수 있다. 증류식 소주임에도 불구하고 대장부의 가격이 2000원대인 것은 이렇게 병의 재활용 덕분이다.

어떻게 만들어지나?

일단 소주를 만들기 위해서는 발효주를 만들어야 한다. 20% 외피를 깎은 쌀을 불리고 발효를 거쳐 청주를 만든다. 이 청주를 가지고 증류기를 통해 소주 원액을 받고, 가수를 통해 도수를 맞추는 과정을 거친다. 맛을 보면 화요, 일품진로, 명인 안동 소주 등과 비슷한 질감이 있는데, 유사한 방식의 증류기, 바로 압을 낮춰 낮은 온도에서도 증류가 되는 감압식 증류기를 쓰기 때문이다. 낮은 온도에서 증류가 되는 만큼 높은 온도에서 올라오는 다양한 향미가 빠지는데, 그래서 심플하고 깔끔한 맛을 내며, 숙성 기간이 짧아도(1년 전후) 나쁘지 않다. 반대로 상압식 증류기는 다양한 향미가 나오는 만큼 호불호가 갈리는데, 그것을 해결하기 위해서는 오랜 숙성이 필요하다. 위스키, 브랜디, 오키나와 아와모리 소주 등이 이 상압식을 사용하고 있으며, 전통주로는 감홍로, 제주 고소리술, 문경 고운달 등이 상압식 증류 기법으로 술을 내리고 있다.

중요한 맛은?

　지극히 무난한 쌀 소주의 맛이다. 특히 대장부 21은 큰 특징이 안 느껴진다. 군내도 없고, 쌀 향도 강하지 않다. 오히려 일반 소주보다 마시기 쉽다. 살짝 신맛이 올라오는데, 이 맛은 청하에서 느끼던 것이다. 청하의 원액을 증류한 것으로 보인다. 향미가 진하지 않다 보니 음식을 방해하는 맛이 전혀 없다. 즉, 술로서 개성은 적은 편이다. 하지만 뒤집어 생각해보면 까다롭지 않아서 여러 음식과 편하게 매칭될 수 있는 술이라는 뜻도 된다. 대장부는 프리미엄 25도와 21도가 있는데, 25도는 1만 원 가까이 하지만, 21도는 2000원대면 시중에서 구입을 할 수 있다. 개인적으로는 21도로도 충분히 증류식 소주의 세계를 즐길 수 있다고 보며 혹시 증류식 소주에 처음 도전하려는 사람이라면 이 술을 가장 추천하고 싶다. 구하기도 쉽고 무엇보다 정말 저렴하다.

 한 · 줄 · 평

빤스PD	으흠. 뒷맛은 좀 짧은 편이네요. 뚝 끊기는 느낌 같은.
명사마	신맛이 느껴지는 부드러움이 있어요.
박언니	화요보다는 심플한 텍스처예요. 과실향도 살짝 있고요.
신쏘	가격 대비 전체 밸런스가 괜찮네요. 향과 맛에 큰 괴리감이 없어요.
장기자	일반 소주와 큰 차이가 없어보이는데 제가 문제일까요?

일본 소주를 논할 때 빠질 수 없는 술
─── 이이치코 실루엣

by 박언니

주종	증류식 소주
제조사	산와 주류
원산지	일본 오이타
용량	720ml
알코올	25%
원료	대맥, 보리, 보리누룩
색	투명
향	깊은 보리향
맛	부드러운 보리맛
가격	40,000~50,000원대(국내 소비자가)

이자카야의 대표 소주

내게는 술에 해박한 친구가 하나 있다. 일본에서 같이 어학교를 다녔고 아예 대학 학위까지 따고 귀국한 친구이다. 일본어학교 시절 친구들과 만나는 모임은 매번 이자카야로 자리를 정하게 된다. 타국에서 학생 신분으로 주머니 사정이 좋지 않았던 우리가 늘 허름한 이자카야에서 서로의 고민을 주고 받았던 과거 시절에 대한 회상을 위해서랄까? 그때의 추억을 안주 삼아가며 술자리를 더 즐겁게 즐길 수 있다. 그리고 4년의 대학 공부를 마치고 돌아온 그녀를 환영하러 만난 자리에서 본인이 쏜다며 사케 다음으로 주문했던 소주가 바로 여기서 소개하는 '이이치코 실루엣'이다.

일본 특유의 읽기 힘든 흘려쓴 한문의 라벨이 아닌 'iichiko'라는 알파벳 디자인이 꽤나 심플한데 임팩트가 있다. 대문자도 아닌 소문자의 영어가 간격을 두고 디자인되었고 둥글둥글한 형태의 반투명 병으로 소주의 깔끔함을 더했는데 초록색병 소주만을 줄창 마셔왔던 그때 내 눈에 이이치코의 이미지는 고급스럽기 이루 말할 수 없었다. 특별함을 더해주는 얼음 바스켓과 연이은 레몬 슬라이스까지. 온더록스로 마시는 술은 위스키가 전부인 줄 알던 그 시절, 이자카야에서 즐기는 소주 온더록스는 그 공간 안에서 마치 내가 뭐라도 되는 것처럼 자세까지 고쳐가며 고상한 기분에 젖게끔 해주었다.

1년간의 어학연수가 끝나고 친구들을 한국으로 떠나보낸 후 그녀는 홀로 일본에 남아 공부를 더 하는 동안 참 많이 외로웠단다. 대학에서 새로운 일본 친구들을 사귀고 정착하기 전까지 혼자 술을 사다 자취방에서 마셨던 술이 바로 이이치코였고, 이 술은 일본에서 가장 보편화되고 인기 있는 증류식 소주라는 설명도 덧붙인다.

일본 오이타현의 자랑인 지역술, 이이치코

그 지역에 가면 지역술을 꼭 마셔보라고 했고 나 역시 늘 그렇게 해오고 있지만 일본 오이타는 꽤나 벼르고 있던 지역이다. 한국의 이자카야에서 가장 흔하게 볼 수 있는 일본주 중에 하나가 이이치코이고 이이치코의 고향이 바로

일본 오이타현이다.

2년 전 남편의 회사 지점이 오이타현에 생겼다는 걸 알았을 때 나중에 출장에 한번 따라가고 싶다고 부탁을 했었다. 사실 나의 계략은 이이치코를 생산하는 산와 주류의 히타 증류소에 가보는 것이었지만 그 이야기를 한다면 돌아오는 대답은 뻔했다. "됐다!" 가면 볼 것 하나 없다면서 도쿄 출장 때나 따라가란다. 남편은 내가 술 공부를 하고 술을 좋아하는 걸 알면서도 양조장 방문은 꽤나 싫어한다. 해외 나갈 때마다 그 지역의 양조장을 방문하고 싶어해서 한두 번 따라가주기도 했는데 그다음부터는 꼭 거길 가야겠냐고 묻더니 나중에는 싫은 티를 팍팍 냈다. 왜 똑같은 제조 과정을 보고 시음해보는 그곳을 가야 하는지 모르겠다는 것이 이유였다. 남편에게는 모든 양조장이 똑같이 보였던 것이다. 하지만 내 눈에는 언제나 다 달랐다. 술마다의 철학도, 제조기술도, 양조장의 분위기도, 심지어 그곳에 퍼져 있는 효모세균마저도 모두 다 다르다. 결과적으로 나는 일본 오이타현을 작년에 다녀오긴 했다. 가서 이이치코를 원없이 마시고 왔다.

이이치코가 처음 출시될 때 산와 주류는 오이타현 지역 신문을 통해 새로 출시할 보리 소주의 이름을 공모했다. 새로운 술을 지역 사람들과 소통하고 나누고 싶어서일 것이다. 이이치코(いいちこ)의 뜻은 오이타 방언으로 "좋아요"의 뜻으로, 우리나라 전통 소주 고소리술이 제주도의

'소줏고리'의 방언을 술 이름에 넣은 경우와 비슷하다.

보리 소주의 맛에 집중하고
술병의 모양으로 차별화한다

1958년에 설립된 산와 주류는 2003년부터 일본 소주 부문 매출 1, 2위를 다투고 있는데 그중에서도 대중화된 이이치코 실루엣은 1985년에 탄생됐다.

보리 소주는 대맥-현맥-정맥 도정에 따른 맛과 향의 차이가 있는데, 대맥 보리와 보리 누룩만을 원료로 한 이이치코는 먹기 힘든 소주의 한계를 벗어나고자 많은 노력을 기울인 결과이다. 화려한 향기와 산뜻한 맛, 가볍게 마실 수 있는 소주를 강조하고자 산와 주류는 최첨단 장비와 기술로 보리 연구를 진행하고 아낌없이 투자하고 있다. 또 보리는 옛부터 맥주와 위스키의 주 원료로 사용되고 있음에도 아직 미지의 곡물이라 생각해 '보리 연구라면 산와 주류 연구소'라고 통용되는 날을 꿈꾸고 있다고 한다. 그래서일까? 이곳은 생

산 외에 영업 활동은 하지 않는다. 심지어 마케팅이나 기획 부서도 없다고 하니 술을 위해 얼마나 집중하고 있는지 알 수 있다.

이이치코는 세련된 병으로 유명하다. 우리나라 이자카야에서 파는 이이치코 실루엣도 처음 봤을 때 병 디자인의 심플함에서 오는 시각적 세련됨이 인상적이었다. 그보다 더 고급 버전인 이이치코 스페셜은 크리스탈처럼 병이 하나하나 깎였다는 느낌을 주는데 오크통으로 숙성한 소주는 황금색으로 탈바꿈되어 이 병에 담기면 어떤 위스키 병도 들이대지 못할 고급스러움이 묻어난다. 이 뿐만이 아니다. 스페셜 버전보다 상위 등급인 이이치코 플라스크 병은 디자인 면에서 아마도 가장 유명한 보리 소주일 텐데, 마치 와인의 투명한 디켄터 병처럼 생겨 선물용으로 좋고 특히 결혼식에 참석해준 하객들에게 선물용으로 이이치코 플라스크 병을 주는 게 인기라고 한다. 그리고 실제로 와인 디켄터로 재활용하는 사람들도 있다고 한다. 이 말을 들은 나는 귀가 솔깃하여 지난 오이타 여행 때 바로 현지에서 사왔다.

열정적으로 술을 즐기리라

전통주를 만드는 명인님이나 일본주를 만드는 많은 양조장, 더 나아가 세계의 많은 이름 있는 양조장들의 철학은 각자의 나름대로 견고하여 상품화한다. 술의 신세계를 알았고 더 많은 것을 알아가려 열정을 놓지 않고 있다. 나이가 들었다는 것은 언젠가부터 생겨난 주름과 흰머리, 떨어지는 기억력과 쑤시는 어깨가 아니라 어떤 새로운 일에 대한 두려움이나 흥미를 잃어버렸을 때인 것 같다. 이이치코를 만든 산와 주류는 '보리'라는 원료 연구와 '증류'라는 기술 개발을 통해 일본 유수의 소주 회사로 거듭났고, 나는 이러한 좋은 술들을 마흔 중반에 가까워지는 나이임에도 굴하지 않고 열정적으로 알아내고, 알리고, 즐기겠노라 결심한다. 그렇지만 아직까지 나의 가장 큰 숙제는 내 옆에 있다. 남편과 양조장을 같이 다니는 것······.

 한·줄·평

빤스PD 실루엣의 맛이 이 정도라면 이보다 상급 버전은 과연 어떨지 궁금하네요.

명사마 세상에 많은 보리 소주가 있지만 단연코 첫손에 꼽히는 향기와 깊이가 있습니다.

박언니 향기로운 향과 잡내 없는 깔끔한 맛에 저절로 음미하며 마시게 돼요.

신쏘 증류주 특유의 탄맛은 전혀 없고 실루엣이란 이름처럼 부드러워요.

장기자 레몬 슬라이스와 토닉워터를 더해도 맛있는 소주 칵테일이 될 것 같아요.

02

핫서머! 쿨맥주!

한국 맥주의 어제와 오늘

순수령*에 기초를 둔, 우리 술이 아닌 서양의 전유물이라고 볼 수 있다.

외세에 의해 시작된 한국 맥주

술의 역사를 찾아보기 위해서 자주 체크하는 문헌이 있다. 《조선왕조실록》이다. 실록을 보면 왕과의 술자리에서 양위를 주장해 처형당한 양정의 이야기부터, 금주령을 어겨 영조에게 죽임을 당한 병마절도사 윤구연, 그리고 고급 청주를 마신 자는 처벌을 면하고, 서민들의 술인 탁주를 마신 자는 벌을 받는 유전무죄, 무전유죄와 같은 시대상이 나타나 있기 때문이다. 맥주도 기록이 되어 있나 찾아봤는데, 신기하게 실록에 나와 있다. 영조 시절 금주령의 항목으로 맥주가 등장한 것이다. 하지만 당시의 맥주와 지금의 맥주는 완전히 다른 술이다. 가장 큰 차이는 현대 맥주에는 홉이 들어가지만, 한국의 고전 맥주에는 홉이 들어가지 않는다. 조선 시대의 맥주가 막걸리 또는 보리로 만든 청주라면, 지금의 맥주는 독일의 맥주

'삐루'라고도 불린 한국의 맥주

현대 한국 맥주의 시작은 신미양요부터라고 많은 전문가가 평하고 있다. 1871년 강화도에 미국 군함 다섯 척이 정박을 했고, 조선과 통상을 요구했다. 이들을 돌려보내기 위한 협상가로 문정관이라는 직책의 하급 관리가 올라가는데, 이때 맥주 대접을 받고 병을 한 가득 안고 나온다. 이것이 서양 맥주가 한국에 처음 들어온 공식적인 기록이다.

이후 일본과의 불평등조약인 강화도협약(조일수호조규)를 맺고, 일본의 맥주가 본격적으로 들어온다. 특히 1900년대 초반부터 눈에 띄는데, 이때 가장 유명한 맥주가 기린 맥주와 에비스 맥주였다. 당시 일본은 대일본맥주라고 하여 지금의 삿포로 맥주, 아사히 맥주, 에비스 맥주가 하나의 회사로 통합돼 있었고, 여기에

기린 맥주 정도가 경쟁구도였다. 기린 맥주는 1888년 메이지야*라는 거대 유통사와 총판 계약을 맺고, 한반도에 1905년부터 진출을 하게 된다. 이때부터 맥주는 상류층의 향유물로써 본격적으로 등장한다.

당시 한국 맥주는 맥주라는 표현보다는 주로 '삐루(ビール)'라는 일본식 표현을 자주 썼다. 영화 〈장군의 아들〉에서도 일본 기린 맥주가 등장을 하는데, 이때도 맥주 대신 삐루라고 부른다. 당시에 기록을 보면 맹물(탄산수로 보인다)을 병에 넣고 맥주라고 팔기도 했으며, 독립운동가들이 맥주병에 석유를 넣고 친일파를 처단한 적도 있었다.

메이지야(明治屋) 일본의 오래된 유통 및 소매 기업. 현재도 연 매출 3천억 원의 큰 기업이다.

조선 맥주와 쇼와 기린 맥주

일본은 한반도 내 본격적인 진출을 위해 맥주 공장을 영등포에 세운다. 조선 맥주와 쇼와 기린 맥주다. 조선 맥주는 주로 삿포로 맥주와 에비스 맥주를 만들었고, 기린 맥주는 이름 그대로 기린 맥주를 만들어 한반도에 유통했다.

역사적 사실을 떠나, 흥미로운 것은 당시 맥주를 판매하고 저장하던 방법이었다. 당시 냉장고가 없었던 만큼 맥주를 시원하게 마시기가 어려웠는데, 이때 알려진 방법은 맥주를 우물에 보관하는 것이었다. 우물은 지하수로 연중 15도 정도를 유지했기 때문에, 여름에는 시원하게 겨울에는 따뜻하게 마실 수 있는 것이었다.

영등포 부지에서 1990년대까지 맥주를 만들었지만, 지금은 아파트가 들어서 있다. 1980년대 조선 맥주 공장 시절 모습.

영등포에 있던 조선 맥주와 기린 맥주는 이후 미 군정의 입찰을 거쳐 크라운 맥주(현 하이트 맥주)와 동양 맥주(OB)로 바뀌게 된다. 한국 맥주의 시작은 일본 자본에 의해, 일제 강점기에 이루어졌다. 참고로 당시 맥주 배달을 할 때는 일명 짝이라고 불리는 플라스틱 케이스가 없었다. 병끼리 부딪혀 깨지는 경우도 많아, 결국 왕겨를 넣어 파손을 방지했다고 한다. 마치 꽃게를 넣은 박스에 톱밥을 넣는 것과 비슷할 수 있다. 현재 이 공장 자리는 영등포 공원으로 바뀌어 있다.

1960년대 크라운 맥주. 라거 비어라고 확실히 적혀 있다

크라운과 OB의 경쟁구도

맥주는 해방 이후에도 꾸준히 고급 품목이었다. 주세만 해도 160%로 주요 세수원이었다. 최고의 추석 선물 중 하나였고, 맥주의 TV 광고는 승마, 조정, 테니스 등 고급 스포츠와 늘 함께했다.

1950년대까지는 크라운 맥주가 OB 맥주보다 점유율이 높았다. 하지만 무리한 대리점 확장에 크라운 맥주는 부도가 나고, 1960년대에 한일은행의 관리 대상

이 되었다. 그 후 부산의 대선 발효(현 부산 C1 소주로 유명한 대선주조)가 인수를 하면서 시장 점유율을 40%까지 높였다. 이때만 해도 OB가 60%, 크라운 맥주가 40%를 차지하는 양강 구도로 흘러갔다. 참고로 이 시대에 흑맥주도 등장을 한다. 알고 보면 맥주에 다양성이 존재했던 시대였다.

1970년대 OB 흑맥주 광고
(출처: youtu.be/KfaUoy9yUDw)

새로운 한독 맥주와 OB의 경쟁

1975년 양강 체제였던 한국의 맥주 시장에 도전장을 내는 회사가 하나 생긴다. 독일의 이젠벡(Isebeck) 맥주와 기술 제휴를 통해 마산에 공장을 세우고 공격적인 마케팅에 들어간 한독 맥주이다. 한독 맥주는 제품을 출시한 3개월 만에 15%의 점유율을 기록하는 등 품귀 현상을

일으킬 정도로 선풍적인 인기를 일으킨
다. 무엇보다 맥주 거품을 꽃처럼 묘사하
며 풍미를 자극하는 모습이 인상적이었
다. 흥미로운 것은 당시의 이젠벡 맥주
의 광고 문구였다. "바로 이제부터는 이
젠벡입니다". OB나 크라운 맥주는 이제
는 너무 많이 마셨으니 새로운 것을 즐기
라는 당시로는 도발적인 내용이었다. 이
에 OB 맥주는 대응하는 문구를 만든다.
"친구는 역시 옛 친구, 맥주는 역시 OB"
라는 내용이었다. 다른 맥주를 마시는 것
은 은근히 친구를 저버리는 듯한 느낌을
풍긴다. 결국 한독 맥주는 무리한 정부
관료들에 대한 로비와 주권 등을 위조하
며, 2년 만에 대표가 구속이 되는 등 파산
에 이르게 되었고, 크라운 맥주에 인수합
병이 되어 다시 한국의 맥주 시장은 양강
구도로 흘러가게 된다.

새로운 바람을 일으킨 이젠벡 맥주에 대한 OB의 광고

컬러 텔레비전의 보급이 맥주 시장 확산으로

1970년대까지 한국의 대표 술은 소주도
맥주도 아닌, 막걸리였다. 특히 1974년
도에는 74% 이상의 출고량을 가져가는
국민 술이었다. 하지만 생막걸리 관리의
어려움, 영세 자본으로 인한 마케팅의 부
재, 무엇보다 1980년대 컬러 텔레비전의
보급으로 맥주의 황금색과 거품이 더욱
두드러지게 된다. 그러면서 OB 맥주는
강력한 마케팅을 진행하는데, 기존의 고
급 술의 이미지에서 회식에서 즐기는 광
고를 선보인다. 업무가 끝나면 모두 시원
한 맥주를 마시러 가는 풍경을 연출한 것
이다. 하지만 크라운 맥주는 여전히 고급
이미지를 풍기는 콘셉트로 진행한다. 옛
것을 버리지 못하는 모습이었다.

결국 1980년대 말에는 OB 맥주는
80%, 크라운 맥주는 20%의 점유율을 가
졌고, 서울에서는 아예 OB 맥주가 90%
를 차지한다는 이야기까지 나왔다. 당
시 OB는 회사의 이미지 및 마케팅력으
로 크라운 맥주를 제치고 시장 점유율
100%를 만들 수 있었으나 독과점법에
접촉되는 것을 우려, 일부러 크라운 맥주
에게 약간 양보했다고까지 전해진다.

컬러 텔레비전이라서 맥주 색과 거품이 선명하게 보인다

하이트 맥주의 대두와
두산 반도체의 페놀 유출

1991년, 맥주 체계를 뒤바꾸는 사건이 하나 발생한다. 그 유명한 두산 반도체의 맹독 물질 페놀 유출 사건이다. 페놀 원액 저장 탱크에서 페놀수지 생산라인으로 통하는 파이프가 파열되어 발생했다. 유출된 페놀은 대구시의 상수원인 다사 취수장으로 유입되었는데, 이때 대구 시민들로부터 수돗물에서 냄새가 난다는 신고가 잇달았다. 그런데 취수장에서는 원인 규명을 제대로 하지 않은 채 다량의 염소 소독제를 투입해 사태를 더욱 악화시킨 것이었다. 페놀은 염소와 반응하면 독성이 더욱 강해지는데, 이 때문에 대구

는 물론 밀양, 함안, 부산까지 페놀이 검출되어버린다. 이 사건으로 낙동강 주변의 피해 지역에서는 두산그룹에 대한 불매운동까지 벌어졌고, 당시 자회사였던 OB 맥주는 직격탄을 받는다.

이에 홍천으로 제2공장을 옮겼던 크라운 맥주는 강원도에서 나오는 지하 150m 암반수로 만든 하이트 맥주를 1993년도에 출시하고 이른바 '대박'을 터트린다. 신선한 물에 목말랐던 소비자의 심리를 정확히 꿰뚫은 것이다. 원래 하이트 맥주는 지하 암반수로 차별점을 내세울 생각은 없었다. 처음에 강조하고 싶었던 것은 비열처리공법이었다.

이전까지는 맥주의 재발효를 막기 위해 끓여서 멸균한 채로 유통했지만, 하이트는 업계 최초로 마이크로 필터를 이용, 재발효의 주원인인 효모를 걸러냈다. 이렇게 되면 열을 가하지 않아 신선한 맛이 나며, 일본의 대표 생맥주들이 이 방법을 주로 사용해왔다.

하지만 결국 어려운 비열처리란 말보다는 좋은 물이란 것을 강조, 1996년 맥주 1위를 탈환하게 되며, 1998년에는 아예 사명도 크라운 맥주에서 하이트 맥주로 변경하게 된다.

하이트 맥주

업계 최초의 비열처리 맥주였지만, 시대의 부름에 따라
지하 암반수를 강조한 하이트 맥주

OB는 IMF 때 인터부르라는 외국기업에 매각이 되고, 맥주 사업에 진출했던 진로그룹의 진로쿠어스사를 인수했다, 이때 진로쿠어스의 카스가 OB의 산하 제품이 된다. 이후 OB는 여러 회사를 거치다가 결국 2012년 인터부르가 주축이 된 세계 최대의 맥주 기업 AB인베브에 인수합병되고, 하이트도 진로를 인수, 맥주와 소주를 아우르는 주류회사가 된다.

2012년부터는 다시 카스와 처음처럼으로 만든 소맥 제품이 '카스처럼'이란 이름으로 대히트를 치고, OB가 하이트에 다시 역전을 하게 되며 2014년 롯데주류의 클라우드 출시 및 정부의 크래프트 맥주에 대한 시설 완화를 통해 크래프트 맥주 양조장이 급격히 늘어 최근에는 다양한 맥주를 즐길 수 있는 문화가 되었다.

외세에 의해 시작된 한국 맥주, 이제는 발전을 더 해야 할 때

근대의 한국 맥주 역사를 보면 결국 외세의 침입과 자본에 의해 그 본질이 결정된 듯하다. 그 역사는 굳이 알리고 싶지 않은 역사였지만 술의 역사 및 인문학이 관심을 받게 되면서 이제는 자연스럽게 조명되고 있다. 개인적으로는 이러한 사실을 더욱 공개해서 맥주에 대한 역사관을 논의해보는 것이 좋다고 생각한다. 그래야 모든 것을 감안한 채, 미래지향적으로 발전해나갈 수 있을 것이다. 좋건 나쁘건 우리에게는 이미 150년이라는 맥주 역사가 있기 때문이다.

밍밍한 한국 맥주의 이유?

2012년 한국의 맥주 시장에는 엄청난 논쟁거리가 하나 발생한다. 다니엘 튜더가 영국 시사주간지 《이코노미스트》2012년 11월 22일자 〈화끈한 음식, 따분한 맥주(fiery food, boring beer)〉라는 기사를 통해 "한국 맥주는 북한 대동강 맥주보다 맛이 없다"라고 비판한 것이다. 다니엘 튜더는 이 기사에서 "오비와 하이트진로 양대 업체가 과점으로 장악한 한국의 맥주 시장, 그것을 통해 원료인 맥아 대신 쌀이나 옥수수를 넣은 가벼운 맥주로는 북한의 대동강 맥주보다도 맛없다고 주장했다. 그렇다면 왜 한국의 맥주는 맛없다는 인식이 박혀버린 것일까? 실질적으로 맥아 대신 쌀이나 옥수수를 넣어서 풍미가 없는 것일까?

맥아 비율이 낮아서 맛이 없다?

초기에 한국 맥주가 밍밍한 것은 이렇게 맥아보다는 쌀이나 옥수수 전분을 사용해서라는 것이 주된 이유였다. 실은 맥아가 아닌 쌀이나 옥수수를 사용하는 이유는 맛 자체에서만 본다면 경쾌하고 가벼운 맥주를 만들어주며 미국산 맥주 등이 이러한 공법을 많이 사용했다.

　여기에 일본은 맥아 비율이 50% 이상(66.7%에서 변경)이어야만 맥주로 인정받는 것이 비해, 한국은 주세법상 맥아 비율이 10%만 되도, 맥주로 인정을 받았다. 결국 모든 문제는 맥아 비율인 것으로 느껴졌다. 하지만 자세히 생각해보면 꼭 그렇지도 않았다. 맥주에서의 맥아 비율은 물과의 비율이 아닌, 다른 원료와의 비율

이다. 맥아를 적게 넣고, 다른 부재료를 안 넣었다 하더라도, 맥아 비율은 100%가 된다. 맥아만 아주 미세하게 넣고 맥주를 만들더라도, 맥아 100% 맥주가 탄생하게 되는 것이다. 실제로 맥아 비율만 따지면 일본보다 더 높은 경우도 많다.

진짜 이유는 바로 세금의 문제 ⊥ₐ↗

한국의 맥주에 다양성이 없는 이유는 바로 세금에 있다. 한국의 주세는 주로 종가세라고 하여 가격에 붙는 시스템이다. 이는 원가가 높으면 높을수록 세금을 더 내야 하기에, 치열한 가격 경쟁에서 상당히 불리한 부분으로 작용한다. 즉 좋은 원료와 충분한 개발 기간, 멋진 디자인과 케이스 등 원가에 대한 부담은 물론, 세금까지 높아지기 때문이고, 소비자 역시 부담을 떠안는다. 가까운 일본만 해도 우리와 달리 종량세라는 주세 제도를 진행하고 있다. 이것은 모든 맥주는 같은 주세를 내며, 원가의 비율이 높아지더라도 맥주라는 카테고리에 있으면 지불하는 주세는 같다. 소비자는 높아진 원가만 부담하면 된다. 이렇게 되면 개발하고 연구하는 입장에서도 부담은 줄어든다. 맥

주 문화산업을 위해서는 실은 종량세가 맞는 것이다. 현재 맥주에 붙는 주세는 72%, 소주도 72%, 과실주와 약주, 청주는 30%, 막걸리는 5%이다.

국산 맥주에서는 '4캔에 1만 원' 프로모션이 안 되는 이유

편의점 부문에서는 수입 맥주의 판매 수치가 이미 국산 맥주를 넘어선 지 오래이다. 2017년도 GS25의 자료에 따르면 맥주의 판매 비율은 국산이 45.2%, 수입이 54.8%로 역전됐다. 1만 원에 다양하게 골라서 마실 수 있는 '4캔에 1만 원' 프로모션 덕분이다. 그런데 국산 맥주는 여기에 들어가지 못한다. 주류 거래 금액의 5%를 넘는 할인은 국세청 주류거래질서 확립에 관한 명령위임 고시에 따라 금지된 탓에 할인 프로모션 등이 거의 불가하다. 이에 비해 수입 맥주의 가격은 수입 신고가에 따라 결정난다. 수입사는 상황에 맞게 수입 신고가를 정할 수 있기에 프로모션으로 이어질 수 있는 것이다. 수입 맥주는 할인 조절이 가능한 반면에 국산 맥주는 법률상 할인이 불가하기 때문에 4캔에 1만 원으로 판매 될 수 없다.

그렇다면 국산 맥주가 할인율을 가질 수 있게 법령을 바꾼다면 어떻게 될까? 실은 이것은 맥주만의 문제가 아니다. 소주, 청주, 약주, 막걸리까지 모두 연결되어 있기 때문에, 모든 술에 대해서 할인이나 프로모션이 허용되면, 결국 음주에 대한 악용으로 이어질 수 있다.

현재 이 부분에 있어서는 수입 맥주에 대한 제제와 주세법 개정으로 이야기를 모으고 있지만, 국산 맥주에 딱 맞는 결론을 내기에는 녹록치 않은 상황이다.

by 명사마(주류 문화 칼럼니스트)

봄이면 생각나는 꽃향기의 술
호가든

by 박언니

주종	밀 맥주
제조사	오비맥주
원산지	벨기에
용량	260ml
알코올	4.9%
원료	정제수, 보리맥아, 밀, 스파이스(코리엔더씨드, 오렌지필, 홉, 설탕, 효모, 구연산)
색	탁백색
향	오렌지, 시트러스향
맛	청량한 과일맛
가격	2500원~3000원

봄날에 흩날리는 꽃잎처럼

　뜨거운 국물과 소주로 기나긴 밤을 보냈던 겨울이 지나면 여기저기서 팡팡 터지는 꽃내음이 나의 후각상피를 자극해 뇌 중추까지 전달되어 그것과 비슷한 무언가를 입으로 가져다 달라고 신호를 보낸다. 일종의 봄을 타는 증상인데, 평소 게으른 몸뚱이에 비해 계절을 몸으로 느끼는 것, 즉 먹고 마시는 것에 대한 뇌 반응 속도는 꽤나 빠른 편이다.

　꽃내음이 터지는 것들 중에 요즘 가장 인기 있는 존재라면 벚꽃이 있다. 음료나 음식, 아이스크림까지 흐드러진 벚꽃 그림을 바탕으로 쏟아져 나오는데 사실 우리에게 '봄' 하면 벚꽃만 있는 게 아니지 않는가? 벚꽃 축제를 가봐도 벚꽃 향이 정확히 무엇인지 모르는 나로서는 인위적인 벚꽃향을 만들어 넣은 한시적 유행에 유혹되지는 않는다. 그냥 꽃향기가 나는 것을 찾아 먹으면 되는 것이지.

꽃향을 내뿜는 주류 중에는 와인, 사케, 약주도 포함된다. 샤르도네의 화이트 와인, 50% 이상 깎은 긴죠급의 사케, 찹쌀과 누룩으로 정성스레 빚은 약주에서. 그렇지만 박언니는 추운 겨울 차갑게 방치해버린 내 친구, 앞으로 더워질 계절을 같이 맞이하고 이겨내야 할 이 '맥주'라는 친구를 꽃내음과 함께 나의 첫 '봄 음식'으로 받아들이고 싶다.

한 모금 마시면 눈이 확 떠지는 맛!

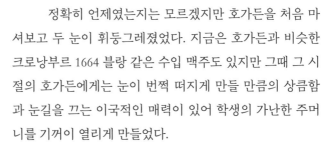

정확히 언제였는지는 모르겠지만 호가든을 처음 마셔보고 두 눈이 휘둥그레졌었다. 지금은 호가든과 비슷한 크로낭부르 1664 블랑 같은 수입 맥주도 있지만 그때 그 시절의 호가든에게는 눈이 번쩍 떠지게 만들 만큼의 상큼함과 눈길을 끄는 이국적인 매력이 있어 학생의 가난한 주머니를 기꺼이 열리게 만들었다.

벨기에의 밀 맥주로 1400년대 벨기에 브뤼셀 동쪽 브라방 지역의 작은 마을 '후하르던(Hoegaarden)'에는 켈트족이 많이 정착했고 이 지역을 중심으로 수도원이 설립되고 수도사들은 맥주를 만들기 시작했다. 그로부터 100년 후 양조업자가 생겨나고 직접 재배한 밀과 기타 재료(유럽의

식민지 제국주의 시절 네덜란드가 아시아 전역으로부터 가져온 진귀한 향신료와 과일들)를 섞어 만들기 시작했다. 특히 오렌지 껍질과 코리앤더 씨앗, 밀 등을 넣고 상면발효 방식으로 에일 맥주를 만든 것이 호가든의 시초이다.

수도승이 맥주를 만드는 이유는?

호가든을 알아보면서 왜 수도사들이 맥주를 만들었을까 궁금증이 생겼다. 우리나라도 고려 시대에 불교 사회였고 국가의 행사를 사찰에서 함으로써 중요한 행사에 필요한 술을 사찰에서 빚었다.

맥주는 중세 유럽에 수도시설이 발달되지 않아서 깨끗한 물을 마시기 어려운 곳이 많았고 이에 대안으로 맥주가 발전했다. 종교와 정치의 분리가 원활하지 않던 시절 엘리트 계층이었던 수도사들은 식수의 대체공급원이 될 수 있는 맥주 제조법을 익히고 발전시키는 데 중요한 역할을 했고 지금까지도 수도사들이 직접 손으로 빚는 양조 기술과 전통이 벨기에에 남아 있다고 한다.

수도원들이 맥주와 관계를 맺게 된 것은 맥주가 사순절 단식할 때 영양을 공급하는 역할, 방문객에게 대접하는 음식 또는 의학 기술의 미흡으로 기력을 보충할 용도로 활용되면서부터이

다. 당시 수도원은 여행, 수도를 위해 다니는 사람들이 머무를 수 있는 여관 같은 기능이었다고 하니 수도사의 맥주 제조는 필연적으로 발전할 수밖에 없었다는 생각이 든다.

지금의 호가든이 있기까지

500년이 넘는 역사를 가진 호가든은 1950년대 중반 페일 에일과 필스너의 인기에 밀리고 2차 세계대전으로 전통 맥주들이 퇴출되는 수모를 겪으며 그 명맥이 끊기는가 했지만 마지막 양조장이 문을 닫은 지 10년 후 우유배달원인 피에르 셀리스가 자기 고장의 밀 맥주가 사라지는 것을 안타까워해 1966년 양조 전문가와 함께 부활시킨다.

피에르 셀리스의 밀 맥주는 벨기에뿐 아니라 유럽 국가에 많은 영향을 끼치며 승승장구하지만 사업 확장에 따른 부채에 대한 압박에 인터브루라는 큰 회사에 넘겨져 지금의 호가든으로 대량생산화된다.

후에 피에르 셀리스는 호가든 레시피가 대중적으로 변하는 것이 탐탁치 않아 미국 텍사스의 오스틴으로 건너가 벨지안 화이트비어를 탄생시키는데 자신의 이름을 따서 '셀리스 화이트'로 명명, 지금도 생산되고 있다. 호가든과 이 셀리스 화이트는 같은 레시피로 맛에 있어서 큰 차이가 없을 정도인데, 보리 몰트와 밀이 50:50으로 사용되며 이 공

법 자체가 독일의 밀 맥주와 구분 짓는 기준이다. 그리고 홉은 체코 사츠(Saaz)를 사용한다. 코리앤더 씨앗과 오렌지 껍질을 갈아넣는 게 특징인데 코리앤더의 잎과 씨앗은 향이 천지차이라서 잎은 미나리과의 풀로 중국, 베트남, 태국음식에 많이 쓰이는 '고수'이지만 그것의 씨앗은 향이 가벼워서 레몬이나 라임에 가까운 인상이다. 이것들의 발효 끝나면 한 달간 상온 숙성 후 2차 발효를 위해 맥아즙과 효모를 병입 전에 첨가한 후 서늘하고 어두운 곳에서 2~3개월 더 숙성해 출하한다.

호가든 VS 오가든

우리나라에서 판매되는 호가든은 참 말도 많고 탈도 많은데 2008년 라이선스 계약을 한 OB에서 레시피를 받아 광주 공장에서 만들기 시작했다. 수입이 아니라 국내 제조라는 것을 안 소비자들은 이후로 '호가든'이 아니라 '오가든'(OB + 호가든)이라며 냉대하기 시작해 비운의 맥주가 될 뻔 했지만 호가든 본사에서 깐깐하게 원료를 정하고 레시피대로 만들어져야 한다며 수시로 국내 공장을 찾아 생산 라인을 점검하고 한 달에 한 번 시료를 호가든 본사로 가져가서 평가, 블라인드 테스트를 해봄으로써 한국에서 만들어지는 호가든 맛의 인정을 제대로 받았다고 한다.

수입 맥주가 대세인 요즘 호가든 병맥주는 아직 광주 공장에서 생산되지만 캔맥주는 다시 벨기에 수입으로 전환되었다고 하니 비운의 호가든이라는 말은 조용히 넣어두는 편이 좋을 듯하다.

2018년 7월 브랜드 평판 조사에 시끄러운 논쟁을 했던 것이 무색할 만큼 당당히 1위를 차지한 호가든은 인기에 있어 앞으로도 승승장구하지 않을까 싶다.

기왕 마시는 거 야무지게 마셔야지!

마시는 방법이 따로 있나 싶었지만 거품의 부드러움을 잘 느끼기 위해서는 맥주를 잔에 잘 따라야 야무지게 마실 수 있다.

두꺼운 육각 호가든 전용 잔에 두 번 따라 마시는 독특한 음용법은 호가든의 인기에 한몫한다. 육각잔의 모서리는 손의 온도가 맥주 온도에 미치지 않게 하기 위해 만든 것인데 잔의 3분의 2까지 따르고 남은 부분에 맥주 거품을 충분히 내어 따라야 하는데 이유는 밑에 남아 있는 효모를 따라내기 위함이다. 또 거품을 많이 내어 따를수록 오렌지 향이 진하게 난다고도 한다.

또 한 가지, 이색적으로 호가든을 마셔보고 싶다면 기네스 흑맥주를 믹스해보자. 호가든을 따른 후 기네스를

조심스럽게 부으면 층이 분리되며 '더티호'라 불리는 맥주 칵테일이 되는데 기네스의 특유의 맛과 거품의 믹스로 새로운 맛을 경험해볼 수 있을 것이다.

Tip★

홉과 그루트

- 중세 유럽에 홉이 맥주 재료로 정착하기 전, 그루트는 향을 가미하는 재료로 쓰였다.
- 그루트는 약초와 향료로서 당시 벚꽃가루, 로즈베리, 생강, 호두나무 열매, 꽃, 잎, 뿌리 그 외에도 독초를 첨가해 지옥의 독이라는 맥주도 있었다고 한다. 이런 맥주를 마시고 사망자가 종종 발생하여 1516년 독일 맥주순수령에 홉이 명시된 것. 현존하는 그루트 맥주로는 벨기에의 그루트 브륀(8.0%)이 있고, 핀란드의 sahti도 각종 허브로 만든다
- 홉이란 맥주의 쓴맛과 향기를 부여하고 맥즙의 청징 효과(용액에서 미립자를 분리하는 것), 거품 유지에 중요한 성분이며 천연 보존제이다.
- 2015년 미국은 다른 나라를 제치고 세계 1위 홉 생산국. 가족 단위로 생산하고 있다.
- 홉은 은행나무처럼 암, 수나무 두 가지 성별이 있는데 균일한 품질의 홉을 얻기 위해서 암나무만 심는다. 수나무가 암나무와 섞여 제2세대 홉을 만들 확률을 미연에 방지한다. 지금은 향이 전혀 다른 홉들이 새로 개발 중이며 이로써 다양한 향을 얻을 수 있다고 한다.

 한·줄·평

빤스PD	향긋하고 목넘김이 부드럽네요.
명사마	벨기에 스타일 꿀물? ㅎ
박언니	호가든은 생맥주로 마실 때 좀 더 향의 임팩트가 느껴집니다.
신쏘	밀에서 오는 고소함 조화롭네요.
장기자	이건 한마디로 여자들의 맥주!

너무나 유명한 엔젤링이 남는
아사히 슈퍼 드라이

by 명사마

주종	라거 맥주
제조사	아사히 맥주
원산지	일본
용량	350ml 등
알코올	5%
원료	맥아, 홉, 쌀, 옥수수 전분
색	황금색
향	경쾌한 아로마
맛	가벼움 속에 있는 부드러움
가격	2000~3000원대

25년 전에 시작한 나의 일본 유학 생활은 실은 아르바이트의 연속이었다. 높은 일본 물가에서 살아남기 위해서는 어떻게 하든 간에 돈을 벌어야 했기 때문이다. 첫 아르바이트는 일본에 온 지 반년 만에, 일본식 고깃집인 야키니꾸에서 하게 된다.

매장에서 판매하는 맥주가 다 떨어지면, 가게 사장님은 나에게 맥주 심부름을 시켰다. 때마침 내가 구입한 맥주는 메탈릭 디자인이 멋졌던 아사히 슈퍼 드라이. 당시 가장 유명했던 기린 맥주는 너무 디자인이 고풍스러워서 괜히 마음에 들지 않았기 때문이다.

그런데 아사히 맥주를 가져간 나에게는 사장님의 불호령이 기다리고 있었다. 기린 맥주를 사오지 않았다는 것이다. 당시 기린 맥주는 일본 점유율 1위였고, 아사히는 한때 망할 뻔했던 그런 이미지가 있었다. 마치 한국의 1980년대 OB 맥주와 크라운 맥주 같은 느낌이라고 할까?

　기린 맥주는 고풍적인 이미지와 결합된 세련된 이미지였고, 아사히는 여전히 만년 2위 업체인 촌스러운 이미지가 있었다. 그런데 지금 보면 일본 맥주 1위는 20년 넘게 아사히이다. 그 사이에 무슨 일이 있던 것일까?

아사히 맥주의 역사

　아사히 맥주는 1889년도에 '오사카 맥주회사'라는 이름으로 설립된다. 이후 일제 강점기에는 삿포로 맥주, 에비스 맥주 등과 합병된 회사로 있지만, 1949년, 회사가 분할되며 정식으로 다시 아사히 맥주가 된다. 아사히(朝日)는 뜨는 해, 아침의 해라는 의미이다. 다만 늘 2위를 유지한 아사히 맥주이지만, 1980년대 들어와 시장점유율이 9.9%로 곤두박질, 4위 산토리 맥주(9%대)에 위협을 당할 정도였다. 때문에 '뜨는 해' 아사히 맥주의 별명은 바로 '지는 해' 즉, 유히 맥주(夕日ビール)로 바뀐다. 하지만 이때쯤 우리에게 눈익은 제품이 등장한다. 바로 아사히 슈퍼 드라이. 아사히 맥주의

1930년대 아사히 맥주 광고

운명을 바꾼 위대한 제품이 1987년에 출시된 것이다.

묵직한 맥주에 지루해했던 일본 맥주 소비층

당시로는 파격적인 메탈릭 실버 디자인에 검은 글씨를 배치, 슈퍼 드라이한 느낌을 구현한다

1984년에 "소비자가 추구하는 상품을 제공한다"라는 경영방침을 세운 아사히 맥주는 다음 해에 소비자 5000명을 대상으로 맥주 트렌드 조사를 시작한다. 그때 얻은 내용이 맥주를 입에 머금었을 때 깊은 맛와 깔끔함이 같이 있어야 한다는 것이었다. 그전까지 무겁고 풍미가 가득한 정통파 독일 맥주의 이미지를 불식시키는 획기적인 맛이었다. 당시 일본의 음식은 가벼운 음식에서 점점 육류 소비가 늘어나는 상태. 결국 맥주도 그렇게 변화를 해야만 했고, 드라이함과 깔끔함를 목표로 제품 개발을 하게 된다.

사과문이 더욱 성공한 마케팅으로 변신

아사히 맥주의 마케팅은 한편으로는 신선했는데, 일간지에 사과문을 게재한 것이었다. 이유는 생산이 판매를 따라가지 못해 미안하다는 것. 1987년도에 출시를 한 슈퍼 드라이의 경우, 너무 많이 팔려 소비자들에게 공급이 원활하지 못했다.

회사는 사원들에게는 슈퍼 드라이를 마시지 못하게 하였고, 생산은 오직 슈퍼 드라이에만 집중했다. 결국 이러한 품절 사태와 사과문으로 슈퍼 드라이의 인지도는 더욱 올라가고, 기존의 점유율 13%는 21%로 증가, 기린 맥주에 이어 2위로 등극을 하게 된다. 드라이를 표방했지만, 실질적으로 성분을 보면 기린 맥주에 비해 눈에 띌 만큼 단맛이 적거나 하지 않았다. 결국은 이미지 전쟁의 승자이기도 한 셈이다. 결국, 아사히 맥주는 이 슈퍼 드라이로 1996년도에 월간 1위, 1997년도에는 일본 맥주 전체 1위가 되었으며, 2016년에도 40%에 가까운 점유율로 현재도 그 아성을 계속 지켜나가고 있다. (2위 기린 맥주는 35% 전후)

엔젤링은 마케팅 용어?

현재 아사히 맥주는 롯데주류와 아사히 맥주의 합작법인인 롯데아사히에서 국내 판매를 하고 있다. 유통이 강점인 롯데가 맡은 만큼 아사히 맥주는 한국에서 가장 잘 팔리는 수입 맥주이다. 참고로 아사히 슈퍼 드라이의 광고를 보면 늘 컵에 묻은 거품으로 엔젤링을 확인하라고 하는데, 이는 일본에서 나온 조어이며, 맥주의 본고장 유럽에서는 쓰지 않는다. 굳이 쓴다면 레이싱(Racing)이라는 단어로 쓰는데, 좋은 맥주의 기준과는 관계 없다. 다만 일본 소비자는 다르다.

깨끗한 잔에 정성을 담아 따르면 보이는 좋은 맥주라는 증거로 인식하고 있고, 지금도 일본 소비자는 이 엔젤

링을 상당히 믿고 있는 상황이다. 즉, 아사히는 시장의 변화에 순응하면서 소비자가 원하는 적절한 제품과 이미지 각인을 통해 1위를 지키고 있다는 개인적인 판단이다.

병맥주는 중국 생산, 캔맥주는 일본 생산

현재 한국에 수입되는 아사히 맥주의 캔맥주는 일본산, 병맥주는 중국이다. 이미 아사히 맥주는 작년 말까지만해도 칭다오 맥주의 2대 주주였으며, 중국 현지에 공장을 두고 있다. 기본적으로 수입 및 수출은 병맥주보다 캔맥주가 편하다고 알려져 있다. 일단 병 자체가 국산 제품과 달리 재활용이 어렵고, 무게도 캔에 비해 무거우며, 깨지거나 파손되면 흉기로 돌변하기 때문이다.

단편적인 결론은 내지 못하지만, 한국에서도 수입맥주는 병맥주가 캔맥주보다 비싼 경우가 많다. 현재 아사히 맥주가 가진 칭다오 맥주의 지분은 칭다오시와 홍콩의 연합펀드로 구성된 펀드로 매각이 된 상태이며, 아사히 맥주는 2016년부터 가지고 있던 필스너우르켈 지분 등을 활용, 유럽 시장에 더욱 매진하겠다는 입장이다. 흥미롭게도 한국에서 마시는 체코 맥주인 필스너우르켈은 주인이 아사히 맥주인 셈이다.

아사히 맥주는 우익 기업?

　　얼마 전 아사히 맥주에서 새로 출시한 제품에 욱일기가 그려져 있어서 전범 기업이라는 기사가 나오게 되었다. 전범 기업이고 아닌 것을 떠나 아사히 자체에 아침의 태양이란 의미도 있고, 해가 승천한다는 욱일(旭日)이라는 발음을 일본식 한자 읽기인 훈독으로 읽으면 아사히가 된다. 일본에서는 좌익 언론으로 인식되는 아사히 신문(朝日新聞)도 비슷하다. 따라서 회사 이름 자체가 해가 뜨거나, 퍼져나간다는 뜻을 가지고 있으며, 이는 태양을 상징하는 일본의 국기와도 연결된다. 다만 이러한 제품이 최근 일본의 우경화에 편승한 것이라는 해석에는 변함이 없다.

　　아사히 맥주가 우익 기업으로 생각되는 이유에는 나카죠 다카노리 명예고문의 영향이 가장 크다. 1988년 동사의 대표이사도 역임하며 회사의 부활을 이끈 그는 일본 육군사관학교 출신으로, 야스쿠니 신사 유족회 회장도 맡고 있어 하루도 빠짐없이 그곳을 참배하러 갔던 인물이다. 당연히 우익 성향이 강했으며, 회사에 대한 영향력도 엄청났기 때문에 아사히 맥주가 더욱 우익 성향으로 갔었을 가능성도 있다.

아사히 맥주는 하이트 맥주의 전신?

아사히 맥주는 한국 맥주기업과도 관계가 있다. 앞서 설명한 대로 1933년 당시 아사히, 에비스, 삿포로 맥주가 통합된 기업인 대일본맥주는 영등포에 조선 맥주라는 이름으로 공장을 세웠고. 해방 이후 이 공장은 크라운 맥주공장이 되고, 지금의 하이트가 된다. 같은 시기에 세운 영등포의 기린 맥주도 이후에는 동양 맥주, 영어로 하면 Oriental Brewery, OB 맥주의 전신이 된다.

3일 내 배송하는 공장 직송 프리미엄 시스템

일본에서는 오봉(お盆)이라는 명절과 새해에 서로 많은 선물을 주고받는데, 그때 상당수를 차지하는 것이 이 맥주 선물세트이다. 아사히 맥주는 2010년부터 이 선물 세트에 프리미엄의 가치를 더하고자 공장에서 3일 내 배송이라는 타이틀을 건다. 맥주의 생명은 신선도라는 슬로건과 함께 말이다. 단순히 제품을 빨리 배송하는 것이 아닌 최상의 상태로 보내려고 하는 노력을 엿볼 수 있고, 그것이 결국 가격이 높다는 고부가가치로 연결이 된다.

아사히 맥주는 방사능에 자유로운가?

아사히 맥주는 총 9곳에 공장을 두고 있는데, 그중 한 곳이 후쿠시마에 있다. 현재 후쿠시마산 맥주는 한국에 공식 수입되고 있지 않다. 아사히 맥주의 아랫면을 보면 공장의 이니셜을 적어놨다. 후쿠시마산은 H가 적혀 있다. 따라서, 이것은 정식 수입제품은 아니다. 각각 생산 공장별로 후쿠시마(H), 이바라키(B), 가나가와(Y), 홋카이도(E), 스이타(U), 시코쿠(R), 나고야(S), 하카타(D) 등으로 표기된다. 또한 아사히 맥주의 생산 이력은 일본 '아사히' 홈페이지(www.asahibeer.co.jp/quality/quality_access)에서도 확인할 수 있다. 이렇다고 해서 방사능에서 무조건 안전하다는 것은 어폐가 있다. 이바라키 지역만 해도 후쿠시마 지역과 멀지 않다. 어디까지나 개인의 선택이다.

강하지 않은 음식과 잘 어울리는 아사히 슈퍼 드라이

아사히 슈퍼 드라이와 한국 맥주를 비교하면 바로 맛 차이를 알 수 있는데, 아사히 맥주가 훨씬 탄산도 적고 부드럽다는 것이다. 한국의 맥주는 탄산감에 짜릿한 맛이 있다. 이것은 음식을 선택할 때 있어서도 무척 중요한 부분인데, 한국의 맥주가 짜릿한 맛으로 감자탕이나 삼겹살 등에 잘 어울린다면, 아사히는 비교적 자극성 적은 음식이 잘 어울린다. 매운 맛의 제육볶음보다는 불고기가, 김치찌개보다는 담백한 나가사키 짬뽕 등이 좋다.

호불호가 갈리는 아사히 슈퍼 드라이

아사히 슈퍼 드라이가 가장 많이 팔리는 수입 맥주이긴 하지만 블라인드 테이스팅을 하면 언제나 최고의 점수는 얻지 못한다. 유럽의 에일 맥주처럼 홉이 강하지도 않으며, 한국의 맥주처럼 탄산이 강하지도 않다. 결국은 특별한 개성은 부족한 편. 다만 부드러움과 담백함, 그리고 계속 마셔도 괜찮은 잔잔한 드라이함은 있다. 덕분에 여러 음식과 무난하게 어울린다. 개성 충만의 스타일보다는 두루두루 친한 정체성에 가깝다. 무엇보다 잔 속에 남은 엔젤링이 아사히 맥주임을 알려준다. 그것만으로 소비자들은 만족하기도 한다.

아사히 맥주는 일본 내 현재 점유율 40% 전후로 35% 전후의 기린 맥주와 호각지세를 벌이고 있다. 확실한 것은 점유율 차이는 크지 않지만 그들은 20년 넘게 지속적인 1등(순수 맥주 부문)을 지켜오고 있다. 소비자가 지루한 틈을 타서 새롭게 만든 제품, 진정성 있는 사과문, 엔젤링이라는 소비자 각인의 성공, 공장 직송이라는 같은 제품 속에서의 차별화는 다양성과 고급화를 추구해야 하는 우리의 주류산업과 전통주 시장에도 참고할 만한 사항이 있을 것이다.

한 · 줄 · 평

빤스PD   카스와는 확실히 차이나는 맛!
명사마   부드러운 맛 하나만큼은 인정해야…….
박언니   참치 뱃살에 아사히 맥주의 조합은 최고였습니다.
신쏘   클라우드 맥주와 비슷한 질감이라고 느껴져요.
장기자   나는 그래도 엔젤링이 좋아요.

오랜 역사만큼 편안하다
기린 이치방

by 박언니

주종	라거 맥주
제조사	기린 브루어리 (수입원-하이트진로)
원산지	일본
용량	500ml
알코올	5.5%
원료	정제수, 보리 맥아홉
색	밝은 황금색
향	시트러스향
맛	풍부한 바디감, 과일의 끝맛
가격	2500원~3000원

다양한 술 속에 정답은 없어!

〈말술남녀〉 팟캐스트를 시작하고 많은 에피소드들이 올라왔지만 우리 패널들도, 듣는 청취자들도 재미있어 했던 에피소드는 주류 블라인드 테스트와 계절 음식과의 페어링이다. 관심 있는 조합과 똑같이 해보겠다는 반응, 또는 해봤더니 의외의 결과가 나왔다는 반응 등등. 나도 기억에 남는 테스트가 있다. 우선, 초록색 소주 두 가지 중에서 어떤 것이 '처음처럼'인가? 이 블라인드 테스트는 우리 패널들이 회식 자리에서 재미삼아 해봤던 것이고, 일본 맥주 편에 일본산 인기 맥주 몇 종을 놓고 블라인드 테스트를 통해 어떤 술인지 맞춰보았다.

소주로 블라인드 테스트를 했을 땐 나름의 자신이 있었다. 그래도 처음처럼과 만나온 경력이 꽤나 길고, 술 취향이 각각 정해져 있는 우리집 식구들 가운데 유독 참이슬만 즐겨 마시는 아빠로 인해 아빠의 참이슬과 나의 처음처럼 간의 맛 구별 하나는 분명하리라 믿었던 것이다. 예전에 오랜만에 오신 삼촌이 실수로 내 잔에 참이슬을 따라주셨을 때 당연히 여기 담긴 게 처음처럼이겠거니 하고 마신 나는, 마시자마자 바로 이렇게 말했다. "헉! 역시 소주는 처음처럼이야. 나는 참이슬은 안 되겠어."

　　우리 패널들의 소주 블라인드 테스트 결과부터 말하자면, 나는 내 입맛에 딱 맞는 술을 참이슬로 골랐다. 이런, 내가 참 자만했구나. 둘은 오묘하게 달랐고 내가 늘 깔끔해서 더 좋아했던 처음처럼은 당연히 그 둘 중에 가장 깔끔한 맛을 고르면 될 것 같기에 골랐던 것뿐인데. 그로부터 내 입맛은 참이슬이었구나 생각해 한동안 쭉 참이슬을 고집했다.

　　일본 맥주 블라인드 테스트도 마찬가지이다. 나는 내 입맛에 맞는 술을 아사히로 골랐다. 그 후 한동안 수입 맥주 냉장고 앞에 서면 아사히는 내 단골 맥주로 바구니에 담기곤 했다.

　　지난번 하이트 광고 모델로 워너원이 발탁되면서 그들에 빠져버린 내 친구는 하이트 맥주를 대량으로 구입에 나에게 6개 묶음을 건네줬다. 공짜 술이야 마다하지 않는 나이지만 일 년에 한 번조차도 하이트 맥주를 굳이 마시지 않기에 냉장고 한켠에 그대로 방치하기를 몇 달이었나. 마침 사다놓은 내 아가들이 없었고 뜨거운 날의 심한 갈증은

맥주를 넣어달라 아우성을 쳐댔다. 그날에 마신 하이트 맥주는 어찌나 청량하고 시원하던지…….

술맛에는 정답이 없는 것 같다는 생각을 했다. 아빠가 마시는 참이슬이 왠지 더 아저씨 입맛이라 처음처럼만 마셔왔던 것, 블라인드 테스트를 해보고 한동안 아사히를 포함해 에일이나 수입 맥주만 선택했던 것.

사람의 입맛이라는 게 그런 것 같다. 나이가 들면서 좋아하지 않았던 혹은 먹지 못했던 음식이 좋아지거나 좋았던 음식을 서서히 멀리하는 것은 누구나 경험해 봤을 것이다. 술도 약간은 비슷한 맥락이라 생각이 드는 건 그날의 기분, 컨디션, 음식과의 매칭에 맞추어서 마시고 싶은 생각이 바뀌고 상황과 분위기에 따라 쓴 것도 달게, 단것도 쓰게, 플루티함은 쌉쌀함으로, 부드러움은 물맛처럼 느껴질 수 있는 것이다.

평범한 소주와 맥주만 주로 드시는 애주가 분들께 술의 신세계를 알려드리고 함께 나누려는 목적으로 〈말술남녀〉를 시작했건만 정작 술입맛의 고정관념을 실천했던 박언니였던 것이다. 그래서 이자카야를 가도 수많은 일본 맥주 중에서 언제나 아사히만 고집했었다. 그러다가 하이트 맥주의 경우처럼 어느 날 기린 맥주가 내 가슴을 훅 치고 들어오는 일이 생기고 말았다.

목이 길어 슬픈 기린인가?
맛이 좋아 기쁨을 주는 기린인가?

남편 직업상 일본, 특히 도쿄에 많이 머문다. 그러면 남편을 사무실로 보내고 호텔에서 나와 혼자 이곳저곳 돌아다니는 게 일과이다. 그중 롯폰기에 위치한 롯폰기힐즈는 나의 놀이터 같은 곳인데 쇼핑센터도 잘 되어 있지만 무엇보다도 자그마한 정원이 있어서 화창한 날씨에는 산책하기에 좋고 건물 야외에서 열리는 다양한 행사들이 있어 시간 보내기에 딱 좋다. 특히 술 관련 행사가 많은데 얻어 걸린 것 중에는 산토리 위스키 하이볼 행사, 크리스마스 히비키 위스키 행사, 벚꽃 시즌 샴페인 행사 등이 있었는데 작년에 만난 것은 기린 맥주 행사였다. 8월의 무더운 여름 롯폰기힐즈의 기린 맥주 행사를 보고 흔히 표현하는 사막에서 오아시스를 찾은 그 느낌처럼 얼마나 반갑고 행복하던지 안주는 둘째 치고 바로 기린 프로즌 맥주를 주문해 거품을 입에 묻히며 원샷을 날렸다. "으악! 너무 맛있어."

기린 이치방 시보리

일본 최초의 맥주는 에도 시대 맥주를 가져온 네덜란드 상인에 의해 처음 전래되었는데 당시에 비루자케라고

불렀다. 비루(맥주)+자케(청주)라는 의미에서 지은 듯하다. 이후 일본은 자체적으로 맥주를 생산하기 위해 양조자들을 독일로 유학도 보내고 해외에서 전문가도 초빙한 끝에 만들어진 것이 '삿포로 맥주(1889년경)'이다. 그러나 많은 사람들은 그보다 먼저 지금의 기린 맥주가 최초라고 생각한다. 삿포로 맥주가 생기기 훨씬 이전인 1870년 요코하마의 야마테 지역에 노르웨이계 미국인이 기린 맥주의 전신인 스프링밸리 브루어리를 만들었고 그것이 1885년 영국인과 일본 미쓰비시 그룹 총수인 이와사키 야노스케 외 9명에 의해 인수되어 '재팬 브루어리 컴퍼니'로 재탄생된다. 그러나 이 또한 일본인이 포함된 인수임에도 외국법인의 회사이기 때문에 일본최초의 맥주 회사는 아닌 것이다. 그래도 연혁을 따지자면 최초의 맥주 공장의 명맥을 지금의 기린 맥주로 이어왔으니 꽤 오랜 역사가 있는 회사임엔 틀림없다.

기린 맥주라 하면 '이치방 시보리'라는 공법으로 양조한다는 문구로 소비자에게 어필하는데 그렇다면 이치방 시보리는 어떤 제조 공법일까? 이치방(첫 번째) + 시보리(쥐어짜다)의 의미는 즉, 맥아즙의 처음 짜내린 것들만 발효하여 만들어 깨끗하고 풍부한 바디감을 느낄 수 있다는 것이고, 이것이 기린 맥주의 맛이라는데 특히 이 공법은 독일에서도 큰 화제를 모았다고 한다.

필스너류답게 홉이 강조되어 있지만 보리향도 있는

편이라 전반적으로 필스너치곤 부드러운 맛이고 페일 라거의 느낌도 강하게 난다고 맥주 애호가들 사이에서 평이 나온다. 나 또한 기린 맥주는 아사히에서 느낄 수 있는 향의 단조로움, 맥아의 단맛이 없어 라이트하게 느껴지기 때문에 8월 롯폰기힐즈에서 원샷을 하기엔 너무나 매력적인 맥주로 다가왔었다.

기린 맥주사는 이치방 시보리 양조법으로 프리미엄 맥주로 홍보는 하지만 소비자 입장에서 기린 맥주는 기존 프리미엄 맥주의 프루티하고 진한 맛의 산토리 '더 프리미엄 몰츠', 삿포로의 '에비스' 맥주와의 맛 차이가 확연하기 때문에 이치방 시보리 프리미엄 라인이라는 홍보는 무리가 있지 않나 싶다.

숨은 기린 글자 찾기

2차 세계대전 이래 맥주 점유율 50%가 넘는 1위를 지켜오다가 드라이 맥주가 새롭게 유행을 하면서 아사히에게 1위 자리를 내준 기린 맥주이지만 아직도 일본 내 2위를 놓치지 않을 만큼 인기 있는 맥주이다. 사실 내가 기린 맥주의 진가를 알기 전 일본의 여러 맥주 가운데 기린 맥주가 유독 손이 안 갔던 또 다른 이유는 뭔가 고리타분하고 촌스럽게 느껴지는 기린 로고 때문일 것이다.

상상의 동물 기린을 라벨로 채용한 이유는 일본 근대의 영웅 '사카모토 료마'의 이름 료(龍, 용), 마(馬, 말)에서 비롯되었다고 한다. 상상의 동물 기린은 원래 사슴의 몸에 소의 꼬리, 말의 발굽과 갈기를 가진 형상으로 마치 동양의 유니콘이라 볼 수 있었는데 후기로 가면서 용마와 같다고 여겨져 말의 몸으로 용의 머리를 가진 동물로 바뀌었다고 한다. 동양에서는 상서롭게 여겼던 동물로 성인이 태어날 때 좋은 징조를 뜻하고 기린의 뿔에는 어떤 것도 해치지 못하게 살가죽이 감싸여 있어 자비롭고 덕이 높은 짐승이라 여기기 시작했다. 예로부터 성인, 뛰어난 사람을 '기린아'라고 부르는 것은 기린에서 유래된 것이고 공자의 어머니는 태몽으로 기린 꿈을 꾸었으며, 우리나라에서도 고구려 시조 주몽은 기린을 타고 승천했기 때문에 주몽의 시신 대신 그가 떨어트린 옥채찍을 묻었다고 한다.

이렇듯 좋은 뜻을 지닌 기린이란 상상의 동물임에도 디자인이 촌스럽다는 이유로 그동안 박언니에게 외면을 당했지만 앞으로 기린 맥주를 마실 여러분들은 그 로고를 자세히 들여다볼 수밖에 없는 한 가지 이유가 있다. 기린 맥주의 로고를 자세히 보면 기린 그림에 가타카나로 'キリン(기린)'이라고 적혀 있다. 어떤 재미를 유도한 의도인지 혹은 우연찮게 스토리로 만들어졌는지는 모르겠지만 마치 지폐 위조방지 기술 같은 기린 맥주의 로고 속 진실은 어렸을 적 '숨은 그림 찾

뿔과 귀 사이에 안쪽에 '구', 그 옆으로 뿔 끝자락 사이에 リ, 꼬리 쪽에 ン

기' 놀이처럼 '숨은 기린 글자 찾기' 놀이를 해야 할 것 같으니 예쁘지 않은 그림일지라도 자세히 보시라. 혹시 모르지 않는가. 아무리 촌스러운 로고라도 자세히 보아야 예쁘고 오래 보아야 사랑스러울지.

다양한 기린 맥주

앞서 언급했던 8월의 날씨에 원샷을 날렸던 롯폰기 힐즈에서의 프로즌 생맥주는 영하 5도로 얼린 맥주 거품을 아이스크림 모양으로 올려줘 눈과 입이 모두 호사를 누리는 맥주이다. 이밖에 여러 종류의 맥주를 생산하고 있고 특히 크래프트비어 유행에 발 맞춰 일본의 가로수길이라고 불리는 다이칸야마에 크래프트 맥주 양조장을 미국 브루클린 브루어리와 자본 제휴해 설립했다. 그 양조장의 이름을 스프링밸리 브루어리라고 지었는데 이것은 1870년 요코하마의 기린 맥주의 시초였던 이름 '스프링밸리 브루어리'를 그대로 따왔다. 2016년에 방문했던 다이칸야마의 스프링밸리 브루어리는 유행에 앞서가는 젊은층을 겨냥한 인테리어도 멋졌지만 무엇보다 다양한 맛의 맥주를 샘플링해 그 맥주에 어울리는 간단한 핑거푸드와 엮어서 메뉴화해 인기리에 판매하고 있는 점이 눈에 들어왔다.

살아가는 데 있어 본인의 만족이 무엇인지는 스스로가 정해야 하고 그것에 대한 사랑은 우리가 하기 나름이라지만 나는 하나에만 만족하길 스스로 정하고 그 이외의 것들에겐 관심조차 두지 않았나? 이것이 술에 비유가 되었든 인간관계에 비유가 되었든 간에, 좁고 얕은 시선으로 고정관념을 만들지 말아야겠다는 생각을 해보며 술 냉장고에서 기린 맥주를 한 병 꺼내다 촉촉하게 넘겨본다.

사카모토 료마

에도 시대 메이지 유신을 이끌어낸 인물. 정치적 업적만이 아닌 여러 가지 고정 관념을 벗어던진 자유로운 인간으로서 사카모토 료마를 현대 일본인은 아주 매력적으로 받아들이고 있다. 시바 료타로의 《료마가 간다》라는 책이 특히 유명하다.

기린 맥주 종류

- **기린 프로즌** : 생맥주 영하 5도로 얼린 맥주 거품을 아이스크림 모양으로 올려준다.
- **기린 라거** : 기린을 먹여살려준 전통의 라거.
- **기린 클래식 라거** : 1965년도의 기린 라거의 맛을 재현한 복고 맥주.
- **이치방 시보리 스타우트** : 하면발효 스타우트 맥주. 일본에서 스타우트라는 명칭은 짙은 색 맥아를 첨가해서 향미가 강한 맥주에 사용할 수 있고 효모 종류는 강제화하지 않는다.
- **이치방 시보리 갓 수확한 홉** : 이와테현에서 갓 수확한 홉으로 만든 맥주.
- **기린 벚꽃 에디션** : 봄 한정.
- **아이스+비어** : 여름 한정.
- **기린 아키아지** : 가을 한정.
- **하트랜드 비어** : 롯폰기의 종합 문화공간 하드랜드바를 위한 스페셜 맥주.
- **기린 브라우마이스터** : 기린에서 일하는 독일 유학파 마이스터들이 만든 프리미엄 맥주. 대기업 공장 맥주로는 이례적으로 리프홉 사용.
- **그랜드 기린** : 한 병으로 만족할 수 있는 스페셜 맥주라는 콘셉트로 만든 고품질 맥주.

 한 · 줄 · 평

빤스PD	감귤계의 화려한 맛은 없지만 뒤에서 오는 쌉쌀한 맛이 여운을 길게 하네요.
명사마	물맛에서 오는 부드러움?
박언니	페일 라거처럼 굉장히 라이트한 맛이에요.
신쏘	첫 입맛은 몰트향, 마지막은 홉향이 두드러지는 술이에요
장기자	음식에 집중하고 싶을 때는 기린 맥주와 함께 먹고 싶네요.

일본 최초의 저온 발효 맥주
삿포로 프리미엄

by 장기자

주종	라거 맥주
제조사	삿포로 맥주
원산지	일본 삿포로
용량	500ml(캔)
알코올	5%
원료	정제수(물), 맥아, 호프, 콘시럽, 옥수수, 쌀 등
색	투명감 있는 황금색
향	과실향을 연상시키는 고급스러운 홉향과 고소한 몰트향
맛	신맛이 적고, 균형이 잘 잡힌 깔끔하고 산뜻한 맛
가격	3000원대(마트)

양고기와 삿포로 맥주, 잊을 수 없는 맛

술을 공부하면서 몸소 깨달은 것 중에 하나가 마리아주이다. 마리아주는 술과 음식 간의 최상의 궁합을 찾는 것을 의미한다. 특히 그 지역에서 나는 농산물로 만든 술과 지역 대표 음식을 함께 먹는 것만큼 완벽한 마리아주가 없다. 마리아주를 깨달은 뒤도 여행을 가면 꼭 지역, 혹은 그 나라의 술과 대표 음식을 먹는 버릇이 생겼다. 최근에는 일본에서 이 완벽한 마리아주를 느꼈었다. 엄마와 함께 갔던 삿포로 여행에서 삿포로 맥주와 칭기즈칸에 홀딱 매료되어버린 것. 칭기즈칸은 양고기를 야채와 함께 구워먹는 구이요리이다. 이름은 칭기즈칸이지만 몽골과는 아무런 관련이 없는 일본 홋카이도 전통요리로서 홋카이도 문화유산에 지정될 만큼 유명하다.

칭기즈칸은 불판에 콩나물과 당근, 양파, 피망, 호박을 얹고 그 위에 12개월 미만의 어린 양(lamb)의 고기를 올려 구워먹는데 우리나라 불고기와 비슷하다. 여기에 몽글몽글 거품이 올라와 있는 삿포로 맥주는 반박할 수 없이 조화를 이룬다. 맥주의 부드러운 감칠맛과 보리의 은은한 단맛이 양고기에 완벽하게 어울린다.

아사히, 기린, 산토리, 삿포로, 최근에는 에비스까지 참 종류도 다양하게 마셔봤지만, 홋카이도 여행 전까지는 일본 맥주에서 크게 매력을 느끼지는 못했다. 하지만 홋카이도에 다녀온 후에는 조금 달라졌다. 좋아하는 일본 맥주가 생겼고, 그 맛도 이제는 단번에 구분할 수 있을 것 같다. 삿포로 프리미엄 말이다.

일본에서 가장 역사가 깊은 맥주

삿포로 맥주는 일본에서 가장 역사가 깊은 맥주이다. 특히 이 회사의 양조장은 최초의 일본 맥주 양조장이면서도 아주 복잡한 역사를 가지고 있다. 홋카이도의 기후와 토양은 맥주의 주재료인 보리와 홉을 재배하기도 좋았고, 특히 추운 날씨는 저온 발효에 탁월했다. 이를 눈여겨본 일본 정부는 1869년 홋카이도 개발 사업 중

하나로 맥주 양조 사업을 시작했다. 그렇게 완공된 양조장이 바로 가이타쿠시 양조장이다. 가이타쿠시 양조장에서는 삿포로 지역 이름을 딴 라거 맥주를 생산했다. 당시 이 맥주의 라벨 역시 별 모양으로, 현재의 삿포로 맥주 라벨과 굉장히 흡사했다. 이후 1886년에 가이타쿠시 양조장은 민간 회사에 팔리게 되고, 다음 해인 1887년 시부사와 에이이치라는 유명한 기업가가 양조장을 사들이면서 삿포로 회사가 된다. 이후 다양한 회사와의 합병과 분리를 거듭했고, 1964년이 되어서 일본 맥주 회사라는 명칭을 삿포로 맥주 회사로 변경하게 되면서 현재까지 이어오게 된다.

삿포로는 '하루나 니조'라는 보리를 개발해 사용하며, 원료 생산은 농가와 합작을 통해 철저한 관리 속에 재배한다. 또한, 1977년에는 고품질의 생맥주를 병에 담는 기술을 개발했는데, 이것이 바로 삿포로의 인기 제품인 드래프트 비어 블랙라벨이다. 병에 맥주가 채워지면 라벨의 흰색 글씨가 검게 변해 블랙 라벨이라는 이름을 얻게 되었다.

삿포로 별이 가진 의미는?

삿포로 맥주의 브랜드 아이콘인 별 모양의 엠블럼은 홋카이도 개척사의 상징인 북극성을 나타낸다. 메이지 시대 초기에 홋카이도의 행정과 개척을 맡았던 관청이 그 깃발과 건물에 새겨넣은 붉은 별 모양에 유래를 두고 있다고 알려졌다.

🍸 한·줄·평

빤스PD	첫 향은 제일 화려한데, 끝맛은 거의 물맛이네요.
명사마	홉향이 많이 느껴집니다.
박언니	풍부한 과실향과 맛이 인상적.
신쏘	홉향과 더불어 꽃향기! 다채로운 향이 매력적이에요.
장기자	이건 그야말로 풍선껌 향!

05

하이네켄을 닮은 싱가포르 라거
타이거 맥주

by 명사마

주종	맥주
제조사	아시아퍼시픽브루어리(APB)
원산지	싱가포르
용량	350ml 등
알코올	5%
원료	맥아, 자당, 홉 등
색	옅은 황금색
향	가벼운 아로마
맛	경쾌함과 가벼움
가격	2000원~3000원 대

싱가포르 하면 어떤 이미지가 떠오를까? 깨끗한 도시? 멋진 야경? 다국적 도시국가? 실은 모두 맞는 말이다. 또 하나가 있다면 여전이 태형이 존재하고, 마약 사범에게는 철저한 사형이 내려진다. 껌을 팔지도 않으며 씹으면 벌금형에 처한다. 담배 가격은 9000원에서 13000원 정도로 엄청 높으며, 전자 담배는 아예 금지품목으로 어길 경우 최고 2000싱가포르 달러를, 판매 유통하는 경우는 1만 싱가포르 달러를 벌금으로 내야 한다. 규제와 규약으로 다민족을 통솔하고, 경제를 발전시켜왔다는 것이 싱가포르에 대한 일반적인 평가이다. 그런데 이러한 나라에서 맥주 문화는 꽃을 피웠다. 바다와 운하가 만나는 클라키 지역의 클럽과 바(bar), 머라이언 주변의 야경은 맥주 한 잔을 황홀하게 만들어준다.

대표적인 싱가포르 맥주는 하이네켄에서부터

싱가포르의 대표적인 맥주는 타이거 맥주이다. 동남 아시아, 영국까지도 진출한 글로벌 맥주로 1932년도에 생겼다. 미국에도 상당한 지명도가 있는데, 2006년 미국의 어느 메이저리그 야구팀이 월드 시리즈에 진출했고, 그 팀 덕분에 인지도를 확 넓힐 수 있었다. 그 팀은 바로 디트로이트 타이거즈. 타이거즈팀의 응원에는 타이거 맥주라는 분위기를 타서 강제 홍보가 된 셈이다. 타이거 맥주는 싱가포르 맥주라고 생각되지만 실은 싱가포르 것만은 아니다. 1932년 회사 설립 당시도 싱가포르는 영국의 식민지였고, 이후에도 말레이시아령으로 시작했다가 독립했다. 그래서 처음에는 네덜란드의 맥주 회사 하이네켄과의 합작 법인으로 출발했으며, 해당 기업명은 아시아퍼시픽브루어리(APB)였다. 하지만 2012년 하이네켄은 지분율을 82%까지 늘려 타이거 맥주를 완전 자회사로 만든다. 결국 지금의 타이거 맥주는 하이네켄의 또 다른 맥주라고 봐도 맞다.

왜 맥주 이름이 타이거일까?

그런데 왜 타이거란 이름을 붙였을까? 회사를 설립

하고 제품명을 정하는 회의를 하이네켄 관계자들이 모여 싱가포르에서 가장 권위 있는 호텔 중 하나인 라펠즈 호텔에서 진행했다. 싱가포르는 지금도 아열대 기후지만 당시는 전혀 발달하지 못한 정글 지역이었는데, 이 당시 호텔에 야생의 호랑이가 들어온 적이 있다는 이야기가 화제로 올랐다. 이에 관계자들은 맥주 이름을 호텔에 들어온 호랑이를 연상하며 타이거로 지었다고 한다. 또 하나는 한국과 동남아시아에서 엄청나게 유행했던 호랑이 연고가 이곳에서도 유명했다는 데 있다. 호랑이 연고는 소염연고인데, 무좀, 타박상, 벌레 물린 상처에 좋아서 한국 가정에서는 한때 상비약으로 쓰곤 했다. 이 제품이 영국령이었던 미얀마, 홍콩, 싱가포르까지 그 영역을 넓혔다. 결국 타이거 맥주는 정글에 호랑이가 많이 살았다는 것과, 호랑이 연고의 유명세로 지어진 이름이라고 말할 수 있다.

타이거 맥주의 맛과 잘 어울리는 요리는?

타이거 맥주의 느낌은 전형적인 가벼운 맛과 향이다. 국산 맥주와 비슷한 느낌이다. 풍미를 느끼는 술이라기보다는 더운 아열대 지역에서 청량감으로 마시는 술이다. 개인적으로 같이 먹은 음식 가운데 최고의 궁합은 블랙 페

퍼 크랩이다. 흑후추를 이용한 게 요리로 버터 및 마늘, 생강, 고추을 넣고 많이 볶는다. 이 요리는 흑후추의 양이 압도적이라 게 요리 자체가 검은색으로 보인다. 사용되는 게는 인도양에서 잡히는 톱날 꽃게로, 등갑 가장자리에 가시와 같은 돌기가 있다. 이 게의 경우는 겉의 껍질이 매우 딱딱해서 망치로 깨부수고 먹어야 할 정도이지만 속살은 부드럽고 쫀득하여 동남아시아의 고급 요리로 자리매김하고 있다. 싱가포르 이스트코스트에 있는 점보 식당이란 곳에서 맛을 봤는데, 당시 타이거 맥주에 얼음을 넣은 온더록스로 마셨다. 블랙 페퍼 크랩이 자극적이고 매운 맛이 있었는데 곁들이는 데는 탄산도 적고 시원함이 오래가는 온더록스 형태의 타이거 맥주가 무척 잘 어울렸다. 혀가 아릴 때마다 시원한 얼음으로 마사지하면 되는 것이었다. 참고로 블랙 페퍼 크랩을 이용한 요리 중에서 가장 인기가 많은 것은 칠리 크랩이다.

싱가포르 맥주를 알고 싶다면 타이거 공장으로

타이거 맥주를 제대로 즐기고 싶다면 맥주 공장 투어도 추천할 만하다. 평일에 진행하는 이 투어는 공장 견학은 물론 싱가포르 맥주 역사 및 발효의 미학도 같이 체험할

수 있다. 공장 안은 오래된 역사인 만큼 테마파크 같은 느낌도 있으며, 무엇보다 45분간 진행되는 맥주 무한 리필이 매력적이다. 흥미로운 것은 타이거 맥주만 마시는 것이 아닌 하이네켄, 기네스, ABC 맥주 등 총 8종을 마실 수 있다. 동남아시아로 나가는 모든 맥주는 이곳에서 만들어지기 때문이다. 투어에서 시음까지 2시간 내외로 잡으면 된다.

공공장소에서 술 마시면 안 되는 나라

참고로 싱가포르는 공공장소(공원 및 광장) 등에서 평일은 오후 10시 반, 휴일은 오후 8시부터는 음주가 금지된 나라이다. 판매도 이 시간만큼은 금지가 된다. 그렇다고 레스토랑이나 바에서 음주가 완전히 금지된 것은 아니다. 한번 마시면 그 자리에서는 계속 마실 수 있으나 남았다고 술을 집으로 가져가서는 안 된다. 호텔이나 집에서 마시고 싶다면 미리미리 사두고 들고 이동도 하지 말아야 한다. 위반한 경우에는 1000싱가포르 달러 이상의 벌금, 또는 3개월의 금고형에 처해진다.

싱가포르에서 술을 저렴하게 이용하는 방법

우리나라에도 최근에 많이 활성화가 되었는데, 싱가포르에는 해피타임이라는 제도가 많이 적용되고 있다. 주로 바 및 클럽 등에서 진행하는데, 혼잡한 시간을 피해서 주로 일찍 오는 고객들에게 맥주 등을 저렴하게 판매하는 것이다. 평일 오후 3~5시부터 시작하여 7~8시에 마감이 되는데, 보통 맥주는 50% 전후로 할인을 해준다. 최근에는 수요일에는 여성에게만 특별히 할인율을 높여서 판매하는 레이디스 데이 등도 개최하고 있다.

한·줄·평

빤스PD	음, 조금 싱거운 하이네켄 같습니다.
명사마	타이거 맥주는 역시 얼음 넣고 온더록스로 마시는 거죠!
박언니	제 입에는 차라리 카스가 더 나은 느낌이에요.
신쏘	약하지만 아로마가 느껴지고, 경쾌해서 좋아요.
장기자	싱가포르 블랙 페퍼 크랩과 잘 어울리는 맥주!

프랑스는 맥주마저도 낭만적이다

크로낭부르 1664 블랑

by 박언니

주종	밀 맥주
원산지	프랑스
제조사	크로낭부르 브루어리(수입원: 하이트진로)
용량	330, 500ml
알코올	5%
원료	보리, 밀, 홉, 정제수, 코리앤더, 오렌지, 합성착향료, 글루코오스 시럽, 시트러스향
색	탁한 흰색
향	오렌지, 시트러스향
맛	맥아의 단맛, 과일의 상큼한 맛
가격	3000~4000원

첫 키스의 추억

늘상 팟캐스트에서 "남자보다도 술을 먼저 사랑한 어쩌고저쩌고" 하는 멘트를 지겹도록 해대고 있고 실제로도 성인 놀음의 첫 타가 음주였다. 친구들과 북적대는 호프집에 찾아가 "피처 주세요"를 외쳐댔고 소주의 쓴맛을 알고 나서는 마치 20대가 인생의 정점인 듯, 20대 이후의 삶은 없는 듯, 인생 타령을 해대며 매일매일을 그렇게 달렸었다. 조금 늦게 이성에 눈을 떴던 것 같다. 중고등학교 때 옆집 오빠, 혹은 브로마이드를 모으던 장국영을 흠모했던 것 빼고는 이렇다 할 연애는 없었고 썸을 타던 남자는 있었지만 친구들과의 술자리가 좋아 썸은 썸으로만 끝났고 그러던 중 첫사랑을 만나게 되었는데…….

왜 갑자기 나의 연애사를 늘어놓고 있

느냐 하면 지금부터 소개할 술이 내 첫 키스 때에도 있었으면 얼마나 좋았을까 아쉬워서이다. 첫 키스는 소주를 먹고 했다. 이때 소주 대신에 크로낭부르 1664 블랑이 있었다면 향긋한 술에 취하고 서로의 눈빛에 취하고 입을 맞춘 순간, 꽃들이 만개하고 구름을 탄 듯 붕뜬 마음으로 만끽할 수 있었을 텐데 아쉽기 짝이 없다.

2010년 프랑스 여행에서 처음 만난 크로낭부르 1664 블랑, 첫 느낌에 오는 향긋하고 산뜻한 맛과 향에 심취되어 여행을 다녀와서도 가끔은 그리웠다. 그후 2016년에 하이트진로에서 수입하여 지금은 집 앞 편의점에서도 쉽게 접할 수 있는, 심지어 가까운 호프집에서 생맥주로도 즐길 수 있는 친근한 술이 되었다.

박언니는 밀 맥주를 좋아해

크로낭부르 맥주 회사는 프랑스 맥주의 40%를 생산하는 곳으로 세계적으로 명성을 얻고 있고 프랑스에서도 상당히 인기가 많다. 지금 소개하는 '크로낭부르 1664 블랑'의 숫자 1664는 설립연도에서 따왔는데 1664년 제로니무스 해트에 의해 프랑스 알자스 지역의 스트라스부르에 설립되고 이후 지역 특성상 잦은 범람을 피해 높은 지대의 크로낭부르(Cronenbourg)로 이전을 한다. 그리고 1947년에 도시명인 크로넨버그의 앞글자인 C를 K로 바꾸면서 맥주 이름 자체를 크로낭부르(Kronenbourg)로 정하게 된다. 그런데 우리는 크로낭부르 대신 블랑이라고만 알고 있는 게 흠인데, 사실 블랑이라는 말은 프랑스어로 '흰색, 하얗다'라는 뜻이며 그 예로 우리에게 익숙한 브랜드인 '몽블랑'은 하얀 산이라는 뜻을 가지고 있으며 브랜드 특유의 마크도 하얀 산봉우리 모양이다. 유럽 맥주에서 하얀 맥주라 함은 밀로 만든 맥주이고 이를 블랑(프랑스어) 혹은 바이스 비어(독일어)라고 부르는데 이 밀 맥주에 대해서는 차후에 다시 구체적으로 언급하겠다.

이 맥주가 여심을 흔드는 이유는 무엇일까? 처음 접했을 때의 크로낭부르 1664 블랑은 프랑스 여행시 그 나라의 대표 맥주라고 추천을 받아서 마셔본 맥주였다. 막상 마셔보니 밀 맥주 특유의 무겁고 씁쓸한 잡맛이 없고 입안에서 화사해지면서 꽃이 피어나는 느낌을 받았고, 그 첫 맛에 반해버렸지만 사실 푸른 컬러의 병 패키지만으로도 여성들이 첫눈에 반하게 할 충분한 이유가 된다고 생각한다. 파리  하면 생각나는 대표 건축물인 에펠탑을 형상화한 병의 디자인에서 느껴지는 존재감은 크로낭부르 1664 블랑을 아는 여성이라면 모두가 공감하지 않을까 싶다. 여성의 눈길을 단번에 사로잡는 오팔빛 푸른 컬러의 라벨은 프랑스 유명 패션 디자이너 크리스찬 라크르와하고 협업한 결과물인데 파랑, 하양, 빨강이라는 삼색을 써서 프랑스 국기와도 비슷해 어쩌면 그것을 노리고 만들었지 않나 생각해본다.

회사가 생긴 1664년부터의 스타일을 그대로 유지하고 있는 크로낭부르 브루어리는 블랑을 비롯한 그 밖의 다른 브랜드 역사가 길지 않다. 2006년에 1664 블랑이 출시되었고 2015년부터 하이트진로에서 수입해 젊은 여성층에게 히트를 치면서 입지가 생긴다. 그러나 크로낭부르나 1664 대신 그냥 블랑이라고만 알고 있는 사람들이 많다 보니 정작 크로낭부르라는 브랜드를 모르는 게 함정이다. 마치 일본의 산토리 더 프리미엄 몰츠를 사람들이 그냥 산토리라고만 부르다 보니 정작 맥주 이름인 더 프리미엄 몰츠가 묻혀버린 것과 반대의 일이다.

　　평균 알코올 도수 5.0%에다 물, 보리 맥아, 밀 맥아, 글루코스 시럽(옥수수 시럽), 코리앤더, 오렌지 껍질, 시트러스향이 들어간다. 특히 1664 블랑에 들어가는 홉은 홉의 캐비어라고 불리는 알자스 지역의 스트리셀스팔트 홉을 사용하는데 이 홉은 섬세하고 독특한 향으로 유명하다. 이런 조합으로 크로낭부르 1664 블랑의 맛은 상쾌한 꽃향, 꿀향, 바나나, 배, 귤 등의 과일향, 몰트와 홉의 아로마가 섬세하게 배합되어 단맛과 씁쓸함의 균형이 잘 이루어져 있다.

　　크로낭부르 1664 블랑은 밀 맥주이다. 그럼 밀 맥주는 어떤 특징이 있을까? 밀 맥주는 밀만 들어가는 것이 아니고 보리 맥아와 섞어 쓴다. 뿌옇고 흰색에 가까운 이유는 효모를 거르지 않아 밑으로 가라앉아 있기 때문이다. (이것을 필터로 여과하면 '크리스탈'이라 부른다) 보리 맥주에 비해 신맛이 강한 것이 특징인데 이는 또 두 가지로 나뉜다.

첫 번째로는 독일의 바이에른 지방에서 발달한 바이스 비어로, 효모색으로 인해 일반 맥주보다 밝은색을 띄어 바이스라는 이름이 붙여졌다. 16세기 독일의 맥주순수령을 보면 보리, 홉, 물만 이용하라고 했던 바이에른 지방의 빌헬름5세 백작은 주 식량원이던 빵을 만들 때 필요한 귀중한 밀을 확보하기 위해 이러한 법을 시행했는데 그가 다스리던 바이에른 지역만 열외시켰다고 한다. 본인이 밀 맥주를 좋아했기 때문일 것이다. 그래서 자연스레 바이에른 지방에는 밀 맥주가 발달하게 되었다. 이와 같은 밀 맥주를 지방에 따라 바이젠 비어라고도 하는데 바이젠은 밀이라는 뜻이다. 이는 밀 맥아가 50% 이상이 들어가야 하고 상면발효법으로 만들어 찌꺼기를 거르지 않고 병입하는, 즉 바이스와 같은 뜻으로 받아들이면 되는데 헤페바이스 비어 또는 헤페바이젠 비어라고 부르며 여기에서 헤페는 효모라는 뜻이다. 이 용어는 우리가 편의점에서 맥주를 고를 때 아주 유용하게 쓰이기 때문에 외워두면 골라 마시는 즐거움이 생길 듯하다.

두 번째로 비트 비어인데, 벨기에를 중심으로 발달한 밀 맥주를 뜻하며 여기에 밀, 코리앤더, 오렌지 껍질같이 향미를 더하는 재료들과 함께 만들어 밀 맥주 특유의 시큼한 맛을 가려주고 허브의 풍미와 단맛의 조화로 바이스 비어보다 마시기 편함을 느낄 수 있다. 그렇다면 크로낭부르 1664 블랑은 이 비트 비어에 속하겠고 이것에 속하는 다른 맥주로는 여성들이 선호하는 호가든이 있다.

와인의 나라로만 알았던 프랑스의 맥주

누구나 프랑스 하면 떠오르는 것, 바로 '와인의 나라'
이다. 그러나 그리스 로마 시대 이전의 프랑스는 맥주가 와
인보다 더 대중적이었다고 한다. 이후 로마의 지배를 받으
면서 와인이 더 발전하게 되는데 로마인들은 맥주를 야만
인들이 좋아하는 술, 가난한 사람들이 마시는 술로 여겨 비
옥한 프랑스 땅에서 잘 자라는 포도로 와인만 양조하게끔
지시해버린 결과이다. 이로 인해 지금의 성경에는 와인보
다 대중적이었던 맥주는 언급되지 않으며 이것은 그리스
로마 시대 때 와인만을 칭송하던 그들에 의해 기록이 사라
진 듯하다는 의견들이 주를 이룬다.

중세 수도원의 수도사들은 하나님
의 일꾼으로서 포도를 재배하고 와인 양
조에 연구와 노력을 아끼지 않았기에 와
인이 발전할 수밖에 없었고 그해 포도 수
확이 좋지 못할 때는 맥주가 와인을 대신
해주어 그 당시 와인과 맥주 양조의 규모
는 계속 증가했다. 20세기 초반에는 3000여 곳의 양조장이
가족 단위 혹은 농가 단위로 운영되었지만 독일과 프랑스
간에 있었던 세 차례의 전쟁으로 포도밭이 불타고 맥주 양
조장 또한 파괴되어 겨우 100여 군데의 양조장만 남게 된
다. 그 후 대기업에서 현대화된 방법으로 위생처리가 잘된
양조장만 살아남으면서 향토 음료라는 명성을 와인에게 넘

겨주고 맥주의 나라라는 이미지를 잃고 '프랑스는 와인'이라는 각인이 새겨지게 된 것이다.

지금의 프랑스는 30여 곳 남짓한 맥주 양조장이 있지만 얼마 전부터 소규모 양조장이 점점 생겨나고 있어 고유한 맥주도 되살아나지 않을까 하는 기대를 해본다. 실제로 프랑스 내 젊은 사람들은 와인보다 맥주를 더 많이 마시는 추세라고 한다.

크로낭부르 1664 블랑을 소개하면서 프랑스 맥주, 밀 맥주까지도 언급해봤다. 맥주 하나에 이렇게 할 말이 많으냐 싶겠지만 무언가 알고 마시는 게 모르고 마시는 것보다 있어보지 않을까? 어떤 상대와 술잔을 부딪힐 때 앞에서 소개한 것들이 생각이 하나라도 난다면 써먹으시라. 사실 나도 써먹으려고 이렇게 기를 쓰고 있는 것이다. 맥주에 대해 또 다른 써먹을 만한 정보는 다음으로 넘기고 얼른 목이나 축이련다.

한·줄·평

빤스PD	과실향이 풍부해진 호가든 느낌?
명사마	이 맥주는 덜 차가워야(18도 전후) 제대로 된 향이 느껴지죠.
박언니	코리엔더와 오렌지 같은 첨가물로 밀 맥주의 텁텁함은 사라졌어요.
신쏘	밀 맥주와 고수 씨앗의 궁합이 정말 잘 맞아요.
장기자	프랑스판 산이 막걸리? 산이 막걸리가 이런 시트러스한 향이 많이 나거든요.

Tip★

상면발효, 하면발효

- **상면발효** : 19세기 후반 냉동기가 발명되기 전까지 대부분의 맥주가 상면발효였다. 대표격인 에일은 상온(20도~25도)에서 발효시킨다. 효모가 발효를 끝내면 위로 떠오르는데 이런 현상 때문에 상면발효라고 부른다. 에일, 스타우트, 포터 등이 여기에 속한다.
- **하면발효** : 겨울에 맥주를 담그고 저온(8~12도)에서 발효시킨 후 가을까지 보관한다. 주발효가 끝나면 효모가 바닥으로 가라앉기 때문에 하면발효라고 부른다. 라거 맥주라고도 하고 세계에서 가장 많이 소비되는 맥주이다. 필스너가 가장 대표적인 라거 맥주

알자스

- 알자스는 알프스 산맥 동쪽에 위치해 있어 오히려 프랑스보다는 옆나라 독일과 교통이 편한데 그러다 보니 프랑스지만 독일과 오히려 문화 면에서는 더 비슷한 점이 많다.
- 원래 독일 영토였던 알자스는 30년 전쟁 직후 웨스트팔리아 조약으로 1648년 프랑스 영토가 되지만, 1871년 나폴레옹 3세의 패배로 다시 독일령으로 바뀐다. 다시 독일이 1차 세계대전에서 패하자 1919년 프랑스령으로 복귀한다. 그리고 2차 세계대전 초기에는 독일이 지배하다가, 패배 이후 프랑스령으로 바뀌는 등 곡절이 많은 땅이다.
- 포도 품종도 알고 보면 독일 것이 많다. 리슬링, 게뷔르츠트라미너 등
- 프랑스 맥주의 60%를 알자스에서 생산하고 있는데, 알자스 브루어리 투어 상품이 나온다면 어떨까? 알퐁스 도데의 소설 《마지막 수업》에서의 배경도 알자스 지방이다.

여름에 수박이 빠지면 섭섭하지!
워터멜론 위트에일

by 신쏘

주종	밀 맥주
제조사	로스트코스트 브루어리
원산지	미국 캘리포니아
용량	355ml(병)
알코올	5%
원료	맥아, 밀, 홉, 효모, 수박향
색	투명감 있는 황금색
향	수박바, 멜론, 참외 같은 과실향이 풍부하며 뒤 끝에 곡물향이 따라온다.
맛	과실의 맛이 살짝 나며 고소한 곡물맛과 청량감으로 깔끔함을 준다.
가격	6000원대(마트)

휴가하면 물놀이, 물놀이 하면 뭐다?

여름이 다가오면 슬슬 다이어트도 준비하고 몸도 만들어야 하며, 보여지는 많은 부위를 관리하게 된다. 그럼 관리 후에는 어디를 가는가? 대부분이 휴가지에서 그동안 준비한 모든 매력을 발산할 것이다.

그러기 위해서는 물놀이가 딱 좋다고 생각하는데 그래서인지 여름 휴가철이 되면 물놀이를 위해 다양한 계획을 하는 사람들이 많다. 물놀이라고 하면 바닷가도 있고, 수영장, 워터파크, 폭포, 계곡 등 다양한데 요즘은 찜질방도 인기라고 한다.

이러한 여름철 물놀이 정서가 다른 나라에는 어떤 식으로 존재하는지 궁금하다. 신쏘가 여름 물놀이 하면 떠오르는 것은 가족들과 피서를 가면 꼭 외할머니께서 가져오셨던 커다란 수박이다.(신쏘의 외할머니는 수박을 스테인리스 보관통에 스테이크 크기로 꼭 썰어오셨었다. 일명 썰어 먹는 스테이크 수박) 신쏘뿐만 아니라 물놀이 가는 길에 수박을 챙겨 계곡 물에 담가 놓았다가 꺼내어 쪼개 먹는 그 맛! 모르는 분이 있을까 싶다. 나는 아직도 친구들과 놀러갈 때면 수박을 꼭 사자고 한다. 매번 먹고 난 후 뒷처리 때문에 고생을 하면서도 말이다.

오래 물과 못 만나다 보니 시원한 계곡에 발을 담구고 여름 노래를 들으며 맥주 한 잔 마시는 일이 그렇게 생각날 수가 없다. 꼭 계곡이 아니더라도 바다 또는 스파 같은 물이 많은 곳에서 맥주 마시기를 즐기는 편이며, 그 상황에 맞는 맥주를 고르는 즐거움도 각별한데, 이와 관련한 가장 즐거운 추억이라면 크로아티아의 바다를 바라보며 레몬 맥주를 마셨던 순간이다. 하지만 지금 당장 크로아티아에 갈 수 없다 보니 그 감성을 다시 느끼기에는 부족함이 많다. 그래서 떠오른 것이 한국에서 즐기는, 여름 물놀이 감성에 알맞은, 여름철 휴가지에 어울리는 맥주 추천이다! 휴가철 과일과 여름의 대세 주류인 맥주가 만났다. 일명 수박 맥주, 바로 워터멜론 위트에일이다.

수박향 밀 맥주?

실제 수박을 넣어 양조한 것은 아닌 천연 수박향이 첨가된 이 맥주는 수박바를 떠올리게 한다. 빤스PD님 정보로는 맥주계의 괴식으로 통한단다. 신쏘가 이 맥주를 처음 접한 곳은 주류박람회였다. 그 시기에 한국에는 로스트코스트 브루어리의 맥주가 강남 지역을 중심으로 인기를 끌고 있었고, 그 열풍에 힘입어 신제품을 시음하는 날이었다. 그때 당시 홍보사에서는 신쏘에게 수박을 넣어 만든 맥주라고 하기에 신쏘는 철썩같이 그 말을 믿었다. 하지만 실제 출시된 맥주병에는 천연 수박향이라고 적혀 있어 나중에 왠지 당한 기분이 들었다. 그래도 이 맥주를 접해봤을 때 굉장히 신선한 충격으로 다가왔다.

워터멜론 위트에일이 출시되고 나서 몇 년이 흘러 한국에도 크래프트비어 붐이 일며 다양한 브루어리에서 수박 맥주를 시도하였고, 지금은 유명 펍을 여름철에 방문하면 맥주잔에 큰 수박 한 조각이 곁들여진 수박 맥주를 어렵지 않게 맛볼 수 있게 되었다. 이 제품의 정식 이름은 워터멜론 위트에일. 워터멜론은 모두가 알다시피 수박이며, 위트(wheat)는 밀이다. 한마디로 수박향 밀 맥주라고 말할 수 있다.

만드는 브루어리는 어디?

로스트코스트 브루어리는 한국에서 상어 맥주로 유명한 곳이다. 화이트 페일 에일이 한국에 들어올 당시에는 아직 크래프트비어가 유행되기 전이었는데 상어 그림이 있는 코스터와 함께 테이블에 놓이는 한 잔의 맥주 가격은 9000원~12000원 정도였다. 지금은 1만 원이 넘는 맥주들이 많이 판매되지만 그때만 해도 그렇게 흔한 가격은 아니었다. 하지만 일단 맛을 본다면 그 생각이 없어질 정도의 매력적인 맛의 맥주였다. 지금은 마트에만 가도 로스트코스트에서 나온 맥주들을 시리즈로 맛볼 수 있으며 아직 몇 군데에서는 크래프트로 판매되는 것으로 알고 있다.

로스트코스트는 1986년 약사였던 바버라 그룹이 시작했는데 험볼트만 지역에 양조장을 세워서 서늘한 바다의 기후가 맛있는 에일을 만들어주었다. 영국 전통 스타일의 에일을 추구하면서도 서부 평야의 밀과 보리, 험볼트 지역의 물로 양조를 하여 로스트코스트 서부 해안의 느낌을 가득 안은 맥주를 생산했다. 처음에는 작게 시작하였지만 점차 인기를 끌면서 시설을 확장해갔고 지금은 다양한 나라에 맥주를 공급하면서 미국 내에서 성공한 크래프트비어 양조장으로 뽑힌다고 한다.

워터멜론 비어를 만든 회사는 한 곳이 아니다. 한국에서도 유명한 괴짜맥주의 1인자 밸러스트포인트 브루어리에서도 워터멜론 비어가 생산되고 있다. 밸러스트포인트

브루어리에는 다양한, 이상한 맥주들이 많은데 하바네로가 첨가된 맥주, 파인애플맛 맥주 등 신기한 맥주들이 많으며 팬들도 요즘은 하도 괴상해서 힘들어 한다고 한다. 낚시광으로 알려져 있는 잭 화이트가 1996년 시작한 브루어리로 독특한 디자인으로도 유명하다. 많은 사람들이 닻으로 알고 있는 로고는 경위도를 측정하는 육분의이며 라벨에는 다양한 물고기들이 그려져 있으며 해당 맥주의 이름은 라벨 속 물고기의 이름을 따르고 있다. 처음 이 맥주를 접했을 때는 마시고 싶다라는 생각이 들지 않을 정도로 물고기 그림들의 디테일이 예사롭지 않았다.

수박바의 맛? 멜론의 향?

향은 수박향과 참외향, 멜론향 등으로 맥주에서는 느껴보지 못한 향이 난다. 향만 맡아보면 이 맥주는 달콤할 것 같다. 향은 어떻게 보면 자연스럽지 못한 인공적인 수박향이 나지만 계속 마시다보면 맞아, 이런 게 수박향이었지 싶은 생각이 들게 한다. 또한 한국 사람이라면 모르기 힘든 향이 확 풍기는데 바로 빙과류 '수박바'의 향이다. 어렸을 때 먹어본 그 수박바와 흡사한 향이 재미를 더해준다. 아마 이 향을 맡고 "수박바!"라고 외치는 사람은 모두 한국 사람이지 않을까.

하지만 이 맥주의 반전 포인트는 한 번 더 남아 있다. 실제로 맛에서는 수박맛보다는 비교적 평범한 우리가 아는 맥주의 맛이 난다는 것이다. 일반 맥주처럼 고소한 곡물의 맛과 밀 맥주 특유의 달콤함이 있으면서도 라거 같은 깔끔함까지 선사하는 맥주이다. 아마 맛에서도 달짝지근한 수박바 맛이 났다면 아마 정말 괴상하고 한 입을 마신 후에는 더는 맥주를 안 마시는 사람이 수두룩할 것이다. 하지만 이 맥주는 향과는 달리 맛에서는 일반적으로 사람들이 좋아할 만한 맥주의 요소를 가지고 있기에 한 번의 이벤트적 구매로 그치는 게 아닌 다시 한 번 손을 뻗게 하는 것이다.

아무래도 미국에서는 다양한 스타일의 맥주가 출시되다 보니 밀 맥주라고 해도 혼탁한 색이 아닌 맑은색인 것을 확인할 수 있다. 크래프트비어가 활성화되는 과정에 미국의 힘이 컸다는 것도 틀린 말은 아니다. 규제가 적기에 과감한 시도를 할 수 있어 다양한 맥주가 탄생하게 되었다. 심지어 피자를 넣어 만든 맥주도 있다니, 아이폰이 탄생한 나라답게 크리에이티브한 곳임에는 분명하다.

한·줄·평

빤스PD	수박이 영어로 워터멜론인 이유가 있는 듯. 맛은 의외로 고소하다.
명사마	수박바보다는 멜론향에 더 가깝다. 마치 콩고기 같은 느낌?
박언니	아니, 이것은 수박바!
신쏘	수박바의 초록색 부분이 떠오르는…수박인 듯 수박 아닌 수박 같은 맛.

달콤한 독일의 라거 맥주
슈파텐 뮌헨

by 박언니

주종	라거 맥주
제조사	슈파텐 브루어리
원산지	독일 뮌헨
용량	500ml
알코올	5.2%
원료	보리 맥아, 홉, 홉 추출물, 정제수
색	맑은 황금색
향	홉의 레몬, 허브향, 맥아의 곡물향
맛	시럽이나 꿀 같은 맑은 단맛
가격	2000원대

나와 그녀의 맥주 사랑

요즘같이 무더운 계절이 찾아오면 평소보다 더 자주 나의 술친구인 그녀에게서 메시지가 날아들고, 그 내용은 굳이 확인하지 않아도 오늘 저녁 나와 함께 한잔 하고 싶다는 반가운 내용이다. 누가 먼저랄 것도 없이 같이 한잔 하고 싶어지는 우리만의 예감은 직감으로 통하는 자연현상 같은 것?

우리가 우정을 나눈 이래로 술은 늘 없어서는 안 될 존재이지만 특히 이런저런 류의 맥주는 거의 섭렵했다. 이른바 '술알못' 시절엔 국산 병맥주, 캔맥주, 생맥주만이 전부였지만 처음으로 에일 맥주를 알았을 때는 우리의 입안을 고급스럽게 만들어버리는 맛과 향의 충격에 이태원의 에일펍을 시간만 되면 찾아다니느라 주류비로 한 달 생활비의 절반을 탕진했고 국내에 크래프트비어가 많아지기 시작하면서 맥주 삼매경은 여전했으나 에일이 질릴 무렵엔 맛있는 라거와 필스너를 찾아다니곤 했다.

수입 맥주가 본격화된 요즘에는 편의점에서 4캔에 만 원이라는 참 괜찮은 가격으로 그때그때 마시고 싶은 맥주를 골라 마실 수 있어 펍을 이용하는 것보다 편의점 계산대에 미리 만 원을 지불하고 비치되어 있는 테이블에 앉아 4차례에 거쳐 업소 냉장고에서 하나하나 꺼내어 마시는 쪽을 선호한다. 나의 지갑을 가볍게 만들어버리는 시끌벅적한 펍보다 훨씬 맥주의 맛에 집중할 수 있어 나와 그녀는 요즘 편의점에서 만나는 일이 잦아졌다.

맥주로 유명한 독일. 그 뿌리를 찾아서

편의점의 맥주 데이트가 잦아질수록 새로운 맥주들을 하나둘 마셔보면서 맥주의 또 다른 신세계가 있다는 걸 알게 됐다. 그중에는 맥주의 본고장이라 할 수 있는 독일 맥주와의 만남도 있었는데 흔히 우리가 유명하다고 생각하는 유럽 맥주 가운데 예를 들어 하이네켄, 호가든, 칼스버그, 기네스 등이 있지만 맥주의 본고장이라는 이름이 무색할 만큼 독일 맥주는 옥토버페스트의 맥주만 생각이 날 뿐 특별히 알고 있는 브랜드가 없었다. 그토록 맥주에 내 소중한 재산을 탕진했건만 마신 경력에 비해 늦게 알아버린 미안함에 한동안 한 번의 망설임도 없이 줄곧 독일 맥주로 달렸더랬다. 나에게 간택되어 예쁨을 받는 자는 방송 출연의 기회도 얻어지는 법. 마침 유럽 맥주 에피소드를 준비해달라는 빤스PD님의 말에 1초의 망설임도 없이 독일 맥주, 그것도 '첫맛이 꿀맛'이었던 슈파텐 뮌헨에 대해 이야기하겠노라 선언했다.

슈파텐 뮌헨. 이름이 생소하다고 느끼겠지만 일반 편의점보다는 대형마트에서 찾는 게 더 쉬울 것이다. 박언니도 마트에 장 보러 갔다가 편의점에서 보지 못한 맥주를 발견하고, 덥석 집어 들었던 생각이 난다.

일단 패키지를 보면 'SPATEN'이라고 적혀 있는데 이것은 독일어로 '삽'을 뜻하고 이 맥주의 브루어리 이름이기도 하다. 삽 그림 양쪽 G와 S는 '가브리엘 제들마이어'를 따온 것인데 이 인물은 에일 맥주가 전부였던 19세기에 처음으로 라거 맥주를 생산한 인물로 영국에서 몰트 제조법을 배워와 오스트리아 기술자와 라거 효모를 분리해 성공시키며 냉장 기술을 개발한 칼폰린데로부터 세계 최초 맥주 제조에 냉장기를 응용해 라거 맥주 제조법을 확립했다.

첫째, 당시 맥주에 쓰이는 맥아를 구울 때 직접적으로 불에 그슬려 굽기 때문에 타는 연기가 맥아에 들어가고 구우면서 색이 탁해져 맥주를 만들면 어두운색과 타는 잡내로 맛이 떨어졌는데 당시 영국 버턴온트렌트 지역에는 간접적으로 맥아를 구워 색이 누렇고 고소한 맛을 내는 몰

슈파텐 라벨

트 제조법으로 만들면 옅은 호박색과 깔끔한 맛의 맥주를 만들 수 있었는데 그 방법을 배워온 것이다.

둘째로 효모를 분리했다는 것인데 에일과 라거의 효모는 차이가 있다. 효모를 배양하고 관리하다 보면 어떤 효모는 15~25도 정도의 상온에서 후다닥 발효를 진행하며 맥주 위에 효모가 떠 있는 반면(상면발효), 7~15도 정도의 온도에서 천천히 발효하면 효모는 맥주 아래로 가라앉는다 (하면발효). 그래서 상면발효로 만들어지는 것이 에일 맥주인데 빨리 발효가 끝나기 때문에 탄산이 적고 향이 풍부한 것이 특징이고 하면발효로 만들어지는 것이 라거 맥주로 천천히 발효했기 때문에 향은 적지만 깔끔한 느낌의 맥주가 나오는 것이다.

마지막으로 냉장 기술의 발달과 접목 부분은 답이 나온다. 라거 맥주의 핵심이 하면발효인데 하면발효의 온도는 7~15도 정도이기 때문에 당연히 냉장기술이 접목될 수밖에 없다. 이 세 박자를 이뤄낸 것이 앞서 말한 가브리엘 제들마이어이고 그는 슈파텐 브루어리의 핵심 인물이자 독일 뮌헨 맥주 역사로 봤을 때에도 맥주의 아버지 같은 존재인 것이다.

다시 슈파텐 맥주로 돌아가보자. 라벨에 보면 헬레스 비어라는 글자가 적혀 있다. 제2 외국어라면 일본어가 전부인 나에게 헬레스라는 단어의 인상은 뭔가 여신적인 이미지를 느끼게 했지만 이 용어도 맥주의 한 종류로 분류된다는 걸 알았다.

헬레스 비어 혹은 뮌헤너라는 맥주 종류는 헬레스, 즉 독일어로 '옅은'이라는 뜻으로 홉의 쌉쌀한 맛을 강조하지 않고 맥아 비율을 높여 홉의 부드러움과 맥즙의 달큰한 맛을 강조했다. 독일 맥주의 특성상(맥주순수령) 맥주는 정제수+맥아+홉만으로 만드는데 그중에서도 다른 맥주에 비해 물보다 맥아를 더 넣어 원료의 비율을 높였으니 마치 우리나라의 찹쌀 함량을 높여 단맛이 나는 한산 소곡주처럼 꿀맛의 달콤함이 입안에 남고 홉향은 그저 은은히 도울 뿐이다.

궁금해졌다. 이왕 헬레스 비어를 마셔본 김에 같은 헬레스 비어의 또 다른 브랜드는 어떤 맛이 날까? 베네딕티너 헬, 그리고 벡스. 이 두 가지 맥주에서도 슈파텐과의 단맛은 가지고 있지만 미묘하게 농도 차이는 느껴진다.

독일 맥주, 예술이냐 기술이냐?

내가 좋아하는 맥주 중에는 밀로 만든 맥주와 여러 가지 향신료를 첨가한 호가든 같은 맥주가 있다. 그런데 왜 독일 맥주는 유난히 다른 첨가물을 사용하지 않고 오로지 맥아, 홉, 물만 사용하는 양조장들이 많을까?

과거로 거슬러올라가 보자. 1516년 뮌헨의 바이에른 지방 빌헬름 4세에 의해 '맥주순수령'이라는 법이 시작됐다. 그런데 왜 홉만 쓰게 했을까? 당시 맥주에 이용하는 홉이 널리 쓰이기 전에 '그루트'라는 여러 가지 향신료를 맥주에 넣곤 했는데 이 그루트라는 향신료는 정체를 모르는 것들이 많았고 생명에 해를 끼치는 재료도 있었기에 맥주를 마시고 오히려 병에 걸리는 사람도 생겼다고 한다. 그런 이유로 그루트 대신 홉만을 쓸 수 있게 정한 것이다. 그럼 보리만 쓰게 한 이유는?

역사적으로 우리나라는 박정희 대통령 시대 때 먹을 쌀이 없으니 쌀로 술을 빚지 말라는 양곡관리법을 시행해 쌀 막걸리 대신 밀 막걸리만을 마실 수 있었다. 비슷하게도 16세기 당시 독일은 주식인 빵을 만드는 밀이 소중하니 밀로는 술을 못 만들게 하는 맥주순수령이 있었다. 대신 보리로만 만들라는 그럴싸한 이유를 붙였지만 사실 당시 귀족들에게 보리 독점권이 있었으니 특권계급의 잇속을 챙기는 목적에서 나온 법안이라 보면 되겠다.

이 맥주순수령은 처음에는 뮌헨의 바이에른 주변 지역에서만 영향력이 있을 뿐이라서 독일 북부, 서부 지역에는 다양한 맥주들이 있었다고 한다. 특히 북독일에는 밀, 보리, 귀리 맥주도 있었고 심지어 라즈베리, 체리가 들어간 맥주도 있었다. 다양한 재료로 맥주가 맛있기로 소문이 났었기 때문에 맥주순수령이 내려지기 전 뮌헨의 귀족들은 안심할 수 없고 맛도 없는 그루트가 들어간 맥주보다 아인벡 지역의 맥주를 수입해서 마셨다.

하지만 18세기, 19세기를 거치면서 독일의 300개 나

빌헬름 4세 초상화

라들은 힘있는 나라 중심으로 통합되는데 (프로이센, 오스트리아) 그중 프로이센이 승리해 1871년 통일한다. 이때 바이에른은 서열 3, 4위로 통일 조건을 거는데 맥주순수령을 독일 전체에 적용해달라고 비스마르크에게 부탁을 해 그 이후로 독일 전역에 맥주순수령이 적용되면서 개성 있던 북서쪽의 맥주도 점점 사라져간 것이다.

2016년, 500주년 기념을 맞은 맥주순수령은 독일 앙겔라 메르켈 총리도 행사에 참석해 "500년이 지나도 축복받는 이런 법률을 만들어야 한다"라고 분위기를 돋웠지만 과연 맥주순수령에 좋은 점만 있었을까 의문이 든다. 사실 독일의 마이스터 정신과 결합하여 대기업처럼 이윤창출 우선이 아닌 정직하고 품질 좋은 독일 맥주 이미지를 심어주었다는 점은 인정하지만 맥주의 다양성이 없다라는 것이 조금 아쉬울 뿐이다.

그렇지만 맥주순수령으로 주원료만 사용하는데 각자의 양조장에서 다른 맛이 나오는 것은 마치 예술 작품과 같이 느껴진다는 빤스PD의 말은 전적으로 공감이다. 원료는 같지만 만드는 방법의 차이, 그 정보를 알고 마시면서 음미를 한다면 마치 술을 만드는 사람과 소통이 되는 느낌이 생긴다. 변화무쌍한 새로운 맥주가 마시고 싶을 때는 골라 마실 수 있는 다양한 맥주가 있으니 굳이 독일 맥주까지 다양할 필요는 없을지도 모른다.

Tip★

독일 맥주의 동서남북별 특색

- **서부** : 라거 제조법을 받아들여 변화를 시도하는 와중에 전통적인 상면발효를 고집.
- **북부** : 독일 한자동맹과 무역으로 번영한 지역 북쪽으로 갈수록 홉향과 쓴맛이 강함.
- **동부** : 2차 세계대전 후 공산주의 체제로 물자가 부족한데도 지역 맥주를 지켜왔다.
- **남부(바이에른, 뮌헨)** : 근방에 수도원이 많아 수도원 맥주가 발달했다. 바이에른은 독일 양조장 중 절반이 있는 곳이다. 옥토버페스트가 열리는 곳이기도 하다.

독일 맥주의 종류

에일

- **쾰슈** : 쾰른 지역에서 상면발효 효모를 쓰고 라거식으로 저온숙성시켜 산뜻한 맛을 내는 맥주. 쾰른 지방 24곳에서 만드는 맥주만을 지칭하며 그 외에는 '쾰슈풍'이라 한다
- **알트** : 뒤셀도르프 지역 맥주. 18세기부터 만든 맥주. 알트는 '오래되었다'는 뜻. 당시 새로운 라거 스타일보다 오래 되었다는 뜻으로 명명. 전통 방식에 따라 나무통 캐그 이용.
- **바이젠/바이스(헤페, 크리스털, 둥켈)** : 남독일에서 탄생한 밀맥주. 바이에른 주 국립맥주 브루어리는 세계에서 가장 오래된 양조장으로 약 1000년의 역사를 자랑한다.

라거

- **헬러스/ 뮌헤너** : 페일 라거와 같은 뜻으로 사용. 필스너가 강한 홉맛이라면 헬레스, 뮌헤너는 좀더 달고 풍성한 맥즙맛.
- **둥켈(둥클레스)** : 헬레스와 같이 뮌헨에서 만드는 맥주로 '어둡다'라는 뜻의 이름이다. 헬레스보다 더 짙은 풍미를 가진다
- **저먼 필스너** : 체코 필젠에서 개발한 필스너의 독일판. 독일의 전 지역에서 만든다. 북쪽은 쓴맛, 드라이한 맛, 남쪽은 홉의 쓴맛은 억제하고 몰트 맛이 강한 편.
- **옥토버페스트비어(메르첸)** : 옥토버페스트에서 마시는 맥주. 3월에 담가 메르첸이라고 불린다. 일반적인 필스너보다 알코올 도수가 높다. 6도~10도
- **슈바르츠** : 독일어로 '검다'는 뜻. 둥켈과 비슷해 보이지만 필스너를 기본으로 하는 엑스포트의 검은 맥주라 생각하면 좋다. 쓴맛이 강하며 부드러운 단맛 또한 있다.

- **보크** : 알코올 도수가 높은 맥주라서 겨울에 어울린다. 아이스복은 맥주를 얼려 알코올 도수를 높인 것을 말하며 도펠보크보다 더 도수가 높다(8~9도). 17세기 아인벡 양조 기술자를 뮌헨으로 초빙해 만든 것이 보크 비어의 시작이다.
- **도르트문더(엑스포트 맥주)** : 도르트문트에서 만든 엑스포트 맥주가 유명. 필스너를 좀 더 발효하여 저장성이 좋게 만든 맥주로 맥즙의 맛이 짙고 도수가 조금 높다.
- **라우흐** : 1678년부터 남부 도시 밤베르크가 발생지. 스모크한 훈제 몰트를 사용해 맥주에서 훈제향을 느낄 수 있다. 너도밤나무로 연기를 내는 것이 전통 제조법.

한 · 줄 · 평

빤스PD	달짝지근한 꿀맛이 나는데요.
명사마	맥아 비율에서 오는 진득한 맛이 있네요.
박언니	단맛에 예민해서 일반 라거에 비해 많이는 못 마실 것 같아요.
신쏘	곡물에서 오는 고소한 맛과 단맛이 강해요.
장기자	쓴맛을 싫어하는 사람들이 선호할 만한 맥주 같아요.

맥주 혁명기에 탄생한 스타일
스텔라 아르투아

by 명사마

주종	라거 맥주
제조사	AB인베브
원산지	벨기에
용량	300ml 등
알코올	5%
원료	맥아, 옥수수, 사츠홉 등
색	밝은 황금색
향	강하지 않은 과실향
맛	사츠홉의 긴 후미와 아로마
가격	3000원대

어릴 적 좋아했던 자동차가 있다. 1980년대 중후반, 내가 중학생 시절에 나온 '스텔라'라는 차량이다. 당시에도 더 고급차는 있었지만 왠지 범접할 수 없는 가격대였기에, 선망의 대상이면서 한편으로는 다가갈 수 있을 듯해서 좋아하게 되었다. 스텔라는 중형급 차량으로 소나타가 그 계보를 잇는다고 할 수 있지만 자가용 자체가 워낙 적었던 시절이라 지금의 웬만한 수입 중형차 한 대 이상의 포스가 있었다. 그중에서도 내가 가장 좋아한 차량은 '스텔라 88'로 서울 올림픽을 계기로 나온 한정판이었다. 기존의 스텔라 디럭스에 번쩍이는 크롬 도금을 한 이 차가 지나가면 혼이 잃은 듯 계속 바라만 봤던 기억이 난다. 이러한 기억을 아련히 이끌어주는 맥주가 등장했다. 바로 '스텔라 아르투아'. 벨기에 맥주이다.

오래된 양조장에서 태어난 스텔라 아르투아

스텔라 아르투아의 시작은 1366년에 벨기에 중북부에 있는 로벤 지역의 덴 호른(Den Hoorn)이란 양조장에서 태어났다. 이후 1717년에 세바스티앙 아르투아라는 사람이 이 양조장을 인수하여 '아르투아 양조장', 이후 20세기 초반에는 인터부르에 합병된다. 스텔라 아르투아는 이 시기에 탄생한 맥주이다. 스텔라는 라틴어로 별, 특히 베들레헴의 별을 뜻한다고 한다. 동방박사들이 별을 따라 예수가 태어난 베들레헴에 찾아왔다는 것에 유래한다. 흥미로운 것은 1366년에 세워진 덴 호른 양조장의 흔적이 이 제품에 남아 있다는 것이다. 덴 호른은 영어로 풀면 'The Horn'이 된다. 바로 유명한 나팔꽃 모양의 금관악기 '호른'이다. 그래서 이 맥주의 라벨에는 호른 그림이 있다. 1366년도의 오래된 양조장을 여전히 기억하기 위함이다.

1366년 세워진 덴 호른 양조장을 기리기 위해 호른 그림이 그려져 있다

물보다 맥주?

중세 유럽에서는 흑사병 예방용으로도 맥주를 많이 마셨다. 위생관념에 취약했던 중세 유럽의 수돗물은 자주 오염되었다. 그래서 끓인 맥아즙으로 알코올 발효를 하는 맥주의 경우, 살균 작용이 이미 진행되고, 알코올까지 세균의 활동을 방해하여, 안심하고 마실 수 있는 음료 중 하나였다.

흥미로운 것은 스텔라 아르투아는 벨기에 정통 맥주인 에일이 아닌 체코 플젠 지방의 필스너 스타일이라는 것이다. 19세기 후반이 되면 유럽 맥주의 혁명이 일어나는데, 1800년대 초반에 독일에서 냉장발효를 통한 라거 맥주가 개발되고, 후반에는 파스퇴르가 알코올 발효를 하는 효모와 그 역할을 발견하게 된다. 이후 발효와 살균, 숙성에 대한 기술이 혁신을 이루며, 이 모든 산업은 라거 및 필스너 맥주 형태로 발전하게 된다. 스텔라 아르투아는 이러한 변혁기에 태어난 맥주였고, 짙고 불투명한 색의 에일 맥주에서 황금색의 필스너 형태로 세계 맥주 트렌드가 바뀌어갔다. 현재는 벨기에보다 오히려 영국에서 더 인기가 많으며, 현재 이 맥주를 생산하는 AB인베브의 효자 제품으로 생산량 세계 5위 이내의 폭넓은 소비층을 자랑한다.

크리미한 맛과 쌉싸름한 맛 모두 있다

스텔라는 에일 맥주는 아니지만 풍부한 과실향과 길게 느껴지는 후미, 그리고 쌉싸름한 맛 모두가 있다. 신기한 사실은 옥수수 전분이 들어간 것이다. 일반적인 옥수수 전분이 사용된 맥주는 가볍고 밍밍하다는 것이 통설인데 스텔라 아르투아만큼은 그러한 고정관념을 없애준다. 사츠홉이란 고급 홉을 쓰기 때문이다. 사츠홉은 체코의 최고급 홉으로 풍부한 아로마와 깊은 후미를 이끌어낸다. 같은 홉을 쓰는 맥주로 필스너우르켈, 산토리 프리미엄 몰츠, 그리고 국산 맥주인 맥스가 있는데 비슷한 아로마가 느껴진다는 평이 많다.

미국에서는 스텔라 알토이스로 불리기도

초기에 이 맥주를 봤을 때, 스텔라 알토이스라고 읽었다. 영미식 발음으로 읽으면 알토이스가 되기 때문이다. 덕분에 미국에서는 스텔라 알토이스로 불린다고 한다. 현재 우리나라에 수입되는 제품은 알코올 도수 5%이지만, 유럽에서는 4%대의 저도수와 우리보다 높은 5.2%의 제품도 있다. 개인적으로 에일 맥주는 맛이 너무 무겁고 한국 맥주는 맛이 너무 심심하다는 사람에게 이 맥주를 추천하고 싶다. 풍부한 과실향과 깔끔하게 떨어지는 맛, 모두를 가지고 있는 맥주이기 때문이다.

타이 요리와 잘 어울렸던 스텔라

개인적으로 이 맥주는 타이 요리와 잘 어울렸다. 특히 똠양꿍 같은 스프 종류 말고 타이의 볶음 쌀국수인 팟타이, 파인애플 볶음밥 등이 그랬다. 이들의 공통점은 가볍게 기름진 음식이라는 것. 튀김처럼 너무 진하지도 않으며, 한편으로는 쌀이 주는 담백한 맛을 가진 음식이라는 것이다. 스텔라의 가벼운 과실향이 살짝 기름진 음식맛을 잡아준다는 뜻인데, 다시 말해 우리가 자주 먹는 한국 음식인 파전이나 잡채 등과도 잘 어울리는 맥주라는 의미이기도 하다.

 한·줄·평

빤스PD	무난한 프리미엄 맥주라는 느낌.
명사마	카스보다 부드럽고, 호가든보다 가벼운 맛.
박언니	오, 이 맥주는 왠지 맥스랑 비슷한 맛이에요!
신쏘	과실향이 좋네요. 살짝 마셔보면 에일로 생각할 수도.
장기자	필스너우르켈과 질감이 비슷해요.

원조의 품격을 보여주는 맥주
필스너우르켈

by 장기자

주종	라거 맥주
제조사	사브밀러
원산지	체코
용량	330ml
알코올	4.4%
원료	맥아, 홉, 효모, 물 등
색	투명감 있는 황금색
향	과실향을 연상시키는 고급스러운 홉향과 고소한 몰트향
맛	쌉싸름한 홉의 풍미와 몰트의 달콤함
가격	3000원대(마트)

맥주는 카스, 하이트가 전부인 줄 알았던 시절이 있었다. 내가 스무 살일 무렵에는 수입 맥주는 판매하는 곳도 많지 않고, 가격 역시 상당한 편이었다. 당연히 용돈이 넉넉하지 못한 대학생에게 수입 맥주는 익숙하지 않은 존재였다.

맥주 문외한인 내게 수입 맥주라는 세계를 알려준 시작이 된 존재가 바로 필스너우르켈이다. 사실 필스너우르켈과의 첫 만남은 적지 않은 충격이었다. 맛도 맛이지만 고급스러운 병 외관과 샴페인 잔을 연상시키는 긴 모양의 전용 잔이 참 인상 깊었다. 이때, 맥주도 전용 잔이 있다는 걸 처음 알았다.

무엇보다도 결정적인 건 바로 가격이었다. 3000~4000원이면 마실 수 있던 국산 맥주와 달리 한 병에 1만 원이 훌쩍 넘었다. 비싸기 때문이었는지, 어쩐지 그때의 필스너우르켈은 생전 처음 마셔보는 음료인 것처럼 맛있고, 신기했다. 빨리 마셔버리는 게 아쉬워 한 모금, 한 모금 일부러 천천히 마시기까지 했으니 말이다.

　이제는 수입 맥주의 장벽이 그리 높지 않다. 심지어는 편의점만 가도 다양한 종류를 구매할 수 있는 데다가 프로모션으로 가격까지 저렴하다. 그런데도 지난날의 기억이 강렬하게 남은 탓인지 필스너우르켈은 내게 여전히 고급스러운 이미지로 남아 있다. 때문에 특별한 날이나, 기쁨을 나눌 때, 혹은 누군가 내게 맥주를 추천해달라고 할 때면 필스너우르켈을 가장 먼저 꼽게 된다.

라거 맥주의 종주국, 체코?

　맥주 하면 독일부터 떠올릴 테지만, 의외로 세계에서 맥주를 가장 많이 마시는 나라는 체코이다. 체코는 국민 1인당 연간 37갤런, 약 140리터의 맥주를 마신다. 이는 성인 하루 평균 1리터를 마시는 것과 같다. 체코에서는 맥주를 '액체로 된 빵'이라고 부른다. 단순히 기호식품이 아니라 살아가기 위해 먹는 먹거리로 여기는 셈이다.

　과거 체코 레스토랑이나 술집에서는 맥주가 물보다

저렴했다. 일반 펍에서 맥주 500ml는 약 1달러로, 비슷한 양의 생수나 주스, 탄산음료는 두 배가량 비쌌다. 이에 체코 보건부는 국민들의 맥주 소비량을 줄이기 위한 법을 제정하면서, 레스토랑과 술집에 맥주보다 저렴한 비알콜 음료 한 가지 이상을 팔게 됐다.

체코 맥주는 가격과 소비량뿐만 아니라, 품질 역시 전 세계적으로 유명하다. 우선 전 세계 맥주 수출량도 10위에 이른다. 높은 품질을 유지하기 위하여 많은 법적 기준이 존재하며, 맥주마다 부르는 호칭도 굉장히 다양하다.

필스너의 탄생

체코의 대표적인 맥주는 '필스너'이다. 전 세계 맥주 생산량의 70% 이상을 차지하는 라거 맥주도 이 필스너에서 시작했다. 필스너는 체코의 플젠이라는 지방에서 처음 만들어졌다. 독일과의 지리적인 인접성 때문인지 필스너 역시 독일 맥주와 유사하게 보리나, 밀 맥아 향이 뚜렷하다. 필스너라는 이름 역시 이 지방의 이름에서 비롯됐다. 체코의 플젠 지방을 독일어로는 필젠(Pilsen)이라고 쓰는데 지명을 형용사처럼 사용하는 독일어 규칙에 따라 필스너(Pilsener)가 됐으며, 이후에는 줄여서 필스너(Pilsner)가 되었다.

1295년, 플젠은 체코에서 맥주를 만들 수 있는 유일한 도시였다. 당시 체코에서는 양조 기술만 가지고 있다면 누구나 맥주를 제조, 판매할 수 있었다. 이는 맥주의 확산과 대중화를 가져왔지만, 맥주 맛은 제각각이었고 형편없었다. 이에 1838년, 플젠 시민들은 더는 맛없는 맥주를 마실 수 없다며 플젠 광장 모여 36배럴(약 1만 3000병)의 맥주를 쏟아버린다. 이 사건을 '36배럴 맥주 사건' 혹은 '골든 혁명'이라 부른다. 이듬해 시에서 운영하는 양조회사가 설립되어, 독일 바이에른에서 당대 최고의 브루마스터로 불리던 요세프 그롤을 고용한다. 1800년대 초반까지만 해도 체코 맥주는 색이 진하고, 탁한 상면발효 형식의 에일 맥주가 주를 이뤘다. 요세프 그롤은 바이에른의 맥주 제조법인 하면발효 방식과 체코의 보리와 물(연수)로 맥주를 만들었다. 이때, 홉은 체코의 특산물인 사츠홉의 양을 늘려 사용했다. 이 덕분에 목넘김이 부드럽고 신선한 황금색의 라거 맥주가 탄생했다.

필스너우르켈의 등장

개발 당시만 하더라도 필스너는 요세프 그롤이 개발한 플젠 지방의 맥주를 가리켰다. 그렇지만 이후 체코를 넘어 독일을 비롯한 유럽 각지에서 필스너가 인기를 얻게 되면서 너나 할 것 없이 필스너라는 이름을 붙여 맥주를 팔기 시작한다. 이에 필스너는 독일 법원에 소송을 내게 되고, 독일 법원은 필스너를 특정 상표가 아닌 맥주 맛을 나누는 기준이자 종류를 의미하는 단어로 판결한다.

결국, 플젠의 필스너는 독일에서 자신의 원조성을 강조하기 위해 독일어로 우르켈(original)이라는 말을 뒤에 덧붙여 팔게 된다. 이것이 바로 오늘날의 필스너우르켈이다. 한국어로 번역하면 '필스너 원조'이다. 실제 체코에서는 필스너우르켈이 아닌, 플젠스키 프라즈드로이(Plzensky Prazdroj)라는 이름으로 표시되어 있다.

미국의 '버드와이저'도 체코에서 시작됐다?

부드바이즈 부드바르(Budweise Budvar) 혹은 부데요비츠키 부드바르(Budejovicky Budvar)는 체코 체스케 부데요비체 지역에서 생산되는 하면발효 맥주이다. 체코에서는 필스너우르켈 다음으로 가장 인기 있는 맥주이자, 유명 미국 맥주인 버드와이저의 원조이다.

부드바이즈 부드바르는 1785년 부데요비체 지역 특산 맥주로 처음 생산되었다. 당시에는 부데요비체 지역이 독일어권이었기에 제품명 역시 독일식으로 '부드바이스'라고 명명했다. 맛과 품질이 뛰어나 1871년 처음으로 미국에 수출되었으며, 미국 맥주 회사인 '앤호이저부시 컴퍼니스'

가 수도사로부터 이 맥주의 제조법을 전수받아 미국에서 버드와이저를 출시하여 인기를 얻었다.

이후, 미국 버드와이저와 부드바이즈 부드바르의 이름이 비슷하여 두 회사는 오랫동안 상표권 분쟁을 겪었다. 결국, 부드바이즈 부드바르는 북미 지역에서 '체크바르(Czechvar)', 유럽에서는 '버드와이저 부드바르(Budweiser Budvar)' 혹은 '부데요비츠키 부드바르(Budejovicky Budvar)'로 판매되고 있다. 버드와이저는 유럽 내에서 'Bud'라는 상표로 판매되고 있다.

맛 그리고 문화

필스너우르켈은 최초의 필스너이며, 현존하는 맑은 황금색인 라거 맥주의 원형이다. 이 투명한 황금빛을 눈으로 즐기기 위해 사람들은 기존의 나무 맥주잔을 버리고 유리 맥주잔으로 바꾸었다. 마시자마자 느껴지는 시원한 청량감, 사츠홉이 주는 쌉싸름한 맛과 깊은 풍미. 일반적인 라거와 비교했을 때, 필스너우르켈은 쓴맛과 곡물향이 적절히 조화롭다. 현재 제조 과정은 현대화가 됐지만, 제조법은 1842년 처음 탄생된 시점부터 지금까지 약 170년 동안 전통 방식 그대로 지켜지고 있다. 병, 캔, 어느 용기에 담더라도 세계 어디에서나 처음 만들어진 그대로 그 맛을 느낄 수 있다.

또한 9월 말, 약 2주간 필젠 지역에서는 맥주 축제인 필스너 페스트가 매년 열린다. 필스너 페스트는 필스너의 첫 생산을 기념하기 위해 1842년 처음 열렸다. 이 축제 기간 동안에는 필스너우르켈을 무료로 마실 수 있고, 맥주를 물처럼 마실 수 있는 축제로 유명하다.

 한 · 줄 · 평

빤스PD	아로마향이 풍부하고, 끝맛이 길어요.
명사마	과실향이 많이 느껴져요.
박언니	뒷맛이 길고, 홉향이 유난히 씁쓸하게 느껴집니다.
신쏘	저는 첫 향이 강하게 느껴지는데요.
장기자	과실향이 풍부하고, 씁쓸한 맥주.

흑맥주 초보자에게 권한다
기네스

by 신쏘

주종	흑맥주
제조사	기네스 & CO.
원산지	아일랜드
용량	440ml (캔)
알코올	4.2%
원료	정제수, 맥아, 보리, 볶은 보리, 호프, 효모
색	갈색이 도는 검정
향	고소한 맥아향, 커피 로스팅 향과 비슷한 약한 탄내
맛	쌉싸름한 맛이 살짝 느껴지면서 뒷맛은 곡물의 고소함
가격	2500~4000원

술자리가 싫은 소믈리에

"소믈리에시면 술 잘 마시겠네요?", "소믈리에는 술자리가 많으시겠어요?", "이 술은 어떤 술인가요?" 이러한 질문들은 나뿐만 아니라 모든 소믈리에들이 많이 듣는 질문이 아닐까?

다들 소믈리에라고 하면 '술을 잘 마시겠다.' '술을 좋아하겠다.' '매일 술을 마시겠다' 같은 편견을 갖는 것 같다. 하지만 나는 술을 많이 마시는 것도 싫고 술자리도 싫어하며, 모든 술을 술술술 설명하고 싶지도 않다. 그래서 대학교를 다닐 때도 술자리가 너무 싫어 도망을 다녔었는데 선배들한테 한 소리를 듣는 한이 있어도 숨어 있거나 못 마신다고 단호하게 말하여 소문이 좋지 않기도 하였다. 그렇다고 내가 술을 아예 입도 안 댄 것

맥아를 까맣게 태워 양
조하여 어두운색이 나
는 맥주를 말한다. 맥아
를 까맣게 태우는 과정
에서 독특한 향과 맛이
더해져 기존 맥주와는
다른 풍미가 있다. 맥주
는 크게 라거 맥주와 에
일 맥주로 구별하는데
흑맥주도 라거와 에일
로 나눌 수 있다. 에일
흑맥주로는 스타우트,
포터 등이 있고, 라거
흑맥주로는 둥켈이 대
표적이다.

은 아니다. 친한 친구와 편의점에서 산 맥주를 들고 산책을
하면서 마시는 그 시원함은 잊을 수 없는 추억이다. 내가 다
닌 학교는 충북 영동에 있는 (구)영동대는 주변에 산도 많
고 오솔길도 많아 산책하기가 좋았고 사람이 별로 없는 한
적한 장소가 많았다. 그런 곳에서 친구와 조용히 맥주를 귀
뚜라미를 벗삼아 마시고 있노라면 하루의 노고가 날아가버
리는 시원함을 느낄 수 있었다. 적게는 한 캔 많게는 세 캔
정도를 조용하고 차분하게 마시고 나면 잠도 어찌나 잘 오
던지 아직도 그때 그 친구들과 술을 마시고 있으면 가끔은
삭막한 술집이 아닌 조용한 야외에서 즐기던 맥주 한 캔이
소중했다라는 것을 느낀다. 이 때 나를 포함한 세 명의 맥주
취향이 다 달랐는데 나는 진한 맛을 좋아해서 기네스를 많
이 마셨던 기억이 있다.

요즘에는 다양한 맥주를 마시다 보니 기네스가 진한
맛의 흑맥주가 아니다라고 생각하지만 그때는 그 진한 느
낌이 좋았다.

아일랜드 맥주? 영국 맥주?

기네스는 1755년에 아서 기네스가 아일랜드의 레익
슬립에 양조장을 세우고 에일 맥주를 만들면서 시작되었다
고 한다. 그 후 1759년 더블린의 한 양조장을 헐값에 9천 년

임대를 하게 되면서 사업이 커지기 시작하였다. 그렇게 점차 회사가 커지면서 1769년 영국 전역에 맥주를 판매하기 시작하였고 그 전에는 다양한 형태의 맥주를 생산하였지만 1799년에는 인기가 좋은 포터 맥주만을 생산하기로 선언하였다. 1811년 이후로는 다양한 나라에 맥주를 수출하고 있다. 브랜드를 널리 알리기 위해 1862년 우리가 잘 알고 있는 아일랜드의 국가 상징인 하프 그림이 들어간 기네스의 로고가 탄생하였다.

인기가 많아지는 단 하나의 제품에 주력하고 그것을 위해 노력을 아끼지 않는 회사답게 많은 시도를 했었는데 1988년 질소를 넣은 위젯비어 기네스 드래프트 캔맥주를 생산하였고 이 위젯이 들어간 기네스 캔맥주가 지금 한국에서도 인기가 많은 흑맥주로 자리를 잡게 되었다.

여기까지가 대략적인 오늘날의 기네스가 만들어진 흐름인데, 여기서 조금 더 깊게 들어가자면 업계에서 최초로 과학을 전공한 사람을 채용하여 많은 연구를 하고 새로운 혁신을 위해 양조장을 바꿔 나아갔다고 한다. 그렇기 때문에 위젯볼이 들어간 크리미한 질감의 맥주가 탄생할 수 있었을 것이다. 위젯볼은 질소가스와 이산화탄소를 적절히 배합하여 대류 현상이 일어나게 하여 벨벳처럼 부드러운 질감을 주고 자체적으로 미세한 거품인 크리미 헤드를 만들어주는 역할을 하게 된다. 이 위젯볼을 개발하는 데에만 약 100억 원이 들어갔다고 한다.

그런데 이런 기네스가 과연
아일랜드를 대표하는 맥주가 맞을까?

기네스 가문은 북아일랜드의 전통 귀족가문 출신이라고 한다. 그러나 그가 속한 기네스 가문은 아일랜드 독립을 반대하고 영국과 아일랜드의 통일 유지를 주장한 통일당을 후원했다. 심지어 아일랜드 민족주의자들이 그를 영국의 스파이라고 고발하는 해프닝까지 생겼다. 후손들도 통일당 지지자로, 1913년에는 아일랜드 자치법안을 저지하기 위해 18억 원 상당의 정치자금을 후원하기도 하였다. 1916년에는 아일랜드 공화국군(IRA)과 전쟁을 벌이는 영국군을 지원하고 아일랜드 민족주의자로 알려진 직원들을 해고까지 했다고 한다.

회사 또한 런던에 있는데 디아지오 그룹이 소유하고 있고 현재 본사는 1932년 아일랜드에서 이전을 하였다.(공장은 아일랜드에도 있다.) 그래도 아일랜드에 사람들은 기네스에 열광을 하고 굉장히 자랑스러워 한다.

기네스 오리지널 캔과 기네스 드래프트 캔의 차이점은?
기네스 드래프트는 위젯볼이 대류 현상을 만들어주어 크리미한 거품이 특징적인 맥주이며, 기네스 오리지널 맥주는 탄산 주입을 하여 제품이 생산되고 있다.

기네스와 기네스북의 관계는?

아사히 맥주와 아사히 신문사는 관련이 없지만 미슐랭 가이드와 미슐랭 타이어회사가 관련이 있듯이 기네스와 기네스북은 관계가 있다. 예전에는 기네스북이 인기가 좋았지만 인터넷이 발달하면서 기네스북의 인기가 점차 사라지게 되었다. 기네스북은 신청 후 감독관 앞에서 그 기록을 공정하게 세웠을 때에만 등재가 되기 때문에 기네스북 기록이 실제로 최고의 기록은 아닐 수 있다.

이런 기네스는 무슨 맛일까?

기네스는 스타우트 계열인데 스타우트의 본뜻은 "강하다"이다. 하지만 기네스를 마셔보면 그리 강하게 느껴지지 않는다. 흑맥주 중에서는 부드럽고 연하며 홉도 강하지 않은 편이라 흑맥주 초보자도 쉽게 마실 수 있다.

직접적인 커피향보다는 로스팅 중인 커피향이 나는 편이며 볶은 곡물의 향이 은은하게 퍼지는데 마치 엄마가 보리차를 끓여주실 때 향이 떠오른다.(신쏘의 가족들은 생수나 차를 끓인 물을 주로 마신다.) 맛 또한 진한 보리차에 약간의 커피 맛이 나는데 위젯볼로 인한 크림 덕분에 보리차나 커피보다 훨씬 부드럽고 입에서 바디감이 느껴져 목 넘김이 좋다.

다른 스타우트들은 흑맥주면서 맛이 강한 탓에 "쓰다"라고 표현을 하지만 기네스는 다른 스타우트에 비해 달다고 느껴진다. 그래서 일부 사람들은 "기네스가 스타우트

명성에 폐를 끼치고 있다."라고 말한다.

기네스를 마시는 방법은 굉장히 다양하다. 호가든을 따른 후 기네스를 조심스럽게 따르면 층이 분리되는 더티호라는 맥주 칵테일과 블랙벨벳이라 하여 샴페인 잔에 샴페인을 먼저 따른 후 기네스를 따라주는 칵테일도 있다. 또 요즘 한국에서도 아이리시 카밤을 즐기는 사람들이 늘었는데 작은 샷잔에 베일리스를 먼저 따르고 그 잔에 제임슨 위스키를 따른 후 440ml의 기네스 드래프트 맥주에 퐁당 넣어주는 칵테일이다. 기네스는 이렇게 다양한 방식으로 즐길 수 있다.

〈말술남녀〉를 진행하면서 기네스 캔을 이야기하였지만 실제 나는 맥주집에서 기네스 드래프트를 마시는 것을 좋아한다. '우술까(우리 술 한잔 할까)' 멤버들과 술을 마실 때면 꼭 기네스 드래프트를 마시는데 기네스는 전용 잔에 천천히 따라서 마실 때 더 맛있게 느껴진다. 그래서 장기자가 기네스 잔을 선물로 줬는데 집에 짐이 많은지라…… 그만 버리고 말았다. 미안, 장기자. 이 자리를 빌어서 용서를 구한다. 부디 네가 이 부분을 늦게 읽기 바라며…….

 한·줄·평

빤스PD	스타우트치고는 진한 맛이 없다. 올드 라스부틴은 정말 진했던 기억이 있다.
명사마	저 내려앉는 거품을 보면 더 맛있게 느껴지죠!
박언니	생각보다 다른 흑맥주에 비해 싱겁네요.
신쏘	달달하면서 약간의 쌉싸름한 맛과 부드러움이 만나 마시기 편합니다.
장기자	티라미수 느낌의 맥주라고나 할까?

03

備前雄町

播州山田錦

사케,
이것만 알아도
중간은 간다

사케의 역사

사케란 정확히 어떤 술인가

우리는 흔히 일본술을 사케라고 말하지만 사실 이 사케는 우리나라 알콜 음료를 '술'로 발음하는 것처럼 일본어로 모든 술의 총칭이다.

지금의 사케라는 단어는 메이지 시대 때부터 여러 가지 주류가 일본으로 수입되어 들어옴에 따라 사케라는 단어의 의미가 혼잡하게 사용되자 일본 정부에서는 일본 고유의 쌀과 물로 만든 발효주, 이른바 일본의 청주(淸酒, 세이슈)만을 칭하는 이름으로만 '사케'를 쓰게 하여 그 의미를 보통명사화시켰는데 지금도 술이라는 개념을 총칭하는 보통명사와 쌀로 만든 전통발효주를 가리키는 고유명사 둘 다를 맥락에 따라 사케라고 쓰고 있다. 문화적인 의미에서는 일본주(日本酒, 니혼슈)라고 부른다.

사케의 기원은 한반도?

일본 문헌상 기록으로 기(キ), 미키(ミキ), 미와(ミワ), 구시(クシ) 등으로 언급되며 술에 대한 기록이 있는데 이중에서 기시(クシ)는 약(藥, 구스리) + 게시(이상하다)가 합쳐져 나왔을 가능성이 크다고 말한다. 구시는 '기묘하다'는 말로, 고대에는 술은 약이었고 마시면 취기가 생겨 이상한 상태로 돌입하며 그로 인해 신과의 교류를 도모할 수 있다는 의미에서 왔다. 하지만 우리나라의 '삭히다' 혹은 '식혜'의 말이 술과 함께 일본으로 건너가 사케가 되었다는 말도 있다. 이 이야기는 일본에서 가장 오래된 역사서 《고지키(古事記)》에 보면 나오는데 "응신천황이 백제인 인번이 누룩을 가져와서 술을 빚으니 그 맛이 정말 좋다"는 기록이 나온다. 그리고 "수수보리(인번)가 빚는 향기로운 술에 / 나는 취해버렸네 / 무사평안한 술 / 웃음을 자아내게 하는 술에 / 나는 취해버렸네."

또 하나, 일본은 사케 양조장마다 술이 잘되길 빌면서 사케의 신을 모시는 마쓰오타이샤(松尾大社) 하타 씨의 위패를 모시고 있는데 하타 씨의 고향이 오늘날 한국 울진에 해당된다는 말이 있다. 하타 씨는 고대 일본을 이끌었던 일본 역사의 중요한 인물 혹은 일족인데 한반도 출신의 누군가가 일본으로 건너가 양조기술을 알린 게 아닌가 추측해본다.

지역술에서 시작해
세계적으로 유명해진 사케

일본은 자국의 음식을 먼저 세계화를 시킴과 동시에 그에 따른 음식과의 궁합으로 일본 사케를 널리 알리는 데 노력을 많이 했다. 특히 각 지역마다 사케 양조장이 다양해 지산지소(地産地消, 신토불이와 같은 개념)를 실천해 그 지역의 제철 음식과 지역술을 매칭하고 스토리텔링으로 엮어 발전시킨다.

지역술의 시작은 일본이 여러 나라로 쪼개져 있을 때 도요토미 히데요시가 통일을 시켰고 그 후 축하 연회를 열 때 전국의 술을 다 가지고 와보라고 지시하면서 지역술의 개념이 시작된다. 이때의 지역술을 만들었던 양조장들은 300~400년 이상의 역사를 가지고 지금도 건재하고 있는데 이는 주세의 개념을 초창기부터 도입했기 때문에 양조장이라는 체계가 확립될 수 있었고 덕분에 긴 세월을

오롯이 이어오지 않았나 싶다.

한때 사케의 가치가 떨어진 적도 있었다. 태평양 전쟁으로 술의 보급이 줄면서 1리터의 사케에 물과 각종 조미료를 첨가해서 3리터로 불려 질이 낮은 사케로 팔기 시작했는데 이를 전문 용어로 세배증량주라고 한다. 전쟁이 끝나고 1970년대로 들어서면서 다시 사케 붐이 일고 지역술들이 살아나기 시작하면서 지역마다 각기 다른 술의 개성을 보여주었으며, 1900년대 들어오면서 효모연구소, 사케협회 등을 설립하고 등급제를 실시하여 사케의 고급스러운 이미지들을 만들어가기 시작한다.

와인의 모든 일과 서비스에 대해 책임을 지는 전문가인 와인 소믈리에가 있듯이 1992년도에 일본도 사케 소믈리에라는 국제공인자격증을 제정하고 일본 사케를 다루는 이를 와인 업계가 그렇듯 전문가로 키워 체계적으로 알리고 있다.

그래서 현재 사케의 규모는 일본 총주류시장 40조 원의 10%, 약 4조 원 정도를 차지하고 있는데 우리나라 막걸리와 비교했을 때 주류시장 8조 원에서 막걸리는 약 5천억 원이니까 우리나라 8배 정도의 규모라고 보면 되겠다.

사케의 재료가 되는 쌀

역사를 중심으로 사케에 대해 언급을 해
봤다. 그럼 과연 사케는 어떤 재료로 어
떻게 만들어지는지 알아가보자.

사케는 쌀, 입국(누룩과 같은 역할), 물
을 혼합하여 발효해 만들어지며 이 세 가
지 주요 재료를 어떤 품질의 어떤 것으로
쓰는지가 사케의 가치를 결정한다고 해
도 과언이 아니다. 일단 쌀에 대해 이야
기해보자. 한국은 주식으로 사용하는 일
반 쌀로 전통주를 빚지만 일본은 주조호
적미라고 하여 양조에 적합한 쌀을 따로
재배하는데 이 양조용 쌀은 우선 일반 쌀
보다 쌀알 자체가 훨씬 크고, 배젖이 있
다. 쌀의 심지를 배젖이라 하는데 배젖이
있어야 누룩곰팡이가 잘 자란다. 영양소
면에서도 단백질과 지방이 적고 쌀알의
겉은 딱딱하고, 속은 부드러운데 이 특징
을 '외경내연성'이라고 한다. 당연한 말
이지만 주조호적미는 쌀알이 크면 클수
록 비싸다. 재배할 때 쌀알이 크고 무겁
기 때문에 벼가 쓰러지기 쉬워서 키우기
가 까다롭고 손이 많이 가는 품종이니 당
연한 일일 것이다. 그래서 예전에는 주조
호적미로 술을 빚기가 어려워 누룩을 만
들 때에만 사용했다고 한다. 이러한 주조

호적미는 아주 다양한 품종이 개발되어
있는데 그중에서 가장 유명한 것이 야마
다니시키(山田錦)라는 품종이고 고햐구
만고쿠(五百万石), 미야마니시키(美山
錦) 등도 있다.

이런 양조용 쌀이 따로 있다는 것 외
에 또 다른 특징을 하나 들어보자. 사케
하면 먼저 생각나는 것으로 쌀을 깎아내
어(정미율) 만든다는 사실이 있는데, 이
부분은 한국의 전통주와 가장 많이 다른
부분이기도 하다. 한국 전통주에서도 '나
쁜 불순물을 없애기 위해 쌀을 백 번을
씻었다'라는 표현이 있지만 사케는 쌀을
아예 깎아내어 표면에 있는 비타민, 단백
질, 지방 등을 없애고 순수한 전분으로만
술을 만든다. 이 과정을 거쳐 풍부한 과
일향이 남으면서 물같이 부드러운 술로
탄생되고 그 정도에 따라 가격의 높낮음
을 매김한다.

1990년대부터 쌀의 정미율과 양조
알코올의 첨가 유무를 기준으로 삼아 사
케에 특별 명칭을 부여했다.

쇼와 시대(1926~1989)에 들어와 정미
기가 등장하여 고품질의 술 생산에 박차
를 가하며 일본 사케는 품질이 급격히 올
라가기 시작했고 특히 긴조슈(吟醸酒)
탄생에 큰 계기가 되었다. 60% 이하 정

사케 명칭에 따른 구분법과 특징

특정명칭주 종류	사용 원료	정미율	향미 등의 요건
혼죠조슈	쌀, 쌀누룩, 물, 양조 알코올	70% 이하	향미, 윤기가 좋음.
특별혼죠조슈	쌀, 쌀누룩, 물, 양조 알코올	60% 이하, 또는 특별한 제조 방법	향미, 윤기가 더욱 좋음.
준마이슈	쌀, 쌀누룩, 물	특별한 기준 없음	향미, 윤기가 좋음.
특별준마이슈	쌀, 쌀누룩, 물	60% 이하	향미, 윤기가 더욱 좋음.
긴죠슈	쌀, 쌀누룩, 물, 양조 알코올	60% 이하	좋은 원료를 사용하여 공들여 양조, 고유의 향미, 윤기가 좋음
준마이긴죠슈	쌀, 쌀누룩, 물	60% 이하	좋은 원료를 사용하여 공들여 양조, 고유의 향미, 윤기가 좋음
다이긴죠슈	쌀, 쌀누룩, 물, 양조 알코올	50% 이하	좋은 원료를 사용하여 공들여 양조, 고유의 향미, 윤기가 좋음
준마이다이긴죠슈	쌀, 쌀누룩, 물	50% 이하	좋은 원료를 사용하여 공들여 양조, 고유의 향미, 윤기가 좋음

미율의 긴죠 등급 사케에서는 특유의 과일향과 꽃향이 풍부한데 쌀을 점차적으로 깎아낸 끝에 얻어낸 결과물이다.

50% 이하 정미율의 다이긴죠 사케는 과실향도 풍부하지만 깔끔하고 부드러운 술이다. 여기서 긴죠(吟釀)와 다이긴죠(大吟釀) 앞에 준마이(純米)라는 글자가 붙을 때가 있다. 우리가 한자로 읽을 때는 '순미'이고 뜻을 풀이하자면 '순수한 쌀로만 술을 빚었다'가 된다. 준마이가 붙지 않은 긴죠와 다이긴죠는 어느 정도의 양조용 알코올을 넣었다는 의미

인데, 이는 첨가물이 있어 격이 떨어지는 술이라는 것이 아니라 약간의 알코올을 넣음으로 인해 과실향 같은 향긋함을 끌어낸 술로 봐야 한다. 그리고 이 양조용 알코올은 우리가 흔히 초록색 병의 희석식 소주의 알코올 주정이 아니라 사케를 만들어 소주를 내린 것으로 첨가한다. 그러니 준마이가 붙지 않는다고 해서 싸구려 사케라고 착각하는 것은 금물이다.

위의 표에는 언급되지 않았지만 특정 명칭주의 규정을 벗어난 것을 후쓰슈(普通酒)라고 하는데 한국어로 풀면

'보통주'라는 뜻이다. 알코올 첨가, 혹은 71% 이상의 정미율, 쌀 이외의 원료나 조미료를 사용한 경우인데 이 후쓰슈의 사케 시장 비율이 일본 내에서 70% 가까이 차지한다고 한다. 일본에서도 긴죠나 다이긴죠 등급은 아무래도 비싸기 때문에 우리나라에서 희석식 소주 마시는 기분으로 편하게, 저렴하게 마시는 사케가 선호된다고 봐야겠다.

사케, 너 재료가 뭐니

사케의 일본 대표 생산지를 세 군데 꼽자면 고베의 나다고고, 교토의 후시미, 그리고 니가타이다. 같은 쌀, 같은 방식으로 도정해 술을 만들어도 맛이 다르게 나오는 이유 중의 하나가 그 지역의 물이라고 생각된다. 물 맛에 따라 구분을 지어 놨을 정도로 사케 양조에서는 물의 차이와 중요함을 강조하는데, 구체적으로 고베 나다고고는 지역의 물이 경수라서 '남자의 사케'라 부르고 교토 후시미는 연수의 물맛으로 '여자의 사케'가 나온다고 유명하다. 니가타는 눈이 많이 내리는 지역인데 눈이 녹아든 땅에서 재배한 쌀과 그 지하수로 술을 만들어 맛있는 술이 생산된다고 한다.

남자의 술, 여자의 술, 이게 무슨 말인지 느낌적으로는 알 것도 같은데, 정확히는 무엇일까? 그 유래에 대해 말하자면 물은 경도(칼슘과 마그네슘 농도)로 측정했을 때 크게 두 가지로 나뉜다. 경도가 높은 지수의 물을 경수라 하고 실제로 맛을 보면 무거운 느낌이다. 반대로 연수는 경도가 낮은 지수의 물로 마시기 쉽고 부드럽게 넘어간다.

사실 일본은 전체적으로 보면 연수의 나라이고 화산 섬인 제주도의 물과 같다 보면 되는데 고베의 나다고고와 교토의 후지미 지역은 경도의 차이가 확연해서 물에서 오는 사케 맛의 차이가 있다고 구분 지은 것이다.

경수는 미네랄이 풍부해 사케 빚기에는 최적합의 조건으로 미네랄 성분이 효모균을 포함한 여러 미생물이 잘 자랄 수 있는 영양소가 된다. 산이 많아서 신맛이 날 수 있지만 시간이 지날수록 순해져 겨울에 빚어 숙성을 잘 시킨 사케는 가을쯤 되면 마시기 좋아진다. 연수는 발효가 잘 되지 않아 그보다 긴 시간을 발효시키지만 산미가 적고 단맛 느껴져 매력적인 술이 된다.

술의 재료로 쌀과 물을 언급했지만

그 밖에도 입국이라는 누룩의 성향으로도 술맛의 차이는 있다. 특히 일본은 일찍부터 효모 개발에 힘써와서 개발한 효모만 100종이 넘고 각각의 효모 능력들은 고유의 개성이 있어 어떤 술에서는 꽃향을, 어떤 술에서는 시트러스한 향을 더 부각시키는 역할을 담당한다.

이자카야에서 사케 고르는 법!

어느 정도의 사케 상식에 입문을 했으니 이제 제일 중요한 실전 부분을 이야기해보자. 우리는 흔히 이자카야에 가서 술을 고를 때 결정 장애가 있는 것처럼 한참을 주류 메뉴판과 씨름한다. 그러다 결국에는 그 술이 어떤 특징을 가지고 있는지도 모른 채 적당한 가격대의 사케를 골라 그날의 음식과 함께해버리기 일쑤이다.

사케는 와인과 마찬가지로 브랜드로만 따져도 1만~2만 종 정도 될 정도로 종류가 너무나 방대하다. 이렇게 폭넓은 사케의 이름과 특징을 하나하나 다 외우기란 불가능한 일이기에 사케를 고를 때에는 먼저 라벨을 살펴서 어느 지역의 술인지를 먼저 보고 앞서 배웠던 어떤 쌀을 원료가 되는 주조호적미로 사용했는지의 여부와 몇 %의 정미율인지, 준마이(순미)인지, 그리고 일본주도 표시를 보는 법 정도만 알면 일단 반은 성공한 것이다. 일본주도란 당분이 많으면 비중이 무거워지는 것을 이용하여 술을 측정하는 표기법인데 물을 0으로 했을 때 그것보다 무거운 단맛의 술을 마이너스(-)로, 물보다 비중이 가벼운 쌉쌀한 맛의 술을 플러스(+)로 표기한다. 일본에서 '가라이'라고 매울 신(辛)자를 써서 쌉쌀한 맛을 표현하는데 일본에서는 매운맛과 쌉쌀한 맛이 동음이의어이다. 예를 들어 사케 병 라벨에서 일본주도 표기로 +3이 표기되어 있다면 드라이한 술(가라구치, 辛口)이다. 드라이한 술을 선호하는 사람일수록 플러스 숫자가 높은 것을 고르면 되고 반대로 -3 정도로 표기가 되어 있는 술은 단맛이 있는 술(아마구치, 甘口)이니 마이너스 표시를 잘 보자.

술을 두 종류 이상 마실 경우에는 처음에 후각이 민감할 때 과실향이 풍부한 것을 맛보는 쪽이 좋으니 일단 준마이다이긴죠나 다이긴죠, 준마이긴죠, 혹은 긴죠 등급을 시키면 되고 그다음 병부터는 일반 준마이슈, 후쓰슈로 넘어가면 된다.

참고로 맛을 느끼고 음미하고 싶다면 처음 머금었을 때 입안에서의 모든 느낌 즉, 단맛, 신맛, 쓴맛, 떫은맛, 감칠맛을 느껴봐야 하는데 그중에서도 단맛과 감칠맛이 중요하다. 쌀에서 오는 단맛과 입안에서 감기는 감칠맛의 정도가 그 사케의 모태이다. 그러고 나서 잔향을 즐기며 과실향과 꽃향의 정도를 가늠하고 마지막으로 술에서 오는 여운이 얼마나 길고 오래가는지 느껴보자.

사케 고르는 법을 웬만큼 알았다면 그것으로 만족하지 말고 어떤 음식과 잘 어울리는지 알아두는 것도 사케 마실 때 유용한 꿀팁이 될 것 같다. 흔히 이를 '페어링', '마리아주'라고 부르는데 적당히 궁합이 맞는 음식을 시켜야 서로 어울리는 술과 음식이 함께할 때 나오는 시너지 효과를 체험할 수 있을 테니까 말이다.

아래와 같이 사케 종류와 음식 간의 페어링을 간략하게 표로 만들어 보았는

데 술을 좋아하는 센스 있는 사람이라면 표에 들어가지 않은 요리일지라도 이것을 기준으로 이 술에 어떤 느낌의 음식을 매칭해야 하는지 알 수 있을 것이다.

사케 고르는 법에서 알아두면 좋은 상식들

일반적으로 사케는 여과한 후에 한 번, 저장 숙성 과정 후에 또 한 번, 이렇게 2회에 걸친 열처리를 하고 나서 시중에 출하되는 것이 기본인데 그렇지 않은 생(生) 사케도 있다.

- 니고리자케(濁り酒) : 침전물이 있는 백탁한 상태의 것. 막걸리와 흡사.
- 나마자케(生酒) : 열처리를 전혀 안 한 신선한 상태의 생주.

사케와 음식의 페어링

쿤슈 긴죠, 다이긴죠	**쥬쿠슈** 쥬쿠슈
봄부터 초여름 (식전주, 고가의 상품이 많기에 질높은 연출) | 화이트와인과 같은 요소로 서양요리 적합 (샐러드, 생선찜 나물, 은어소금구이)	장기 숙성, 고슈 | 가을ㆍ겨울 (식중주, 혼자서 여유롭게) | 중후한 요리에 적합하고 숙성시킨 재료 (푸아그라, 전골, 훈제치킨, 치즈, 장어구이)
준슈 준마이슈	**소슈** 혼죠슈, 나마자케, 후쿠슈
깊이가 있는 타입 | 가을ㆍ겨울 (식중주, 혼자서 여유롭게) | 일식이 가장 잘 어울림, 서양ㆍ중식도 좋다(어묵, 굴요리, 소고기볶음, 그라탕)	경쾌하고 부드러운 맛 | 계절을 따지지 않지만 특히 여름(식중주로 가볍게) | 어떤 요리에도 좋다 (초밥, 두부, 게요리)

향이 강함 ↑
향이 약함 ↓
← 맛이 약함
맛이 강함 →

- 나마쓰메슈(生詰酒) : 갓 여과한 술을 저장 전에 첫 번째 열처리만 하여 보관하다가 출하한 것.
- 나마쵸조슈(生貯藏酒) : 나마쓰메슈와 반대이다. 갓 여과한 술을 그대로 저온 보관하다가 출하 직전에 두 번째 열처리를 한 것.

나마쓰메슈는 술이 완성되는 이른 봄에 첫 번째 열처리를 하여 저장탱크에 반년 정도 숙성시키다가 가을에 그대로 병입하는 경우인데 이것은 반년간 숙성하여 주질이 향상되었다라는 의미로 아키아가리(秋あがり), 혹은 차가운 상태 그대로 출하한다는 뜻에서 히야오로시(ひやおろし)라고 부른다. 가을 한정의 계절 상품처럼 받아들여진다. 사케의 보졸레누보와 같은 느낌이다. 시보리타테(絞りたて), 신슈(新酒) 역시 막 발효가 끝나 완성된 사케를 별도의 열처리 없이 그대로 병입하여 출하하는 술로서 주로 겨울 계절 한정 상품으로 출하되고 있다.

사케를 흔히 정종이라고 불렀던 이유

正宗, 한국어로는 정종, 일본어로 마사무네라고 읽는 이 한자는 유독 사케에 많이 붙는 이름이다. 에도 시대에 나다 지역(지금의 효고현)에 있는 사케 양조장 주인이 어느 날 절의 스님을 만나러 간 자리에서 '린자이세이슈(臨濟正宗, 임제정종)'라는 경문을 보고 정종(正宗)을 음독하면 세이슈, 청주(淸酒) 역시 세이슈로 읽히기에 둘의 발음도 같고 왠지 운도 좋을 것 같다는 이유로 자기 가게의 청주에 '세이슈(正宗)'라는 이름을 붙였다. 시간이 흐르고 사람들은 이 한자 이름을 또 다른 읽기 방식인 '마사무네'로 부르기 시작했는데 그 이름이 인기가 높아져 같은 이름을 가진 술들이 일본 전국에서 우후죽순 생겨나기 시작했다. 어찌나 널리 퍼져버렸는지 이미 보통명사가 되어버려서 이후의 메이지 시대로 들어와 해당 양조장에서 '마사무네'의 상표 등록을 시도했으나 법원으로부터 거절당한다. 1883년 후쿠다라는 일본인이 부산에 최초로 사케 공장을 세운 것으로 시작해 우리나라에도 다양한 제품이 등장했는데 그중 하나가 이와 같은 정종이었고 이것이 제수용 술로 많이 팔리면서 우리나라 사람에게 한동안 정종은 일본 청주를 가리키는 대명사처럼 쓰였다.

by 박언니 (사케 소믈리에)

캘리포니아에서 만들어진 일본 사케
겟케이칸 준마이 750

by 명사마

주종	사케
제조사	겟케이칸 미국법인
원산지	미국 캘리포니아
용량	750ml 등
알코올	15%~16%
원료	쌀(미국산)
색	투명
향	담백한 쌀맛과 적절한 산미
맛	쌀의 담백함과 드라이함
가격	20,000원대

지금으로부터 십여 년 전, 전통주와 비교 시음해 본다며 열심히 사케를 마시러 다닌 적이 있다. 같은 쌀로 술을 빚지만, 우리보다 훨씬 산업화를 빨리 이루었고, 무엇보다 고급스러운 이미지와 지역의 문화 모두 갖췄기 때문이다. 하지만, 사케에 주저 없이 덤비기에는 겁이 났다. 가격대가 높기 때문이다. 고급 사케라면 한 병에 가볍게 10만 원을 넘어서 20만원, 30만 원까지도 했다. 그때 혜성같이 등장하여, 부담을 낮춰준 제품이 있었으니 바로 겟케이칸 준마이 750. 당시 이자카야에서 겟케이칸 준마이 750의 가격은 35,000원 정도로 저렴하지는 않지만, 그렇다고 절대 못 사마시는 가격대의 술은 아니었다. 그래서 친구들끼리 만나면 늘 무난하게 시킬 수 있는 술이 되었다. 특히 내가 계산을 하는 자리에서는 최고로 맛있는 사케라고 하며 주문을 했

다. 물론 그 친구들은 사케의 문외한들이었고, 나는 이 술을 빚는 양조장의 오랜 역사를 중심으로 이야기하며 잘난 척 하는 데 집중했다. 이 사케가 미국에서 생산되는 사실은 언급하지 않고 말이다.

373년의 역사, 교토 후시미의 겟케이칸

일본 교토에 위치한 겟케이칸의 역사는 약 380년. 1637년 개업했으니 일본에서도 무척 오래된 사케 양조장 중 하나이다. 매출로 본다면 2001년까지는 일본 최대의 양조장이었고, 이후에 하쿠쓰루 주조(白鶴酒造)에 선두를 빼앗기지만 여전히 큰 매출 규모를 자랑한다. 일본 사케는 원래 저온숙성이 가능한 겨울을 중심으로 술을 빚는데, 이곳은 최초로 온도 조절을 통해 사계절 양조를 시작했고, 과학 기술을 통해 대량 양조를 추진한 곳이다. 그래서 일본에서 겟케이칸 하면 고급 이미지보다는 대중적인 사케로 많이 통한다. 한국에서는 1996년에 한국겟케이칸㈜을 세우고 본격적인 마케팅을 하고 있다.

양조장이 위치한 곳은 교토의 후시미. 일본 사케업계에서는 나다고고와 더불어 여기를 일본 사케의 양대 산맥으로 꼽는다.

미국 겟케이칸의 설립

현재 일본 사케의 최대 수출국은 미국이다. 겟케이칸은 이러한 상황에 발맞춰 1989년 미국법인을 세운다. 이 미국법인의 역할은 겟케이칸 본사 제품의 수입도 수입이지만, 미국의 쌀로도 현지에서 사케를 만드는 일이었다. 이유는 설립 당시에 미국의 수출 유통이 어려웠기 때문이다. 발효주인 사케는 온도 관리가 중요한데, 항구에서 5일 이상 뜨거운 햇빛을 받으며 통관 대기해야만 하는 일이 빈번하여 최고의 상태로 수출 유통하기가 어려웠다. 그래서 이러한 문제들을 해결하고, 최적의 사케를 미국 소비자에게 제공하고자 현지법인이 설립되기에 이른다. 미국에서 만들어지는 술을 과연 일본 청주라고 부를 수 있는지 모두가 의아해했지만, 결국 모든 술은 지역 문화에 기반해서 만들어지는 것이 기본이라는 방침 아래 순 미국산 사케를 만든다. 설립한 지 30년이 된 지금은 미국 지사만 놓고 봐도 일본 상위 15곳의 양조장 안에 들어갈 정도로 큰 규모를 자랑한다.

준마이 750의 맛은 미국 맛?

미국산 사케라고 하지만, 개인적으로는 라벨을 보지 않고는 맛의 차이를 느끼기 어려웠다. 다만 준마이라는 이름답게 쌀이 주는 담백함과 거친 느낌의 질감이 있다. 가장 일반적인 사케라는 느낌? 나쁘지 않은 맛이지만 그렇다고 감동까지는 있지 않다. 하지만 사케 초보자라면 추천은 해보고 싶다. 사케의 가장 기본적인 맛을 보기에는 최적의 대상인 술이다.

사실 사케는 종류 구분이 명확하다. 일반적으로는 쌀의 도정율을 기준으로 삼는데, 50% 이상 도정하면 다이긴죠, 40% 이상 도정한 것은 긴죠, 30% 이상 도정한 것은 혼죠조(本釀造)라고 부른다. 이것에 순수한 쌀만 사용하면 준마이, 즉 순미(純米)라고 부른다. 여기에 다양한 첨가물이 들어가면 후쓰슈, 우리말로 보통주라는 이름이 붙는다. 이름에 준마이만 붙는 것은 쌀로 빚었다는 뜻이고 도정에는 크게 공을 들이지 않았다는 의미이다. 결국 준마이 750은 프리미엄급도 아니며, 그렇다고 저렴한 사케도 아닌 딱 중급의 가성비 좋은 사케라고 할 수 있다.

한번 방문해볼 만한 사케의 마을

겟케이칸 본사가 있는 교토 후시미는 오사카 우메다역에서 전철로 1시간 정도 소요된다. 방문해보니 이곳은 진정 사케의 마을이었다. 입구에서부터 사케병으로 가득하며, 은행 간판에도 사케 병들이 진열되어 있었다. 무엇보다

교토의 겟케이칸. 양조장 옆으로 작은 운하가 지나 간다. 봄에는 이렇게 운하 에서 배를 타며 벚꽃 구경 을 할 수 있다

후시미의 전체 면적은 61.66km², 강남구보다 조금 더 큰 지역인데 사케 양조장이 20곳이나 몰려 있다. 무엇보다 운하가 흐르는 곳에 위치해서, 봄에 방문하면 벚꽃이 운하 길의 양 옆으로 만개한 것을 볼 수 있다. 그리고 그 사이로 꽃잎의 비를 맞으며 배를 탈 수도 있다.

근대화를 진행하면서 변화하는 사케의 모습은 물론, 다양한 역사 문화도 탐방이 가능하다. 지역의 문화와 역사를 적절하게 브랜딩하여 수많은 관광객을 부르고 있는 곳이니 오사카나 교토 지역을 가게 된다면 꼭 한번 시간을 내어 방문해볼 만한 마을이다.

 한·줄·평

빤스PD	백화수복의 프리미엄 버전 같은 느낌?
명사마	적절히 쌀 맛이 그대로 있는 사케랍니다.
박언니	살짝 드라이한 맛이 오뎅 국물과 잘 어울렸어요.
신쏘	피니시가 긴 전형적인 준마이 사케네요.
장기자	청하랑 비교 시음해보고 싶어요!

02

맛으로는 부족함 없는 한국의 청주
경주법주 초특선

by 명사마

주종	청주
제조사	경주법주(주)
원산지	경상북도 경주
용량	750ml 등
알코올	16%
원료	쌀, 쌀 입국
색	투명
향	다양한 과실향
맛	산뜻한 첫맛, 부드러운 끝맛
가격	40,000원대

한국에는 경주라는 지명이 붙은 대표적인 술이 두 종류 있다. 하나는 경주교동법주, 그리고 또 하나는 경주법주이다. 경주교동법주는 중요무형문화재 제86-다호로 경주 최씨 집안에서 대대로 내려오는 술이다. 한마디로 정통파에 속하는 지역 전통주이다. 재료는 찹쌀, 밀 누룩을 중심으로 고전적인 방법 그대로 지켜서 빚는다. 그것이 비해 경주법주는 쌀과 쌀 입국(쌀흩임누룩)으로 빚는 현대적 방식으로 만들고 있다. 즉 이 비슷한 이름의 두 가지 술은 알고 보면 완전히 다르다. 그렇다면 경주법주는 무엇일까? 현재 경주법주를 만드는 회사가 어디인지를 보면 알 수 있다. 이 술의 제조사는 경주법주 주식회사. 하지만 자세히 보면 이 회사의 모회사는 대구 경북의 대표적 소주 회사인 금복주이다. 그렇다면 왜 금복주에서 경주법주를 만들게 되었을까?

닉슨 미국 대통령의 방문에서 시작된 경주법주

금복주의 경주법주는 1972년 닉슨 대통령의 중국 방문에서 시작되었다. 당시 미국은 중국 방문을 앞두고 한국에 극동 담당자 마셜 그린을 파견하는데, 방문 전 중국에서 중국 최고의 술인 마오타이를 마시고 그는 감동을 했다. 이에 한국에서도 그런 술이 있는지 박정희 대통령에게 물어본 것. 당시 한국은 양곡관리법으로 쌀, 보리로는 술 빚기가 금지된 상황이었고, 지역 전통주는 당시로는 불법 밀주였다. 하지만 당시 정권은 밀주를 정부의 공식 만찬주로는 사용할 수 없다고 판단, 금복주에게 한국 청주를 개발하라고 지시를 한다. 금복주는 경주법주 주식회사라는 자회사를 경주에 만들고, 국세청기술연구소와 협업하여 1973년 경주법주를 만들었다. 이 술은 1974년 포드 미국 대통령 만찬주로 선을 보였고 1980년대 남북 적십자회담 만찬주에도 사용되는 등 국주(國酒) 취급을 받으며 여러 국가행사에 계속 등장하였고, 경상도 지역에서 최고급 제주로 사용된다.

일본 사케와 제조공정이 유사한 경주법주 초특선

경주법주 가운데에서 최고급으로 꼽히는 제품은 바로 '경주법주 초특선'이다. 이 제품의 특징은 쌀의 도정을

50% 가깝게 한다는 데 있다. 쌀을 도정하는 이유는 외피에 있는 단백질, 지방 등을 제거하고 순수한 전분만으로 발효를 하면 다양한 과실향과 부드러운 맛을 살리기 위해서이다. 그런데 이 방식은 일본이 먼저 현대화를 시키고, 이것에 따른 명칭을 구분해놨다. 50% 이상 깎으면 다이긴죠, 40% 이상이면 긴죠, 30% 이상이면 혼죠조라고 부른다. 경주법주 초특선은 이러한 구분에 따르면 긴죠 등급에 해당된다. 초특선이란 이름도, 일제강점기부터 1980년대까지 쓰인 일본 사케의 등급 가운데 하나였다. 양조장에서 자신들의 술을 상선, 특선, 초특선 등으로 나눠서 등급을 매긴 것이다. 경주법주 초특선의 여과 방식도 고급 사케가 지향하는 것을 그대로 따른다. 사케 양조에서는 후쿠로쓰리(袋吊り)라고 해서 인위적으로 압축해서 여과하는 것이 아닌 중력에 의해 자연스럽게 원액이 아래로 떨어지게끔 여과하는 방식이 있는데, 경주법주 초특선 역시 이 방법을 사용했다.

초특선이라는 부분은 일본 사케의 옛 등급방식이다.

그러나 안타까운 정체성

문제는 이 경주법주 초특선이 한국의 전통주인 양 포장되어 있다는 것이다. 경주라는 1000년 고도의 이름을 따고 그 지역에서 만들지만 한국의 전통 주조와는 큰 상관이 없다. 무형문화재인 경주교동법주의 전수자에게도 확인해 보았지만, 경주법주와는 결코 어떠한 연관성도 없다고 한다. 더욱 슬픈 현실은 지금 한국의 주세법상으로는 전통 방식인 밀 누룩을 중심으로 술을 빚으면 아무리 맑아도 청주라는 이름을 못 붙인다. 일본의 사케를 참고하여 만들어서 충분히 맛 좋은 사케를 만들었지만, 전통주냐 아니냐는 애매모호한 입장이 경주법주 초특선의 정체성을 흔들고 있다. 개인적으로는 이러한 술을 위해 또 다른 구분이 하나 있었으면 좋겠다. 한국은 일제 강점기와 압축성장을 통해 우리 문화의 상당한 부분을 잃어버리고 주체적으로 발전시키지 못했다. 술 역시 마찬가지이다. 이러한 모순을 개선하기 위해서는 무작정 없애고 배척하는 것이 아닌, 세세한 구분이 필요하다. 제조자 중심이 아닌 소비자 중심에 서서, 그들로 하여금 알고 마시고, 즐길 수 있게 만들어 줄 구분 말이다.

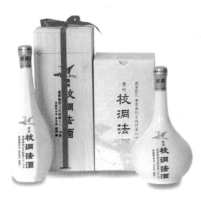

웬만한 고급 사케보다 맛이 좋다는 아이러니

일본의 사케 제조법을 따라서 탄생한 술이지만, 아이러니하게도 경주법주 초특선은 웬만한 프리미엄 일본 사케보다 더 풍부한 과실향과 부드러운 목넘김을 자랑한다. 시중에서 판매하는 경주법주와 비슷한 가격대(45,000원 전후)의 사케와 비교해보면 더욱 잘 알 수 있다. 누가 마셔도 충분히 잘 만든 술이라고 수긍할 것이다. 다양한 생선회에는 물론이고 일본 국물요리, 꼬치구이와도 얼마든지 잘 어울린다. 겨울에 오뎅바에서 한잔하면 매료될 듯한 술이다.

 한·줄·평

빤스PD	과실향이 입안에서 오래 남네요. 명백한 한국산 사케.
명사마	첫 잔이 부드러운 술입니다.
박언니	한국산 청주 중 가장 매끄러운 맛?
신쏘	시트러스한 향이 그야말로 고급 사케 그 자체네요!
장기자	담백한 맛이 한식과도 잘 어울릴 듯해요.

맑고 깨끗한 겨울을 연상시키는 사케
─────── 구보타만쥬

by 박언니

주종	사케
제조사	아사히 주조
원산지	일본 니가타
용량	720ml
알코올	15.5%
원료	쌀, 쌀 입국
색	무색투명
향	부드러운 과실 향
맛	물에 가까운 부드러움
가격	100,000원대(소비자가)

겨울이면 자연스레 떠오르는 추억

유독 입김이 새어나오는 계절이 내 곁으로 다가왔다고 느껴지는 순간이면 그 계절의 향기와 함께하고픈 동료 같은 존재가 있다. 어쩌면 일 년 중 이 계절을 손꼽아 기다리는 이유의 전부라고 할 수도 있는 나만의 간절한 기다림.

겨울, 사케, 오뎅탕. 이 3박자를 좋아하게 된 건 무수한 추억들 때문이다. 추웠던 어느 겨울날 한강 둔치에서 친구의 실연담에 같이 슬퍼해주다가 꽁꽁 언 몸을 녹이자며 종로 피맛골로 달려가 뜨거운 히레 사케에 오뎅탕을 먹었던 일, 일본 어학연수 기간에 등록금 전부를 잃어버려 울며불며 경찰서를 찾아다니다 체념하고 도쿄 우에노의 허름한 선술집에서 싸구려 사케에 오뎅을 먹으면서 쓰린 가슴을 다스렸던 기억, 지금의 남편과 단골 포장마차에 사케 한 병을 들고 찾아가 콜키지를 모르시던 사장님께 부탁을 드리고 꼬치오뎅을 안주로 집어먹으며 즐거워했던 날. 이렇듯 매년 겨울에 오뎅탕과 함께 사케를 마시다보면 옛날 음악이 흘러나올 때 나도 모르게 처음 그 음악을 접했던 그날의 기억들이 잔잔히 퍼지는 것처럼, 3박자와 했던 추억들이 파노라마처럼 밀려오는 느낌이다.

사케를 난생처음 마셔본 날로 돌아가보자. 그날도 추운 겨울이었던 것으로 기억한다.

30대에 막 접어든 어느 겨울, 나는 술의 신세계인 사케에 처음 입문했다. 처음 소개팅을 하거나 썸을 타는 이성과 술자리를 하는 이에게 박언니는 사케를 권하고 싶다. 적당히 고급스러운 이미지와 적당한 알코올 도수, 적당히 깔끔한 안주를 곁들이면 상대방으로 하여금 실수에 대한 부담감을 안 가질 수 있고, 가격이 천차만별인 사케를 고르는 상대방의 사이즈도 재볼 만하기 때문이다. 물론 이것은 남자들의 원성을 살지 모르는 발언이지만, 그 자리에서는 사실 허세가 더 많기 쉽다.

여튼 그 겨울에 만난 그놈은 세련되기 이루 말할 수 없었고 내가 그 모습에 쉽게 빠져든 건 사실이었다. 첫 데이트 때야 여느 사람들과 다를 바 없이 밥을 먹고 차를 마시면서 서로를 파악하기 바빴고 이제는 맨 정신으로 파악하기 어려운 부분을 보기 위해 우리는 알코올의 힘을 빌려야만 하는 시기를 맞이했다.

그놈은, 당시 잘 나간다고 소문이 난 압구정동의 한 이자카야로 나를 안내했는데 아니나 다를까 가게의 분위기도 그놈처럼 세련되기 그지없었다. 소주집만 줄창 다니던 당시의 나로서 그 자리에서 촌스럽게 굴지 않으려고 애썼던 것이 아직도 생생하고 사뭇 부끄러운 기억이다. 그놈이 사케 메뉴판을 본다. 그리고 구보타만쥬(久保田萬壽)를 자연스럽게 시킨다.

명품 중의 명품, 구보타만쥬

한국에서 사케 열풍이 불기 시작한 건 2007년 전후이다. 30대 직장인과 여성들 사이에 인기를 얻으면서 이자카야라는 일본 주점이 대학가와 청담동, 압구정동 일대에 잇달아 생겨났다. 그놈은 나를 꼬시기 위한 장소로 이자카야를 선택했고 그중에서도 만만치 않은 가격을 자랑하는 구보타만쥬를 시켰을 것이다.

니가타현 아사히 주조(旭酒造)에서 만드는 구보타만쥬는 우리나라에서도 고급 사케로 친숙하고 세계에서도 가장 많이 알려진 사케 중 하나이다. 니가타현은 일본에서 최고의 쌀로 통하는 고시히카리를 비롯하여 여러 쌀 품종의 주요 생산지이자 연평균 기온이 낮아 효모와 누룩 배양이 잘되는 등 술 생산에 최적인 특징을 갖춘 지역이라 일본

에서 유명한 사케 주조들 가운데 상당수는 이곳에 모여 있다. 특히 구보타만쥬를 만드는 아사히 주조는 1830년에 만들어졌으며 니가타현 안에서도 가장 크고, 전국적으로 따져도 대형 양조장으로 꼽힌다.

아사히 주조는 구보타하쿠쥬(일반 버전), 구보타센쥬(55% 긴죠), 구보타만쥬(33% 다이긴죠)를 생산하는데 이 3형제의 차이점은 쌀을 어느 정도 깎아서 술을 빚었느냐이다. 준마이는 말 그대로 순미 즉, 쌀로만 빚었고 그 이외의 첨가물이 안 들어갔다는 뜻이다. 쌀 정미율에 따라 크게 다이긴죠, 긴죠, 혼죠조, 후쓰슈로 나누는데 쌀을 50% 이상 깎은 것을 다이긴죠, 40%만 깎은 것을 긴죠, 30% 깎은 것을 혼죠조라고 하고 그 외의 것을 후쓰슈, 즉 보통술로 구분 짓는다. 쌀을 깎는 이유는 쌀 겉표면에 자리한 단백질과 지방, 비타민 등의 영양분을 깎아낸 후 순수한 전분으로만 술을 만들기 위함이고 이렇게 도정을 하면 향이 풍부하고 부드러운 술이 나온다.

1980년대부터 일본 드라마에 나오는 사케는 거의 대부분 구보타만쥬일 정도로 대중 상업화에 성공하면서 인기가 높았는데 이는 아사히 주조 측에서 앞으로는 양이 아닌 질로 승부하는 시대가 될 것이라고 확신하여 혁신적인 품질 향상을 목표로 했던 덕분이다. 당시 사케 시장은 달고 강한 술이 주류를 이루었는데 아사히 주조에서 내놓은 구보다만쥬는 단레이가라구치(端麗辛口), 즉 물과 같으면서도 드라이한 맛으로 엄청난 센세이션을 일으켰다. 앞으로는 단지 취하기 위해 마시는 독하고 강한 술보다 깨끗하고 질리지 않은 주질의 깔끔한 술을 원하는 이들이 늘어날 거라 예측하여 이미지를 변화시켰던 것이다.

도쿄 긴자를 간다면 구보타 레스토랑에 한번 들러보시길

2015년, 아사히 주조는 긴자에 플래그십 구보타 레스토랑을 오픈했다. 화려하고 럭셔리한 긴자라는 동네와 고급스러운 구보타의 이미지가 잘 어울리는 조합이었다. 이곳을 박언니는 2016년 일본 여행에서 가봤는데 구보타의 여러 가지 사케를 비교 시음할 수 있는 샘플러들도 훌륭하고 특히 사케마다 온도 차이에서 오는 맛 변화를 느낄 수 있어 좋았던 곳으로 기억된다. 이제까지 구보타 사케는 상온 10도 정도가 가장 맛있다고 했지만 이곳에서는 20도를 추천했다. 어중간한 20도의 사케가 낯설었는데 여기서 10도를 더 낮춘 구보타와 비교 시음하면 확실히 감칠맛과 단맛, 향이 상온에서 더욱 풍부하게 전해지는 것을 알 수 있다. 또한 이곳은 니가타현에서 생산한 농산물 등으로 그 지역의 향토요리와 다양한 요리를 내놓는데 지역의 술과 요리의 궁합을 맛볼 수 있는 기회이기에 도쿄 여행을 온 분들에게는 추천해주고 싶은 명소이다.

일본 긴자 구보타 플래그십 레스토랑

일본인이라고 해서 모두 고급 사케만을 마시지는 않는다. 오히려 구보타만쥬처럼 고급 사케는 수출을 더 많이 하고 보통 등급의 사케나 저가 사케를 더 많이 마신다. 확실히 높은 등급일수록 쌀 특유의 감칠맛과 깔끔한 맛, 꽃향기와 과실향이 풍부한 것은 맞지만 저가 사케라고 해서 맛이 없다고 단순히 말할 수는 없다. 그런 사케도 자기만의 매력이 충분하기에 기회가 닿는대로 최대한 여러 가지 종류의 사케들을 많이 맛보라고 권하고 싶다.

박완서의 소설 《그 남자네 집》에 보면 "인생엔 정답이 없다. 그러기에 살 만하다"라는 문장이 나온다. 술을 쫓는 언니는 이런 글귀에도 꼭 술을 접목하고 싶은 생각이 들더라. "술에는 정답이 없다. 그러기에 많이 마실 만하다."

한·줄·평

빤스PD   신선한 과일향이 치고 올라오는 것은 정말 감동적입니다.
명사마   '만쥬(萬壽)'라는 이름답게 향미가 정말 오래가네요.
박언니   쌀에서 나오는 단맛보다 그 단맛에서 뽑아낸 업그레이드된 향미가 가득.
신쏘   입안에 머금었다가 넘기는 순간까지 깔끔하게 떨어져요.
장기자   말이 필요 없는 고급스러운 맛. 왜 돈 들여서 좋은 사케 마시는지 알겠어요.

04

정미율 23%라는 장인의 집념
닷사이

by 명사마

주종	사케
제조사	닷사이
원산지	일본 야마구치
용량	750ml 등
알코올	16%
원료	쌀, 쌀 입국
색	투명
향	화려한 과실향
맛	물처럼 부드러운 목넘김
가격	150,000원대(한국 백화점)

최근 십 년 사이에 일본 사케 시장에 엄청난 두각을 나타내는 회사가 있다. 오바마 미국 대통령의 건배주로도 유명한 닷사이(獺祭). 닷사이의 사케가 유명한 데에는 여러 가지 이유가 있지만 무엇보다 도정율 50% 이상의 최고급 프리미엄 제품만 만드는 회사이기 때문이다. 또 하나, 일본의 3대 사케 생산지인 고베의 나다고고, 교토의 후시미, 니가타현 어디와도 관계 없는, 한국인에게는 생소한 지역인 야마구치현의 술이라는 점도 독특하다. 야마구치현은 굳이 우리와 인연을 따진다면 청일전쟁의 강화조약을 맺은 시모노세키항이 있는 곳 정도로 소개할 수 있다.

다양한 닷사이 사케. 막걸리와 비슷한 니고리슈도 있다. 도쿄 긴자의 닷사이바23에 가면 다양하게 즐길 수 있다.

우리 술과 인연이 있는 이름, 닷사이

제품명인 '닷사이'는 우리 식으로 한자를 읽으면 달제, 뜻은 '수달의 제사'이다. 수달은 잡은 생선을 바위에 제사 지내듯 나열해놓고 먹는데, 이 모습을 글쓰면서 관련 서적을 죄다 주변에 나열해놓고 어지럽게 쓰는 이에 빗댄 말이다. 닷사이 제품을 만드는 아사히 주조에서는 위대한 시인이자 애주가로 유명한 당나라의 문호 이상은의 호 '달제어(獺祭魚)', 그리고 일본 근대 문학에 큰 업적을 남기고 요절한 시인 마사오카 시키의 호 '달제서점주인(獺祭書屋主人)'에서 공통되는 달제(닷사이)라는 두 글자를 가져와 사용했다. 그런데 이 닷사이라는 단어가 우리하고도 간접적으로 연관이 있다. 이수광의 《지봉유설》을 보면, 이상은이 신라의 술에 대해 쓴 것이 나온다. "한잔 신라주의 기운이 새벽 이슬에 사라질까 두렵구나." 신라의 술을 마셨는데 그 술기운과 술향이 사라지는 것에 대해 아쉬움을 표한 시문이다. 이상은도, 마사오카 시키도 뭔가를 쓸 때마다 수달이 물고기 늘어놓듯이 관련 서적을 죄다 펴놓고 쓰는 버릇이 있었다고 하는데, 달제/닷사이는 어찌 보면 술과 연관된 중국, 한국, 일본을 잇는 중요한 단어일지 모른다.

프리미엄급 사케를 더 한층 세분화시킨 이유는?

닷사이는 50% 이상 도정한 사케만 만든다. 준마이 다이긴죠라는 순쌀로 빚은 술 말이다. 일본의 공식적인 사케 등급에서 이보다 더 높은 최고급은 없다. 하지만 닷사이는 도정율을 50%, 39%, 23%로 나눈 3종 제품을 출시했고, 여기에 도정율을 공개하지 않은 최고급 '닷사이 소노사키에(獺祭その先へ)'라는 제품까지 만들어 한국 돈으로 30만 원이 넘는 가격에 현지 판매하고 있다. 이유가 뭘까? 실은 일본의 사케도 우리나라에서는 고급 술로 인식되었지만, 일본 현지에서는 그보다 아저씨들이 마시는 술, 올드한 술의 이미지가 더 강하다. 그게 무슨 의미인가 하니, 분위기나 맛을 보지 않고 오로지 취하기 위해 마시는 술이란 거다. 취하기 위해 존재하는 술, 그로 인한 과음, 폭력으로 이어지기 쉬운, 어딜 봐도 좋지 못한 이미지이다. 그래서 닷사이는 자신들의 제품을 맛과 향을 즐기는 고급 사케로만 표방했고, 지금도 그 이미지를 지켜가고 있다. 그들의 슬로건은 다음

과 같다. "취하기 위한 술이 아닌, 팔기 위한 술이 아닌, 맛을 보기 위한 술을 지향해 나갑니다."

"비싸게 사지 마", "사장을 믿지 마"

얼마 전에 닷사이는 독특한 신문 광고를 하나 냈는데, 바로 자사 제품을 고가로 사지 말라는 것이었다. 프리미엄이 붙어서 소비자 가격 이상으로 비싸게 판매 유통되고 있는데 자사의 대리점을 통해 구입하면 정가에 구입할 수 있다는 내용이다. 소비자 프렌들리 정책이라고나 할까? 이것 때문에 사회적 이슈가 되고 브랜드 가치도 상승한다.

기업 철학도 흥미롭다. 사원들이 좌절하면 회사의 타격도 커진다면서 "열심히 안 해도 돼. 포기만 하지 마", "실패해도 괜찮아. 다음에 바꾸면 되니까", "절대로 사장을 믿지 마"라는 부분이 특히 눈에 들어온다. 마지막의 '사장을 믿지 마'라는 말은 회사의 경영방침, 마케팅 전략 등을 무턱대고 맹신하지 말고 적극적으로 의견을 교환하라는 의미로 해석된다.

닷사이 아이스크림

2500엔에 판매되는 닷사이 3종 세트

닷사이 제품의 가장 기본이라 할 50% 도정 제품, 그리고 39% 도정, 23% 도정 이렇게 3종을 모두 시음해봤다. 모두 프리미엄이지만 확실히 50% 도정한 제품에서는 쌀맛이 강하게 느껴진다. 반대로 23% 도정한 것은 지나친 과실향 때문에 음식과 같이 마시기에는 음식의 맛과 향을 방해할 수 있어 보였다. 따라서, 음식과 즐기기에는 50% 도정한 닷사이를, 기분 좋게 첫잔만 즐기고 싶다면 23% 도정 제품을 추천하고 싶다. 한국에서도 50% 제품은 6만~7만 원에 소매점에서 판매되고 있다. 기분 낼 때 충분히 프리미엄으로 즐길 수 있으니 한번 맛보기를 기대한다. 동시에 닷사이 3종을 맛보고 싶다면 일본 여행시 면세점에 들려 구입하면 좋다. 3종의 미니어처 세트를 2500엔 전후의 가격으로 판매하고 있다. 이걸 통해 쌀의 도정율에 따라 같은 술의 맛이 어떻게 바뀌는가 한번에 알 수 있다. 곁들이는 음식이야

닷사이 3종 비교 시음 세트. 50% 도정부터 29%, 23%까지 총 3종

당연히 일식이 잘 어울리겠지만, 과실향이 풍부한 만큼 일식 중에서도 자극적이거나 기름지지 않은 음식이 좋다. 생선회나 초밥이 역시 가장 먼저 떠오른다. 초밥은 이왕이면 고급 사케인 만큼 참치 뱃살하고 즐길 수 있으면 좋

을 것이다. 참치 뱃살의 기름진 맛을 닷사이의 과실향으로 쫙 잡아줄 수 있을 듯.

세계 1위는 이제 중요하지 않다

닷사이의 기업철학을 보면 예전에 목이 터져라 외쳤던 '세계 1위', '최고를 향해', '회사는 가족이다', '목표 달성' 같은 구호들은 이제는 케케묵은 구습으로 사라지게 된 듯하다. 사원들의 유연한 생각과 발상이 회사를 이끈다는 사고방식으로 귀결된다. 결국 회사를 운영하는 것은 사람이고, 모든 사원의 역량이 회사를 바꿔나간다. 예전의 고도성장기 때 일본이 "너무 머리 쓰지 마. 적당히 성실하게만 따라와." 하는 관리 철학으로 회사를 경영하였다면 이제는 점차 바뀌어가는 모양이다.

 한·줄·평

빤스PD	쌀 발효주인데 이 정도로 과실향이 폭발하다니!
명사마	쌀 도정으로 끌어올린 부드러움의 최고봉?
박언니	뒷맛에 살짝 한번 치고 가는 까칠함이 있는데요?
신쏘	처음부터 끝까지 부드러움의 극치.
장기자	이 사케에서는 꽃냄새도 나네요.

나를 매료시켰던 추억의 맛
간바레오토짱

by 박언니

주종	사케
제조사	하쿠류 주조
원산지	일본 니카타
용량	900ml
알코올	14%
원료	쌀, 양조용 알코올, 당류, 젖산
색	무색투명
향	장류
맛	인공감미료의 맛은 느껴진다
가격	15,000원대(소비자 가격)

추억의 맛

어린 시절 누구나 그렇겠지만 유난히도 빵과 쿠키를 좋아했던 나를 위해 엄마는 뚜껑 달린 동그랗고 커다란 전기 오븐에 빵과 쿠키를 구워주시곤 하셨다. 그때 그 시절의 엄마표 베이커리가 특별히 기억에 남는 건, 엄마와 같이 무언가를 생산해냈다는 기쁨도 있었겠지만 결과물이 만들어질 때까지의 신기함과 즐거움, 맛있는 그 냄새. 추억의 맛은 살아오면서 순간순간 찰나에 생기는 것 같다. 그때는 몰랐지만 시간이 지난 후 딱히 기억하고 싶지 않아도 각인되어 생각나고 그리워지는 신비한 현상. 추억의 술맛도 그렇다. 어떤 이와 어떤 계절에 어떤 음식과 어떤 분위기 속에서 마셨는지에 따라 느껴지는 맛이 다르다. 그런데 참 이상하다. 음식이야 추억의 음식을 다시 먹어도 실망한 적은 그다지 없었던 것 같은데 술이란 정말 분위기를 타는 음료인지, 그때의 그 맛을 느낄 수가 없다. 음식 칼럼니스트 황교익의 일화, "추웠을 때 먹었던 우동이 그리워 얼음을 목에 감고 먹었다"처럼 그때의 분위기를 연출해 만들어내야 간바레오토짱이 그날처럼 맛있어지려나?

우유팩 속 간바레오토짱!

결혼하고 신혼 2년차 경기도 분당 정자동에 터를 잡았다. 둘이서 꽁냥꽁냥하기 바쁜 때인데 여동생이 하나의 청을 해왔다. 직장을 정자동에 잡았으니 언니네 집에서 하숙하게 해달라고. 결혼 전 늘 같이 살아왔기 때문에 나는 괜찮았지만 남편의 속내가 걱정스러웠고 며칠 눈치를 봐가며 살짝 언급을 해봤다. 다행히도 싫은 내색 없이 승인했고 곧 동생은 입주하게 된다. 그때부터 문제들이 하나둘 생기기 시작했다. 눈치 없는 동생은 친정에서 살던 때와 같은 식으로 막내인 티를 내가며 불편함을 주었는데 친정에선 전혀 눈엣가시가 아니었던 것들이 남편 앞에서는 눈치가 보여 속앓이를 하게 됐다. 몇 달이 지나 겨울이 왔고 이대론 안 될 것 같아 동생에게 나가서 술 한잔 하자고 권했다.

당시 정자동은 핫플레이스였다. 거리에는 분위기 있는 커피숍과 레스토랑 등이 막 들어섰고 이자카야도 성행했던 때라 동생과 갔던 일본식 오뎅바는 그 후 내 단골 술집이 되었다. 문을 열고 들어서면 10평 남짓 되는 홀 가운데에 동그란 바 앞으로 냄비엔 꼬치를 끼운 오뎅들이 줄지어 세워져 있었는데 먹고 싶은 만큼 뽑아 먹은 후 꼬치 수대로 계산하고 나가는 방식이다. 동생에게 어떻게 말하면 상처 받지 않고 잘 말할 수 있을까 고민하며 우연히 들어간 곳인데 그

곳의 분위기를 보자마자 매료되어 나도 모르게 사케 리스트를 받아들고 있었고 패키지가 귀엽고 읽기 쉬운, 그리고 그나마 저렴했던 간바레오토짱을 시킨다.

그날의 간바레오토짱의 맛을 어찌 잊을 수 있을까? 동생과의 허심탄회한 이야기는 훈훈하게 마무리 지어지고 스물스물 올라오는 취기는 오뎅이 익어가는 연기와 만나 몽롱한 상태의 기분 좋은 웃음을 자아내게 했다. 900ml의 우유팩에 담긴 간바레오토짱은 모든 요소들과 결합되어 환상의 맛으로 느껴졌고 두 번째 팩을 시키며 우유팩에 그려진 콧수염의 듬직한 아저씨가 점점 똘똘이 스머프로 보이기 시작할 때쯤, 정신을 차려보니 다음 날 아침이 되어 있었다.

아빠 힘내세요 우리가 있잖아요 ♪ ♪

니가타 지역의 술은 좋은 쌀과 눈이 녹아 내린 지하수로 만든다, 라는 설명은 앞서 했다. 이 간바레오토짱도 니가타 지역에서 만든 술인데 술 이름 그대로 '아빠 힘내세요'라는 뜻이다. 간바레(힘내다), 오토짱(아빠).

이 술을 만든 하쿠류 주조(白龍酒造)는 그 당시 장기불황기에 시달리던 일본 샐러리맨에게 니가타 쌀로 만든 술

900ml

300ml   180ml

을 저렴하게 공급하고 싶었던 마음에서 만들었다고 한다. 그래서 유리병을 종이팩으로, 저렴한 등급의 후쓰슈로 만들어 팔기 시작했는데 당시에 그 동네 지역에서는 상당히 인기가 있었다고 한다. 그러나 동네 사람들만 아는 술이고 일본 다른 지역에서는 찾아보기 힘들며 유명한 쇼핑몰 라쿠텐에서도 이 술은 취급하지 않는다. 그나마 일본 아마존에서만 이 술을 볼 수 있는데 소비자를 보면 한국 사람들의 해외 직구이다. 그럼 이런 유명세도 없는 사케가 한국에서는 유명해졌을까? 아마도 국내에서 이자카야를 즐겨 다니는 사람이라면 간바레오토짱을 모르는 사람은 없을 것이다.

한국으로 간바레오토짱을 수입한 태산주류의 홍순학 대표는 당시 일본 니가타의 사케를 수입하려 일본으로 건너가 고급 사케와의 협상을 진행했다고 한다. 그러나 협상을 잘 진행되지 않았고 다시 한국으로 돌아오려는 차에 저렴한 팩제품의 사케가 있는데 보지 않겠냐는 제안에 응하고 간바레오토짱을 만난다.

"아빠 힘내세요 우리가 있잖아요"라는 광고가 유행하던 때 간바레오토짱을 본 순간 한눈에 반해버렸고 당시 우리나라도 불경기였기 때문에 고생하는 가장들에게 위로가 되길 바랐고 그래서 사케팩의 문구나 캐릭터가 마음에 와 닿았다고 한다. 또, 우리나라에는 사케가 비싸다는 편견이 있는데 이자카야도 일본에서는 선술집이기 때문에 너무 고급보다는 저렴한 사케를 택했다. 마케팅으로 캐릭터가 그려져 있는 술잔, 티셔츠, 앞치마 등을 제작하자고 각지의 이자카야에 공짜로 배포하면서 유통이 늘었다. 한국에서의 이러한 높은 인지도와 인기는 일본에 역으로 영향을 줬는데 관광하러 온 한국 사람들이 일본에 가서 간바레오토짱을 찾으면 살 수 있도록 잡화점 '돈키호테' 후쿠오카점에 입점되고 대만과 캐나다에 사는 한국 교민들의 요청으로 2013년부터 역수출하게 되었다.

내가 처음 간바레오토짱을 골랐을 때에는 큼직하게 적힌 어려운 한문이 아니라 귀여운 캐릭터와 쉬운 일본어 몇 글자, 그리고 싸구려 소주만 먹던 시절, 가격까지 만족시켜주는 술이었다. 보통 여자들은 나 같은 생각으로 간바레오토짱을 접해봤다고 생각이 드는데 어렵지 않은 라벨, 친근한 비주얼은 판매에 있어서 중요하지 않나 싶다. 1865라는 칠레산 와인도 단순히 와이너리 설립 연도를 와인 이름으로 쓴 것이지만 18홀을 65타에, 라는 골프 스포츠에 접목을 시켜 우리나라에서 최고의 인기를 누리고 있다.

맛에 있어서는 여동생과의 오뎅바 추억은 넣어두고 실질적인 맛 평가를 해보자. 일단 후쓰슈이기 때문에 준마이, 다이긴죠, 긴죠와 비교해서는 안 된다. 양조 알코올과 당류, 젖산 같은 부재료가 들어갔기 때문에 깔끔한 맛보다는 특유의 잡내가 있다. 우리나라 청하의 맛과 비슷하다고 느끼는 사람도 있겠지만 개인적으로 청하보다는 끈적한 맛이 덜하고 오히려 장류(간장)의 냄새가 올라온다. 일반적인 후쓰슈의 맛과 거의 동일한데 이런 술일수록 아주 차갑게 마시거나 데워서 마시는 걸 추천하고 싶다.

그날, 나를 매료시켰던 간바레오토짱은 그냥 추억의 맛이 되었다. 그 느낌 그대로를 느끼고 싶은 마음은 있지만 독실한 기독교 신자가 되어버린 여동생은 술친구는 해주지 않겠다며 선언한 게 한참이고 그때의 오뎅바도 어느새 커피숍으로 바뀌어 있어 추억의 맛을 소환하기란 앞으로도 불가능할 것 같다.

Tip★

추운 겨울, 모든 사케를 데워 마시면 맛있나?

일반적인 가격대의 준마이나 후쓰슈를 추천한다. 데우면 알코올이 증발하는데 이것이 과실향을 죽이기 때문에 긴죠나 다이긴죠 등급처럼 과실향이 풍부한 술들은 피하는 게 좋다. 또 후쓰슈를 데우면 감미료의 잡내를 날릴 수 있기 때문에 더 맛있게 마실 수 있다.

사케 온도에 따른 맛 변화

• **사케를 차갑게 하면** : 1. 상쾌한 맛이 증가. 시원하다 2. 향기가 잘 안 난다 3. 쓴맛이 강조된다 4. 감칠맛 느끼기 어렵다

• **사케를 데우면** : 1. 향미 성분이 활성화되어 향과 감칠맛이 풍부해진다 2. 단시간 내에 부드러워진다 3. 알코올 자극이 증가하여 보다 쌉싸름한 맛으로 변한다.

• **사케 데우는 법** : 80도 정도의 물에 중탕으로 담근다. 직접 끓이거나 전자레인지에 데우면 자극이 강한 술로 변하여 휘발이 높아져 심한 알코올 냄새가 난다.

오뎅 (おでん)

어묵, 곤약, 무, 유부, 각종 해산물과 야채 등을 국물에 넣고 끓여먹는 일본 요리를 가리키는 단어가 오뎅이다. 식재료인 어묵과는 의미부터 다르다. 일본에서는 국물에 건더기를 적셔 먹는 쪽에 가깝다. 일제 강점기에 들어온 오뎅이 국물요리를 선호하는 한국인 취향에 맞게 개량화를 거친 것이 오늘날 볼 수 있는 바로 그 한국식 오뎅이다.

 한·줄·평

빤스PD	우리나라 청하랑 비교하자면 간바레오토짱이 더 좋네요.
명사마	간장의 향이 올라온다.
박언니	준마이처럼 깔끔한 맛은 아니라서 차갑게 마시거나 뜨겁게 마시는 쪽이 좋아요.
신쏘	맛이 은근히 강해서 양념이 강한 음식과 잘 어울리는 스타일.
장기자	제 입에는 다른 후쓰슈랑 별반 차이가 안 느껴지는데요.

06

눈이 녹아들은 듯한 투명한 부드러움
죠젠미즈노고토시

by 명사마

주종	사케
제조사	시라타키 주조
원산지	일본 니가타
용량	750ml 등
알코올	15~16%
원료	쌀, 쌀 입국
색	투명
향	잔잔하지만 뚜렷한 과실향
맛	눈이 녹는 듯한 부드러움
가격	10만 원대(한국 소비자 가격)

겟케이칸 준마이 750이 엔트리 버전의 사케였다면, 늘 동경하던 사케가 있었다. 니가타 지역의 상선여수(上善如水). 일본어로는 '죠젠미즈노고토시'. 그중에서도 도정율 40% 이상의 준마이 긴죠. 2010년에 처음 마셔봤는데, 풍부한 과실향과 부드러운 맛이 실로 그 이름에 걸맞는 멋진 술이었다. 그때 같이 맛을 보던 지인들 역시 칭찬을 쏟아냈다. 그래서 이 술을 만든 곳을 방문할 계획을 세웠고, 5년이 흘러 드디어 찾아가볼 수 있었다.

눈이 만들어내는 쌀과 술의 향연

니가타는 쌀의 고장으로 더 유명하다. 이유는 엄청난 적설량 때문. 겨우내 덮였던

니가타현의 에치고유자와

눈으로 땅의 미생물을 지켜주고, 봄이 되면 훌륭한 수원이 된다. 우리나라에서도 유명한 고시히카리 품종은 이 지역의 쌀이다. 고시히카리의 '고시'는 소설 《설국》의 배경지인 에치고유자와의 '에치(越)'라는 한자를 일본식으로 훈독해서 읽은 것으로 니가타의 옛 지명을 나타낸다. 결국 고시히카리는 '니가타의 빛나는 쌀'이란 의미이다. 이렇게 쌀이 좋으니 그 쌀로 빚은 술이 좋은 것, 그래서 유명해진 것은 당연한 결과일 것이다. 그래서 현재 100여 곳에 달하는 양조장이 니가타에 모여서 최고급 사케를 만들어내고 있다.

150년 역사의 시라타키 주조

고품질의 사케, 죠젠미즈노고토시를 만든 곳은 니가

타의 시라타키 주조(白瀧酒造). 160년 역사를 가진 곳이다. 시라타키 주조란 우리말로 하얀 폭포 양조장이란 뜻이다. 이유는 일단 쌀로 빚은 술의 빛깔이 하얗기 때문이며, 또 겨울이면 이 고장에는 눈이 폭포처럼 쏟아져내리기에 이 이름을 쓰기로 했다고 한다.

사케의 맛은 물과 같이 부드럽게 하라

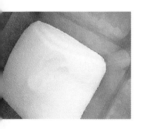

50% 도정한 쌀에 물을 넣기 전의 모습. 절반이나 깎아내어 새하얗다.

죠젠미즈노고토시라는 이름은 노자의 《도덕경》에서 가져온 말로서, 선한 것은 마치 물과 같아 세상과 다투지 않는다는 뜻이다. 물과 같이 유연성으로 다투지 않는 자연스럽게 흘러가는 삶, 그런 술을 목표로 만들었다고 한다.

그래서 술맛을 보면 지극히 자연스럽다. 마치 눈이 녹는 듯한 느낌이랄까? 특히 70% 이상 도정한 준마이 다이긴죠는 부드러움의 극치를 보여준다.

가을, 겨울에 주로 술 빚는 사케 양조장

일본은 주로 가을에 수확한 쌀로 겨울에 양조하고 봄에 내보낸다. 때마침 양조장을 방문해보니 지금 딱, 술을 압착기에 넣고 짜고 있었다. 짜는 시간을 물어보니 무려 15시간. 술맛에 방해를 주지 않기 위해 아주 천천히 짜고 있었던 것이다. 참고로 헝겊으로 된 자루에 넣고 매달아 인위적인 힘을 가하지 않고 순수한 중력을 통해 술을 받아내는 경우도 있다. 이러한 술을 일본어로 시즈쿠자케(しずく酒)라고 부르고, 우리말로 하면 '방울 술'이다. 술방울이 자루에 맺히는 모습을 담은 이름이다.

흥미로운 것은 막걸리에 자주 쓰이는 시큼한 백국균으로 만든 사케도 있다는 이야기였다. 일반적으로 사케는 일본 된장 등에도 쓰이는 담백한 맛의 황국균을 쓰는데, 새로운 시도를 하고자 백국균을 사용해본 제품이라 한다. 신맛이 도드라지는 새콤함 그 자체. 담백한 맛을 추구하는 사케와는 전혀 다른 맛이었다. 양조장 관계자는 이 새콤한 맛이 나는 사케를 한식 또는 중식과 잘 맞게 하려고 만들었다고 한다. 고전적인 사케 맛도 중요하지만 새로운 시도로 다양성을 보여주고자 하는 양조장의 노력을 엿볼 수 있다.

달을 형상화시킨 사케 디자인

화장품도 만들며, 참신한 디자인을 추구하는 곳

사케 발효액을 활용한
핸드크림

이곳 제품의 특징이라면 무엇보다 트렌디한 디자인을 보여준다는 점이다. 술을 마시면 마실수록 달 모양이 바뀌는 디자인도 유명하고 화장품 케이스로 사용해도 될 만한 감각적인 디자인을 추구한다. 남녀노소 누구나 다 즐길 수 있게 하기 위함이다. 그리고 전통에 얽매이지 않고 시대 흐름에 맞추어 다가감으로써 여성 소비자층에게 쉽게 다가가려 노력하고 있다. 덕분에 이곳은 단순히 사케만 만들지 않는다. 사케를 짜고 남은 발효 곡물을 이용하여 다양한 화장품도 만들고 있다. 특히 겨울용 핸드크림은 바르는 순간 바로 효과를 느낄 정도로 부드럽고 성능이 좋다.

가족, 연인들도 구경하러 오는 양조장

눈의 고장답게 니가타에는 유명한 스키장이 많다. 유자와 다카하라 스키장, 나스파 스키장 등이 대표적이다. 온천 역시 유명하다. 덕분에 이 지역에 놀러온 가족, 친구, 연인들이 늘 들르는 코스가 이곳 시라타키 주조이다. 일본의 KTX에 해당되는 고속철도 신칸센으로 에치고유자와 역에서 불과 600m가 떨어져 있다. 가와바타 야스나리가 《설국》을 집필한 다카한 료칸도 1.5km 거리에 불과하다.

주변은 모두 온천 마을에 스키장, 그리고 산과 바다의 요리가 함께하는 곳이다. 문학을 좋아하는 사람, 일본으로 스키, 온천, 문학을 즐기러 온 사람에게 이 양조장도 들러보라고 꼭 추천을 하고 싶다.

한·줄·평

빤스PD	진짜 흐르는 물 같은 부드러움이 있네요.
명사마	이제 막 눈이 녹은 듯한 깨끗한 맛.
박언니	풍미보다는 가벼움이 지나쳐서 매력이 떨어져요.
신쏘	맛을 다 뺀 듯한 너무 다 거른 듯한 느낌.
장기자	강한 맛이 없어 젊은 여성들이 좋아할 사케라는 생각이 들어요.

눈의 나라, 눈의 사케
핫카이산

by 박언니

주종	사케
제조사	핫카이 주조
원산지	일본 니카타
용량	720ml
알코올	15.6%
원료	쌀(야마사니시키), 누룩, 효모
색	투명
향	풍부한 과실향
맛	부드러우며 감칠맛이 뛰어남
가격	100,000원대(소비자 가격)

이제는 함박눈을 보며 설레지 않지만

〈러브 스토리〉, 〈러브레터〉, 〈렛 미 인〉 같은 영화를 보면 하얗게 뒤덮인 눈을 배경으로 열정적인 사랑, 첫사랑의 순수함, 아름답고 슬픈 사랑이 나온다.

그렇지만 서글프게도 박언니는 눈에 대한 로맨틱한 감수성을 잃어버린 지 오래이다. 이제 나에게 있어 겨울의 눈이란 안 와도 그만인 시들한 존재, 교통의 불편함과 걱정거리로 전락하고 말았다. 특히 도시에 살면서 눈이 오는 날은 걷기 불편한 날, 웬만하면 외출하기 싫은 날, 녹으면 구정물 튀는 온통 회색빛의 날에 지나지 않게 되었으니, 정말이지 어릴 적과는 달리 이제는 내 마음속 눈의 낭만과 이별한 것이라 아니할 수 없다.

눈의 나라에서 마신 사케

현실 삶에서 눈과 이별은 했지만 여행을 하다 종종 눈을 만나면 묻어뒀던 감성이 폭발한다.

일본을 자주 다녔던 나는 여간 내리지 않는다는 도쿄에서 두 번의 눈을 맞이했었다. 반가움으로 눈을 맞이하는 거리의 사람들은 모두 행복해 보였고 나 또한 차 없이, 하이힐 없이 걷는 눈 내리는 거리가 마냥 좋아 낯선 선술집으로 향했다. 따뜻한 사케로 추운 몸을 먼저 녹이고 숯불 향이 배인 구운 생선살 한 점 입에 올리면 "아, 행복하다." 소리가 절로 나온다.

한참 전에 읽었던 가와바타 야스나리의 소설 《설국》에 나오는 유명한 문장, "국경의 긴 터널을 빠져나오자, 눈의 고장이었다. 밤의 밑바닥이 하얘졌다. 신호소에 기차가 멈춰섰다." 일본의 니가타현을 배경으로 한 이 소설은 내가 온천을 즐기려 가끔씩 가는 군마현의 국경 너머이다. 책에서는 '국경'이라고 표현했지만 군마현에서 긴 터널을 지나면 바로 니가타현이 나온다. 군마도 니가타 못지 않게 눈이 많이 내리는 고장으로 지금까지 세 번 방문했는데 그곳으로 향하는 드라이브 내내 세상이 온통 하얗고 날이 저문 까만 밤 속에도 그 밑바닥까지 하얀 느낌을 실로 받는다. 눈을 느끼고 온천에 도착하면 뜨거운 온천탕 속의 뜨거운 김과 온통 하얗고 차가운 세상에서 뿜어져 나오는 입김을 섞어 사케를 함께 내 안으로 넘긴다. 이렇게 추억이 많은 군

마의 온천이 니가타 옆이었다는 사실을 《설국》을 읽었을 때 비로소 알게 되어 가보지 못했던 것이 얼마나 후회가 되던지. 《설국》의 배경지, 눈의 나라, 사케의 나라, 니가타.

일본의 부르고뉴, 니가타

프랑스에서 와인 생산지로 유명한 부르고뉴 지방은 포도나무가 잘 자라는 최고의 토질을 가지고 있다고 한다. 그래서 많은 와인 양조장들이 집약적으로 모여 있는데 일본의 니가타 지역도 사케를 만들기에 최적의 조건을 가진 곳이라 일명 일본의 부르고뉴라 부른다. 이곳 사케의 맛은 눈으로부터 시작한다. 봄이 오면 눈이 녹아 물이 되어 대지를 촉촉하게 적시고 그 대지에서는 일본 제일의 쌀이 생산된다. 최고의 쌀과 깨끗한 물. 그렇기에 니가타의 눈은 곧 축복이다. 품질 좋은 쌀의 재배, 눈이 많이 오는 자연 환경 때문에 니가타에는 100여 곳의 양조장이 있고 이중 10곳의 양조장은 300년이 넘는 긴 역사를 가지고 있다.

니가타 사케 중에서 핫카이산(八海山)은 군마현 온천여행을 하면서 처음 알게 된 제품인데 전통요리인 가이세키와 함께 반주로 추천받아 마셨던 것이다. 국내에서도 꽤 많이 알려져 있는 사케인 핫카이산인데 1922년 창업 이래 준마이긴죠, 긴죠, 혼죠조 등급의 사케만 생산해온 핫카이 주조(八海酒造)에서 만들고 있으며 특히 핫카이산 다이긴죠는 한정 생산품으로서 최고의 품질을 자랑한다.

핫카이산의 최고 품질 다이긴죠. 그 앞에 준마이(순미)가 안 붙어도 최고의 사케일까? 핫카이산 다이긴죠에는 양조용 알코올이 들어간다. 이는 알코올 도수를 높이는 목적이 아닌 긴죠에서 나오는 고급 과실향과 꽃향을 좀더 끌어내기 위해 소량으로 넣은 것이다. 알코올이 날아가면서 술이 가지고 있는 향기도 같이 끌어올려주기 때문에 술잔을 입에 댔을 때 향과 목에 넘어간 이후의 잔향이 그윽하다.

'사람'과 '마음'이 사케의 맛을 결정하기 때문에 재료도 경건한 마음으로 대한다는 핫카이산 장인은 50년 이상 사케를 빚어온 전문가들로 독특한 맛과 향이 나오도록 쌀알을 많이 깎아내 달지 않고 드라이한 술을 만들어 저온으로 발효, 거친 향을 억제했다. 고품질의 사케를 만들기 위한 첨단시설을 갖췄지만 쌀을 발효할 때 온도를 높이거나 내리는 것은 과학적 수치와 손끝의 감각이 좌우하기 때문에 기계만 의존하지 않고 8일 정도 날밤을 새우고 2~4년간 숙성을 지켜보면서 맛과 향을 결정한다고 한다.

이러한 장인 정신을 바탕으로 핫카이산은 2000년 밀레니엄을 기념하고자 공고신(金剛心, 강한 마음)이라는 프리미엄급 사케를 내놓았는데 효고현의 야마다니시키를 정미해 60% 깎고 영하 3도에서 2년간 숙성, 1년에 2번 만들어내는 명주로서 중후한 향기에 묵직하게 입안을 채우는 숙

성감이 느껴지는 술이다. 별도의 홍보를 하지 않았음에서 많은 언론과 사케 애호가의 구전에 힘입어 유명해졌다. 핫카이산 다이긴죠도 차마 넘기기 아쉬울 만큼의 매력을 느꼈는데 아직 마셔보지 못한 핫카이산 공고신은 어떤 향기로움을 담아냈을까 사뭇 궁금해진다. 장기보존이 가능하고 일반 사케 병이 아닌 독특한 디자인으로 여름에는 파란병, 겨울에는 갈색병에 담아 연간 3000병만 만들어져 니가타 지역 주민에게도 인당 1병만 살 수 있도록 제약을 걸어놓은 귀한 술이니 일 년에 두 번 출하하는 날을 기억해뒀다가 기어코 마셔보리라.

　　눈이 온 노천 온천탕에 몸을 담그고 눈 속에 박아놓은 맥주와 샴페인을 꺼내 마신 적이 있다. 뜨겁게 데워져 있는 몸이 조금은 덥다고 느껴질 때 뽑아 마시는 성인만의 탄산음료는 더워진 몸을 신속히 식혀주어 좀더 탕 속을 누릴 수 있는 시간을 벌어주지만 고급 사케일수록 좋은 향을 품는지라 멋모르고 사케를 냉큼 눈 속에 박아 차갑게 마시면 그 향이 느껴지지 않기 때문에 실온에 둔 사케를 추천한다. 적정 온도는 10~15도 사이이다. 온천 밖이 추워 사케의 온도가 내려가면 온천물에 중탕을 해서 마시는 것도 좋은 방법이다.

명품 사케에 대해 좀 더 알아보자

• 기쿠히메 구로킹 다이긴죠- 이시카와현

야마다니시키 100%만을 원료로 만든다. 술자루에서 한 방울씩 떨어지는 가장 깨끗한 술을 모아 3년간 숙성시킨다. 납득할 수 있는 맛이 나오지 않으면 출하를 시키지 않고 장인이 인정을 해야 출하한다. 60만 원.

• 마도노우메 다이긴죠 히조슈 - 사가현

마도노우메 주조에서 생산되는 고급 사케인데 1982년 후쿠오카 국세청이 개최한 주류 감평회에서 국장상을 받으면서 유명해졌다. 25년간 숙성시킨 뒤 병입한 제품이라 매년 200병만을 출하하는데 그래서 병마다 일련번호가 적혀 있다. 100만 원.

• 요시노가와 히조슈 - 니가타현

니가타현 요시노가와에서 만드는 술로 영하 3도에서 5년간 숙성 30만 원. '도쿄 니가타 모노가타리(東京新潟物語)'라는 이 술의 광고 시리즈가 우리나라에서도 유명하다.

한·줄·평

빤스PD	과일향이 먼저 올라오고 뒷맛이 부드러워요.
명사마	오일리할 만큼 미끈함.
박언니	향기로움과 와일드함의 공존. 뒤에서 오는 한방이 있네요.
신쏘	감칠맛이 풍부해요.
장기자	과실향 외에 알코올로 치고 올라오는 향도 있어요.

일본 사케의 부흥을 이끌어낸 술
고시노간바이

by 명사마

주종	사케
제조사	이시모토 주조
원산지	일본 니가타
용량	750ml 등
알코올	16%
원료	쌀, 쌀 입국
색	투명
향	쌀이 주는 잔잔한 향
맛	묵직한 목넘김, 드라이한 개운함
가격	150,000원

사케를 공부하면 늘 거치게 되는 과정이 역사이다. 다양한 부분이 접목되어 있는데, 고급스럽게 보이는 사케 역시 합성감미료 및 양조용 알코올을 넣어 저렴하게 팔던 시기가 있었다. 일본의 태평양 전쟁부터 1970년대 고도성장기에 걸친 시기를 말한다. 저렴하고 빨리 취하는 사케만 추구하던 시대, 사케란 곧 저렴한 술로 낙인 찍힌 시대였고 미식가들이 사케 시장을 떠나던 그런 어두운 시대였다. 이때 지역의 문화를 담고 혜성처럼 주목 받은 고품질의 사케가 바로 고시노간바이(越乃寒梅)이다.

이 술을 만드는 양조장은 이시모토 주조(石本酒造). 대표 제품은 고시노간바이. 이름 그대로 니가타의 겨울 매화이다. 이곳 양조장을 방문한 이유는 간단하다. 여기서 만든 고시노간바이라는 사케가 그 당시 거의 다 죽

212

어가던 일본의 사케 문화를 살렸기 때문이다.

일본의 사케는 고급스럽다?

일본의 사케는 늘 고급스러운 이미지를 가지고 있다. 화려한 색을 자랑하는 일식과 즐기기에 비쌀 수밖에 없다. 그렇다면 일본의 사케는 원래부터 고급 술이었을까? 결론부터 이야기하자면 그렇지 않았다. 일본 역시 쌀이 부족했던 1940년대부터 고도성장기인 1970년대 초까지 세배증량주라는 합성사케가 사케 시장의 주류를 이뤘다. 이게 말그대로 1리터의 발효주에 양조용 알코올에 당류, 산미류, 글루타민 등을 넣어서 그 양을 세 배까지 늘린 술로서 원료 비용을 획기적으로 줄이고 철저하게 대량생산에 맞추어 만들어낸 제품이었다. 원료 비율이 낮다 보니, 전체적인 가격은 저렴해졌고, 대량생산을 통해 만들어진 이 술은 소비자에게 날개 돋친 듯이 팔렸다.

저렴한 사케 시장을 열어준 합성사케

1940년대에 등장한 합성사케 시대는 지역 쌀로 좋은 술을 만드는 양조장을 무척 힘들게 했다. 특히 이 당시의 합성사케는 다양한 감미료를 썼기에 늘 맛이 달았다. 제대로 쌀과 누룩만으로 만드는 술은 맛도 달지 않고 무엇보다 가격이 2배 이상 높다 보니 오직 취하기만 하는 당시의 분위기에 맞지 않아 사케는 오직 저렴한 가격과 단맛으로만 인정받았던 시대였다. 원료의 가치와 장인정신으로 경쟁을 하던 지역 양조장은 경영이 어려워졌고 수많은 양조장이 사라지거나 저렴한 사케를 만들기 시작했다.

이시모토 주조 입구

어떻게 살아남았나

1964년 도쿄올림픽이 끝나자 일본은 본격적인 고도성장기에 접어드는데, 삶이 조금씩 윤택해질 때마다 차별화된 것을 찾는 분위기가 무르익어갔다. 다만 일본도 수입주류시장만 커졌고 유독 일본 본연의 사케는 그 분위기를 타지 못했다. 그러던 1970년대 중반, 고도성장기가 끝나고 일본을 재발견하자는 붐이 일어나는데, 그것의 중심에 있었던 것이 일본의 지역술, 지자케(地酒)였다. 동시에 늘 숙취가 있던 합성사케에 대한 성찰이 일어나기 시작했다.

이때 소비자는 풍부한 자연과 고급 쌀이 나오는 니가타의 술. 그중에서도 바로 고시노간바이에 주목을 했다. 이 술에 소비자가 주목한 이유는 이제까지 단술과는 다른 드라이한 매력과 쌀 본연의 향과 맛, 그리고 니가타 특유의 연수가 주는 부드러운 촉감과 자연환경, 사군자 중의 매화를 뜻하는 제품명이 이름이 고급이라는 카테고리에 딱 맞

일본식 누룩 고우지를 만드는 모습

아 떨어졌기 때문이다. 한때는 구입하기도 어려워 프리미엄이 붙는 등 지역술이 일본 사케 본연의 모습이란 것을 알려 나갔다.

동시에 소비자들이 이런 합성사케에 대한 진실을 알게 되면서 해당 술의 소비는 급격히 줄게 된다. 결국 소비자는 똑똑하다는 것을 알려준 것이다.

니가타의 문화를 알리다

지자케 사케 붐이 불면서 니가타 주민들에게는 고향을 자랑할 만한 멋진 아이템이 생겼다. 이렇게 되다 보니 그들이 도시로 나가게 되면 늘 니가타 사케를 선물하게 되었고, 또 그것을 맛본 사람들이 니가타에 출장이나 여행을 오게 되면 이 고시노간바이 또는 다른 니가타 지역술을 사서 가는 것이 자연스러운 문화가 되었다. 이것을 통해 니가타라는 농업 지역과 도시 간의 교류가 이루어지고, 수많은 사람이 왕래를 하면서 지역 발전에도 큰 역할을 하게 된다. 더불어 고급 사케를 만드는 곳은 니가타라고 알려져 매년 3월에는 니가타 사케 축제 '사케노진(酒の陣)'이 니가타에서 열리기까지 되었다. 약 20만 명이 유료로 들어오는 이 축제는 일본 최대 사케 축제라고 할 만큼 다양한 음식과 전국에서 몰려드는

수많은 인파로 유명하며, 부스당 하루 매출만 2000~3000만 원을 올리고 있다고 한다. 이시모토 대표는 결국 지역술을 알린 것은 주민이라며, 같은 지역의 사람들에게 먼저 인정받는 것이 가장 중요했던 것이라 말한다.

죠젠미즈노고토시와 확연히 다른 고시노간바이의 맛

양조장에서 직접 고시노간바이를 맛보았다. 시음 제품의 등급은 준마이 다이긴죠. 죠젠미즈노고토시에서 맛본 것과 같은 등급의 고급 사케로 정미율은 38%이다.

죠젠미즈노고토시가 물 같은 부드러움을 추구하는 술이라면, 이 술에는 쌀의 풍미와 드라이함이 있다. 같은 최고급 사케이지만 추구하는 맛이 완전히 달랐다. 동시에 이곳에서 빚은 사케를 증류한 10년 숙성 소주도 맛보는 행운도 가질 수 있었다.

세월이 주는 숙성의 부드러움과 응축된 쌀의 맛은 마시는 순간 자연스럽게 왜 이 술이 최고급인지를 알 수 있었다. 하지만 술이란 게 원래 마신 이들 모두가 맛있다고 느낄 수는 없는 법이다. 평소 술을 잘 못 마시는 사람이라면 죠젠미즈노고토시를 추천하고, 독주를 좋아하는 애주가라면 고시노간바이를 추천하고 싶다. 각각이 추구하는 맛은 다르니까.

프랑스 요리도 즐길 수 있는 이시모토 주조

고시노간바이는 최근에 해외에 수출도 시작했다. 미국이 가장 크고 유럽, 특히 한국에도 유명하다. 크지 않은 지역 양조장이지만 해외에 자국의 문화를 알린다는 자부심이 있다고 한다. 특히 일본의 사케가 일식만 잘 어울린다는 편견을 없애기 위해 직접 프랑스 레스토랑까지 경영하고 있다. 셰프를 제외한 직원들은 모두 양조장 직원. 결국 자사 술을 가장 잘 아는 직원이 손님과의 가장 직접적인 소통을 맡았다. 말로 하는 것보다는 직접 보여주는 것이 좋다는 것이 이시모토 주조의 철학이기도 하다. 참고로 이곳의 술맛은 일반 일본 사케가 지향하는 과실향이 풍부하고 물같이 부드러운 것보다는 적당한 담백함에 쌀맛이 살아 있는 술. 즉, 식전주보다는 식중주를 지향한다. 그래서 늘 음식과의 조합을 중요하게 여기는 곳이다. 더욱 흥미로운 것은 이곳이 운영하는 일식 레스토랑. 돼지고기를 중심으로 한 샤부샤부 요리인데, 국물을 이곳 사케로 만들어낸다.

이시모토 주조의 프랑스 요리. 코스 요리로 1인당 50,000원 전후

최고급 쌀만 고집하는 이유

이곳은 예전부터 고급 사케를 만드는 양조용 쌀만 사용해왔다. 이 양조용 쌀이란 전분이 많아 낱알이 크고, 더

불어 벼의 크기도 크다. 즉 무거운 낟알을 가지고 있어 바람에 약하고, 일조량도 풍부해야만 생육한다는 뜻이다. 그래서 주로 산악 지역에서 재배되며, 그 기간도 길다는 어려움이 있기에 재배하기 어렵고 가격도 일반미보다 50% 가까이 높다. 이것을 알리고 소비자와 소통하기에 시간은 좀 걸렸지만 결국은 소비자가 알아주고 철학 있는 양조장으로 인정해줬다. 현재 이곳에서는 니가타 쌀을 약 70%, 그리고 효고현의 최고급 양조미인 야마다니시키를 30% 정도 쓰고 있다. 니가타는 밥쌀로는 최고이지만, 양조용 쌀로는 아직 효고 지역이 역사가 오래되고 생산 퀄리티도 좋아서 이쪽 쌀을 쓰고 있다고 한다. 하지만 언젠가는 니가타 지역에서 난쌀 100%로 만들고 싶어, 현재 시험적으로 양조용 쌀을 재배하며 사용하고 있다고 한다.

술의 근본은 농업, 그것이 성공의 비결

이시모토 주조의 대표 이시모토는 술의 근본은 농업이라고 강조한다. 사계절을 통해 재배된 쌀을 지역의 물을 넣어 쪄서 발효하고 그리고 숙성이라는 시간을 통해 술이 만들어진다는 것이다. 쌀이 좋아야 술맛이 좋고 술맛이 좋아야 지역의 문화를 알리는 데 도움이 된다. 한국에도 지역의 농업과 문화를 알리는 다양하고 멋진 지역 전통주가 있다. 충남 서천의 한산 소곡주, 당진의 백련 막걸리, 면천 두 견주, 안동의 안동 소주, 진도의 진도 홍주, 문경의 오미자 술 그리고 정읍의 죽력고까지 다양한 술이 존재한다. 하지만 아직 지역술이란 이름이 일반적인 소비자에게는 생소한 부분이 많다. 각각의 지역술이 뭐가 어떻게 다른지에 대해 충분히 알려야 하는데 그에 대한 소비자와의 소통이 적기 때문이다.

지역의 술을 찾는 이유는 간단하다. 어떤 원료로 누가 만들었는지가 확실하고 술 빚는 장인의 철학을 통해 자연스럽게 소통이 되기 때문이다. 그러다 보면 술맛도 단순한 알코올 맛이 아닌 원료의 풍미를 알게 되고 발효숙성의 향이 느껴지며 무엇보다 대한민국의 각 지역이 가진 소박하지만 깊은 매력을 알게 된다. 일본의 재발견이란 이름으로 일본이 1970년대부터 이러한 지역술 붐을 일으켰는데, 우리는 언제쯤 이런 붐을 만들어낼 수 있을까?

한·줄·평

빤스PD	첫 모금은 부드럽게, 후미는 길게!
명사마	진함이 있는 정통파 사케?
박언니	도정을 많이 했음에도 쌀의 풍미가 진하네요.
신쏘	좋은 사케를 한 번 더 응축한 느낌.
장기자	묵직한 후미에 매력을 느껴요.

깜찍한 캐릭터, 알고 보면 깊은 역사
유키오토코

by 명사마

주종	사케
제조사	아오키 주조
원산지	일본 니가타
용량	750ml 등
알코올	15%
원료	쌀, 쌀 입국
색	투명
향	진한 쌀의 향
맛	칼칼하면서 묵직함과 샤프함
가격	8만 원대(한국 백화점 가격)

북미의 로키산맥 지역에는 미스터리한 괴담의 생명체가 하나 있다. 1960년대부터 1970년대까지 300여 차례나 목격되었다는 전설의 생명체. 우리말로 설인(雪人), 바로 빅풋(Bigfoot)에 관한 이야기이다. 주로 설인은 괴생명체로 여겨지는데, 유사한 물체가 일본 니가타 지역에도 있다. 일본 발음으로는 유키오토코(雪男), 우리 식으로 해석하면 '눈의 남자'이다.

그런데 일본 전설 속 설인은 서양의 것과 꽤나 다른 모습을 보여준다. 어느 추운 겨울, 장사를 하기 위해 짐을 싣고 가는 상인이 해발 2000m가 넘는 험준한 산맥을 넘다가 조난을 당했다. 이대로 가면 얼어 죽을 판. 이때 그의 앞에 설인이 등장한다. 서양의 설인이라면 이 보부상을 습격하거나 납치하는 것이 일반적이지만 니가타의 유키오토코는 달랐다.

바로 쓰러져가는 보부상의 짐을 다 들어주고, 목적지까지 데려다줬다. 답례는 주먹밥 하나면 충분했다고 한다. 즉 위험에 처한 사람을 도와주는 구조대와 같은 역할을 한 것이다. 200여 년 전의 민화로도 남겨져 있는데, 술병의 라벨에 등장한다. 바로 오늘 소개하는 사케, 유키오토코이다.

유키오토코는 어떤 사케?

유키오토코는 역시 눈의 고장 니가타에서 만들어지는 술로서 1717년에 창립한 니가타 아오키 주조(青木酒造)가 그 탄생의 주인공이다. 니가타 대표 사케용 쌀 고햐쿠만고쿠를 사용하였고, 오직 쌀로만 빚은 준마이슈 등급으로 도정율은 40%. 원래 40%를 도정하면 과실향이 풍부하다는 뜻의 '긴죠'라는 명칭을 쓸 수 있지만, 쌀의 맛을 추구하고자 이 명칭은 쓰지 않았다고 한다. 그 의도대로인지 마셔보면 과실향보다는 쌀의 향미가 강하게 느껴지며 뒤에서 느껴지는 후미도 긴 편이다. 물같이 부드럽다기보다는 뒤에서 다가오는 쌉쌀한 본연의 술맛도 가지고 있다.

매출의 일부는 산악구조대에 기부금으로

이 유키오토코 사케는 제품이 판매될 때마다 일부 금액을 기부하고 있기도 한데, 기부처는 일본 산악구조대이다. 겨울이면 눈이 많이 내리고 산악 지형이 험난하여 스키와 온천으로 유명한 니가타 지역에는 그에 따른 조난도 많기에 산악구조대의 활동이 지역에서 매우 중요한 역할을 담당하고 있다. 특이한 것은 산악구조대의 이름도 이 사케와 동일한 이름인 유키오토코라는 사실. 지역의 문화가 제품에 녹아들며, 지역 발전과 기부로도 이어주는 의미 있는 모습을 엿볼 수 있다.

아오키 주조는 전시관을 같이 운영하고 있어서 일반인의 견학도 가능하다. 개인적으로 2016년도에 이곳을 방문했는데, 직접 술을 빚는 모습을 보았고, 하나하나 설명해주는 모습이 무척 흥미로웠다. 니가타를 방문한다면 한 번쯤은 가볼 만한 곳이다.

 한·줄·평

빤스PD   뒤에서 오는 쌀 맛이 묵직한데요.
명사마   고기와도 잘 어울릴 듯한 바디감이 진한 사케.
박언니   첫맛은 묵직한데, 계속 머금고 있으니 부드러워지네요.
신쏘   귀여운 라벨의 느낌을 뒤엎는 반전의 맛? 날카로운 샤프한 느낌이 매력적이네요.
장기자   눈 녹은 물처럼 포근한 느낌이에요.

04

막걸리,
어디까지 마셔봤니

지역 명품 막걸리는 왜
동네 마트에 없었을까?

대한민국에는 1000종이 넘는 막걸리가 있다. 저렴한 막걸리도 있지만 명인이 빚은 무첨가 막걸리부터, 100일 이상 장기 숙성한 막걸리, 알코올 도수 15도가 넘는 원액을 담은 막걸리, 물을 넣지 않아서 요거트처럼 떠먹어야 하는 막걸리 등 실로 다양한 제품이 있다. 하지만 우리 주변의 마트에 가면 이렇게 다양한 막걸리를 보기란 쉽지 않다. 왜 우리 주변에서는 다양한 막걸리를 찾기가 어려울까?

모두가 알다시피 막걸리는 생주(生酒)이다. 말 그대로 살아 있는 술이다 보니 관리가 어렵다. 냉장보관으로도 유통기한이 1개월 전후이다. 이것은 다시 말해 제조 시점에서 1개월 내에 다 팔리지 않으면 몽땅 반품처리해야만 한다는 것이다. 그런데 반품을 받으려면 탑차가 있어야 하며, 영업사원도 있어야 한다. 즉 충분히 제조, 유통, 공급을 감당할 전문 인력이 있어야 하는 것이다. 그런데 한국의 막걸리 양조장 약 3분의 2 정도가 연매출 1억 미만의 영세 사업자이다. 반품이나 재고 관리를 담당할 전문 인력 자체가 없다시피 하다. 큰 기업들은 아예 유통기한을 관리해주며, 자신들이 기한이 지난 막걸리를 가져가기도 한다. 그런데 작은 곳은 이러한 대응이 어렵고, 마트 주인들은 이렇게 하는 부분이 손이 너무 가는 나머지 귀찮아하는 경우가 많다.

또 술 마케팅에 있어서 가장 중요한 것은 식당의 메뉴판, 물통, 배너 등을 만들어주는 것이다. 이러한 것에 자사 제품이나 로고를 넣으며 홍보 및 판매 효과를 극대화시킨다. 마찬가지로 이런 것 역시 자본이 없으면 어렵다.

그래도 바뀌고 있어 🍾🍾🍾

앞에서 언급한 대로 자본의 논리가 적용되는 시장이지만, 그래도 바뀌고 있다. 차별화되고 다양한 술을 찾는 소비자가 늘고 있기 때문. 그래서 최근에 마트에 가면 중견 양조장들이 제조한 지역 막걸리들이 꽤 많이 늘어났다. 막걸리를 만약 시작한다면 마트 막걸리부터 마셔가며 비교해보는 것이 가장 좋다. 알고 보면 막걸리야말로 최고의 가성비를 가진 술이기 때문이다.

by 명사마 (주류 문화 칼럼니스트)

기교 없이 투박하지만 생생하다
───── 해창 막걸리

by 장기자

주종	쌀 막걸리
제조사	해창주조장
원산지	전라남도 해남
용량	900ml
알코올	9%
원료	햅쌀, 찹쌀, 물, 누룩
색	하얀색
맛	단맛이 강하지 않고, 적당한 산미. 깔끔하고 상쾌한 맛
가격	3000원(온라인)

해창 막걸리는 땅끝마을 전라남도 해남에서 빚어지는 막걸리로서 오로지 쌀과 누룩과 물만을 섞어 빚은 무첨가 막걸리이다. 전반적으로 입안에 텁텁함이 오래 남고, 담백한 편이다. 처음 맛보는 사람들은 기존에 먹어왔던 막걸리와 달라 다소 낯설게 느낄 수도 있다.

기존 막걸리와는 다르게 단맛과 신맛이 강하지 않다. 투박하지만 깔끔하고, 개운한 맛이 특징이다. 기교 없이 재료의 고유한 맛과 향이 그대로 살아 있다. 특히 단맛이 거의 느껴지지 않는 담백하고, 드라이한 맛으로 미식가들 사이에서 상당히 이름이 알려진 술이다.

맛이 자극적이지 않기 때문에 많이 마셔도 질리지 않으며, 술맛이 모나지 않고 균형이 잘 잡혀 있어 다양한 음식과 어렵지 않게 매칭할 수 있다. 따라서 반주로 하기에 좋은 술이다.

아름다운 정원, 그 안에서 빚어지는 막걸리

해창 주조장은 전국에서 가장 아름다운 정원을 가진 양조장이란 별명을 가진 곳으로, 1930년대 모습을 그대로 가지고 있어 근대 문화를 느낄 수 있는 중요한 명소이다.

해창 주조장은 울돌목에서 20분 거리에 있는 고천암 호에 위치했다. 고천암 호는 일제 강점기 때만 해도 해창 포구가 있어, 뱃길을 통해 일본으로부터 곡식을 수탈당한 곳이다. 간척 사업으로 수탈 경로였던 뱃길은 더는 찾아볼 수 없게 됐지만, 현재도 곳곳에 역사의 흔적들이 남아 있다.

일제 강점기에 지어진 만큼 아픈 역사도 같이 가지고 있다. 양조장 입구에 거대한 쌀창고를 볼 수 있는데, 당시의 수탈상을 그대로 보여준다. 그래서 이곳은 역사교육 차원에서 가족 단위로 방문하기도 한다.

특히 해창 주조장은 일제의 수탈, 전쟁, 현대화의 세월을 거치고도 1920년대 근대 문화가 고스란히 남아 있는 곳이다. 지어진 지 무려 90년이나 된 일본식 정원과 100년 전 만들어진 쌀창고 등 일본식 건축물의 원형 그대로를 볼 수 있다.

1920년대 만들어져 현재에 이르기까지 지금은 상당 부분 바뀌었지만, 당시 일본식 정원의 공간적 특징을 살펴볼 수 있다. 정원 중심부에는 연못을 파고, 다리를 놓았다. 이는 못 주위를 돌면서 정원을 감상하는 전형적인 일본식 회유임천형(回遊林泉型) 정원의 모습이다.

특히 정원에는 600살이 넘은 배롱나무를 비롯해 석류나무와 동백나무 등이 조화롭게 어우러져 있으며, 각기 다른 돌마다 초록을 수놓은 듯한 이끼의 모습은 인간과 자연이 함께 만들어온 듯한 정원의 모습 그대로를 느낄 수 있다.

해창막걸리는 물에 불린 해남 찹쌀과 멥쌀을 섞어

고두밥을 짓는다. 단가가 높더라도 찹쌀을 사용하여 고소하면서도 담백한 데다가 끝맛에서 은은한 단맛을 느낄 수 있다. 여기에 오랜 세월 양조장에서 사용해왔던 우물을 그대로 사용하고 있다. 250m 지하 암반수 맑은 물까지 더하여 해창 막걸리가 완성된다.

 한·줄·평

빤스PD	막걸리가 가진 본연의 맛이라는 생각이 듭니다.
명사마	이 막걸리, 밸런스가 굉장히 좋네요.
박언니	한여름 시원하게 벌컥벌컥 들이키고 싶은 술.
신쏘	개운하고 깔끔, 그 자체인 막걸리예요.
장기자	밍숭밍숭, 담백한 맛.

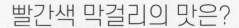

빨간색 막걸리의 맛은?

술취한/붉은 원숭이

by 신쏘

주종	막걸리
제조사	술샘
원산지	경기도 용인
용량	375ml
알코올	10.8%
원료	쌀(경기미 100%), 누룩, 홍국, 정제수
색	토마토주스
향	멜론, 참외, 바나나, 사과
맛	멜론, 토마토 외 열대 과실맛과 곡물의 맛
가격	7000원

이름에 숨겨진 비밀

이 술은 매해 12간지를 활용하여 12가지의 시리즈를 기획하는 술샘 양조장에서 2016년 붉은원숭이 띠를 맞이하여 출시된 술이다. 그래서 이 술의 색은 붉은색이다. 홍국이라는 빨간 쌀을 사용하여 빚어지는데 홍국 막걸리는 처음일 것이다. 신쏘는 아직 시제품일 때 테이스팅을 했었는데 그때와는 또 다른 매력으로 출시가 되었고 신쏘가 원숭이 띠인지라 유독 마음에 쏙 든 막걸리이기도 하다.

이 막걸리는 두 가지 스타일로 판매되고 있는데 생막걸리인 술취한 원숭이, 살균막걸리인 붉은 원숭이이다. 이 둘이 매력이 너무 달라서 꼭 두 가지 다 맛보시라고 권하고 싶다.

그런데 이듬해인 2017년 닭의 해에 문제가 터진다. 대표님이 준비하신 술은 약주에 닭의 그림을 그리고 재미있는 이름을 준비하셨단다.(이름은 안 알려주셨다. 영업기밀일까봐 더 물어보지 않았다.) 하지만 아시다시피 그 해에 많은 일들이 나라에서 벌어졌고, 그 일로 닭의 이미지가 안 좋아지면서 출시를 하지 않기로 하셨다고 한다. 그런데 내가 알기로는 그 술이 다른 이름으로 출시가 된 것 같다.

홍국이란 무엇인가?

원래 홍국이란 빨간 곰팡이 누룩이라고 볼 수 있다. 그래서 홍국 막걸리라고 하면 홍국으로 발효한 막걸리인데 실제 원숭이 시리즈는 홍국으로 발효를 완벽하게 하지는  못했다. 아직 한국의 홍국 만드는 기술로 빨간 막걸리를 만들기에는 힘든 점이 있어 원숭이 시리즈는 다른 발효제가 더 첨가되어 만들어졌다. 그래도 홍국에서 오는 특유의 향과 맛을 느끼기에는 충분한 맛이며, 달지 않은 듯 자연스럽게 단맛이 나고 향긋한 과실향이 고급스럽게 느껴진다.

빠빠 빨간 맛!

홍국 쌀이란 쌀에 붉은 곰팡이를 발효시켜 만든 누룩이라고도 볼 수 있다. 요즘에는 시중에서도 판매를 하고 있는데 붉은 쌀의 색이 아주 영롱하다. 하지만 아직 홍국으로만은 발효가 어려워 약간의 누룩을 더 넣어서 발효하는 것으로 알고 있다.

원숭이 시리즈의 술을 조금 더 알아보자면 알코올 도수는 10.8도로 막걸리 중에서는 낮지 않은 도수이다. 시중의 막걸리들이 6도 정도이니 4.8도나 높은 셈이다. 또 감미료 무첨가 막걸리로서 막걸리 자체의 향과 맛을 더욱 진하게 느낄 수 있다. 공통적인 향으로는 멜론향이 나는데 조금 더 익숙한 향으로 찾자면 '메로나' 아이스크림의 향이 난다. 장기자는 전반적으로 토마토의 향이 난다고 하는데 왠지 이 술은 채소처럼 산뜻한 맛이 많이 나는 것 같다. 또 각

자의 맛이 다른데 술취한 원숭이는 생막걸리답게 산뜻하며 사과향이 은은하게 퍼지고 전반적으로 맑은 느낌이다. 붉은 원숭이는 기존 살균 막걸리 특유의 살균취가 없고 잘 익은 호박향이 나기도 한다. 또 술취한 원숭이보다는 조금 더 부드럽고 단맛이 살

짝 느껴진다. 두 술 모두 단맛이 강한 술은 아니지만 약간의 단맛이 혀에 착 감겨 마시기 좋은 술이다. 술을 잘 못 드시는 분들이 단술을 좋아한다고 하지만 너무 단 술은 음식 맛을 헤치거나 많이 마시지 못하는 경우가 생긴다. 술을 못 드시는 분들은 많이 드실 필요가 없는가? 그래도 나는 너무 단술보다는 은은한 단맛을 즐기는 편인데 단맛을 좋아하지 않은 박언니에게도 원숭이 시리즈의 단맛 정도는 은은하게 느껴진다고 한다.

 한·줄·평

빤스PD	빨간 맛 오묘하네.
명사마	이 색깔만 봐도 토마토 맛이 느껴집니다.
박언니	단맛이 은은하네요. 의외로 소주파들이 좋아할 수도.
신쏘	빨간맛 사랑입니다.
장기자	저는 둘 다 좋아요. 둘 다 매력이 철철.
달교수	나는 붉은 원숭이파.

대한민국 민속주 1호 막걸리
금정산성 막걸리

by 장기자

주종	막걸리
제조사	(유)금정산성토산주
원산지	경상남도 부산
용량	750ml
알코올	8%
원료	쌀, 밀누룩, 정제수, 아스파탐
색	노란색이 감도는 묵직하고 뿌연 하얀색
향	누룩향
맛	특유의 산미가 입안에 오래 남는다.
가격	3000원(온라인)

금정산성 막걸리는 해발 400m의 금정 산성 마을에서 제조된다. 직접 만든 누룩과 250m 지하 암반수를 사용한다. 전통 양조 방식을 그대로 따라 만들고 있으며, 우리나라 막걸리 중에서 유일하게 향토 민속주로 지정되어 있다. 대한민국 민속주 1호 막걸리이다.

특히 산성누룩은 보통 누룩처럼 도톰하게 딛지 않는다. 두께 2.5 ~ 3cm의 산성누룩은 둥근 쟁반 형태이다. 베보자기로 싸서 발로 동그랗고 납작하게 디뎌 만든다. 이렇게 디뎌진 누룩은 시렁에 짚을 깔고 그 위에 놓아 30℃에서 일주일간 띄웠다가, 28℃ 정도로 온도를 낮춰서 일주일간 발효시켜 완성한다. 특히 산성누룩은 족타식 누룩이다. 덧신을 신고 꼭꼭 밟아 만드는 것이며, 500년째 이 방식을 고수하고 있다. 흑국, 황국 등 일본식 배양균을 사용하는 입국법 대신 전통 누룩을 사용

하여 우리나라 고유의 막걸리 맛을 느낄 수 있다.

금정산성 막걸리의 유래는 정확하지는 않지만, 조선 초기부터 이곳 화전민이 생계수단으로 누룩을 빚기 시작한 데서 비롯된 것으로 보고 있다. 특히 조선 숙종 29년(1703)에 부산 금정산성을 축성하게 되었는데, 이때 부역꾼들이 낮참으로 마셨던 술이 금정산성 막걸리의 유래이다. 금정산성 축성을 위하여 외지인들의 유입이 늘어나면서 금정산성 막걸리는 전국적으로 널리 알려지게 되었다. 성을 쌓기 위해 각 지역에서 징발된 인부들은 막걸리 맛에 반해 공사가 끝난 후에도 그 맛을 그리워했다고 전해진다.

또한, 금정산성 막걸리가 박정희 대통령의 애주(愛酒) 1호로 알려지면서 더욱 널리 알려졌다. 박정희 대통령은 군수사령관 시절부터 금정산성 막걸리를 애음하였으며, 대통령이 된 이후에도 청와대에 공급되었던 것으로 전해지고 있다. 놀라운 점은 1960년부터 정부의 누룩 제조 금지로 한때 금정산성 막걸리가 밀주로 단속을 받았다는 것이다. 당시 주민들은 단속의 눈을 피해 술을 빚었으며, 심지어는 직접 빚은 산성누룩을 짊어지고 단속을 피해 산성을 넘어 다니기도 했다.

숙성된 산성막걸리는 발효 후 알코올 함량 11~13%인 술에 물을 넣어 알코올 함량 8%로 낮춰 막걸리로 만들어 마신다. 강한 신맛과 은은한 단맛이 남아 있어 시원하고

감칠맛을 준다. 바디감은 묵직하니 입안에 오래도록 남고, 직접 빚어 넣은 산성 누룩을 사용하여 누룩향도 그윽하게 지속된다. 부산 금정산성에 가면 맛볼 수 있는 흑염소 불고기와 함께 마셔보기를 추천한다.

 한·줄·평

빤스PD	굉장히 진한 느낌. 물을 덜 탄 맛 같기도 하고요.
명사마	신맛을 각오하고 드세요.
박언니	일단 확실히 시큼하기 때문에 호불호가 갈릴 수도 있겠어요.
신쏘	아스파탐이 신의 한 수!
장기자	상큼한 요거트를 마시는 것 같은 막걸리.

단맛과 신맛의 근사한 밸런스
산이 막걸리

by 신쏘

주종	막걸리
제조사	산이 주조장
원산지	전라남도 해남
용량	900ml
알코올	6%
원료	쌀, 밀가루, 누룩, 더덕, 생강, 유자, 사카린, 아스파탐
색	아이보리
향	산뜻한 유자 껍질향과 미세한 더덕향
맛	밀키스를 마신 듯한 산뜻함과 상큼한 유자맛
가격	1만 원 (레스토랑 기준)

단골 손님? 진상 손님?

신쏘는 와인학과를 졸업했지만 어떤 교수님의 한마디로 직업을 전통주 소믈리에로 변경해버린 경우이다. 그 교수님은 "내가 외국 유학 시절 한국의 문화를 알리는 시간에 그 수업 교수가 "한국은 희석식 소주나 먹는 나라잖아!"라는 말에 아무 말을 하지 못했다. 그래서 전통주를 공부했고 너희도 한 번쯤 생각을 해봤으면 한다. 세계적인 소믈리에가 되려면 한국의 술도 알아야 할 필요가 있을 것이다."라는 말씀을 하셨고, 신쏘는 졸업을 앞두고 전통주 소믈리에로서의 경험을 위해 전통주 레스토랑인 '월향'에 아주 잠시나마 일을 했었다.

그때 달교수님을 처음 뵈었는데 그 뒤로 몇 번을 뵈었는데도 몰라 보시기에 이 스

토리를 녹음하면서 공개를 했었다. 달교수님은 월향에 단골이셨고 워낙 다양한 사람에게 월향을 소개를 해주셨기에 예약을 하시면 모든 직원이 정성을 다해 서비스를 한다. 신입인 신쏘는 2층에 근무를 했었는데 달교수님이 일행과 계단을 올라오시면서 무전이 왔다. "단골 교수님 일행 올라가십니다. 친절히 응대해주세요.", "네."

그때 당시 기억으로는 랩 학생들과 함께 오셨는데 홀수 인원으로 학생들이 테이블에 앉고 달교수님이 테이블 사이드(일명 왕의 자리)에 앉으셨고 모든 주문은 달교수님을 통해서 진행되었다. 이때 주문하신 막걸리 중 하나가 바로 오늘의 주인공인데 하필 이 막걸리가 그날의 문제를 불러왔다.

레스토랑에서는 750ml 이하의 막걸리는 디켄터에 옮겨 서비스가 나가지만 달교수님은 막걸리 병 그대로 서비스를 원하셨고 같은 날 입고된 막걸리에서는 별다른 컴플레인이 없었고, 매번 테이스팅을 통해 막걸리의 상태 유무를 확인하지만 병을 뜯지 않은 상태에서 서비스를 한 상황에서는 확인이 불가하기에 그대로 서비스가 나갔었다. 그 후 열심히 일을 하던 중 모든 턴이 돌아가고 추가 주문을 기다리는 상황에서 신쏘는 한 테이블에서 눈에 띄지 않게 서버를 부르는 다급한 손을 발견했다. 아. 그때 왜 내가 그 손짓을 봤었던가. "무슨 일이신가요?" / "이 막걸리, 내가 마셨던 것과 맛이 다른데 확인 좀 해주시겠어요?" / "막걸리가요? 네, 잠시만 기다려주세요."

그후 2층 냉장고 속에 비치된 이 막걸리 모두를 오픈하여 맛을 봤고 상한 것은 아니지만 미묘하게 맛이 다른 점을 인지하고 다시 교수님 앞으로 다가갔다. "고객님 지금 제가 확인해보니 상하지는 않았으나 맛의 차이가 있는 것으로 확인되며 아마 같은날 입고된 술이라 1층 보관분도 맛의 차이가 있을 것 같습니다. 혹시 마음에 들지 않으시다면 다른 막걸리로 교체해드려도 될까요?"라고 전했고 교수님은 다른 막걸리로 교체를 하셨었다.

교수님은 전혀 기억을 하지 못하는 것 같지만 그 일이 교수님과 신쏘의 첫 만남이었다.

나는 다른 막걸리와 달라

시중에는 다양한 막걸리들이 많고 꾸준하게 인기가 좋으며 다양한 종류가 출시되는 막걸리 중 하나를 꼽으라면 유자 막걸리가 있을 것이다. 유자 막걸리는 생막걸리부터 살균 막걸리까지 심지어 도수도 다양하게 나오고 있다. 유자 막걸리는 대부분 여성층이나 젊은층을 타깃으로 한 곳이 많기에 디자인도 예쁘고 색도 '유자 그 자체'인데 오늘은 조금은 남다른 유자 막걸리를 소개해보려 한다.

이 막걸리의 디자인은 일명 전라도 공용 디자인으로

그 유명한 송명섭 막걸리와 디자인이 유사하며 빤스PD님은 이탈리아 디자인이라고 부른다. 세련미라고는 찾아볼 수 없으며 디자인만 봤을 때는 아주 옛날 막걸리스럽고 유자가 들어갔다는 사실도 코빼기도 볼 수 없다.

이상하지 않는가? 유자가 들어간 막걸리를 좋아하는 사람에게 이 막걸리를 팔려면 홍보를 해야 하지 않는가? 하지만 한눈에 봐서는 절대 유자가 들어갈 것이라고는 생각할 수 없는 막걸리이다. 그래서 가끔 이 술을 드시는 분들 가운데 "어? 유자 막걸리가 아닌데 술에서 유자맛이 나요!"라고 반응하는 경우도 있다. 정말 수상한 막걸리이다. 더 이상한 것은 유자 외에도 더덕과 생강이 들어갔다는 것이다. 두둥. 유자에 더덕과 생강? 무슨 맛일까?

유자와 더덕 그리고 생강의 은밀한 동거

산이 막걸리의 생산지는 전라남도 해남군 산이면 산이 주조장이다. 산이면에서 만들어진 막걸리다 하여 산이 막걸리라고 지었는데, 산이면라는 이름도 인근에 성산과 상공산 이렇게 두 개의 산이 있다 하여 붙여진 이름이라고 한다. (굉장히 단순한 작명법이다.)

산이 주조장은 어떻게 탄생하였을까?

산이 주조장의 박 대표님(해남 산이 주조장 대표 박양권)은 사촌형이 주조장을 원래부터 하고 계셨는데 작천 주조장을 하시면서 영암 주조장을 인수하셨다고 한다. 딱 그쯤 민선 면장에 당선되셨는데 바쁘시다 보니 박 대표님이 운영을 돕고 계셨고 당시 사촌형이 인수하신 영암 주조장을 포함해서 영암 지역 3곳의 양조장이 경쟁 중이었다고 한다. 그중에서 영암 주조장이 인기가 좋았는데 그러다 보니 일도 많아서 사촌 형이 영암 주조장을 박 대표님께 넘겨주셨다. 그 후 40년 넘게 산이 막걸리를 만들고 계신다고 한다.

박 대표님은 막걸리도 살아 있기 때문에 맛이 변할 수밖에 없다고 하시면서 고객에게 항상 같은 맛을 전하고자 많은 노력과 정성을 다해야 한다는 말을 한 인터뷰에서 하신 적이 있는데, 이게 품질관리에 있어서 정말 중요한 부분이지만 아무리 양조장에서 잘 만들어준다고 해도 보관상태에 따라 맛이 변하는 것은 재미있는 부분이기도 하고 안타까운 일이기도 하다. 박 대표님 인터뷰에 인상 깊은 부분이 또 있었는데 "내 술을 찾는 사람들은 위해 조강지처 같은 변치 않는 손맛을 제공할 것"이라는 내용이었다.

자신의 혀를 의심하지 말자

산이 막걸리는 소맥분, 백미, 아스파탐, 더덕, 유자, 생강으로 만들어진 술이며 입안의 느낌은, 크리미소다라는 음료수를 아실지 모르겠다. 신쏘는 밀키스보다 좋아하는 음료인데 크리미소다 같은 느낌에 유자향이 은은하게 퍼지는 정도이다. 산이 막걸리는, 첨가물이 들어간 막걸리는 맛있다, 없다, 이런 막걸리를 좋아하는 사람은 막걸리 애호가가 아니다 등등의 여러 편견 없이 그냥 즐겼으면 하는 술이다. 정말 맛있고 산뜻한 막걸리로 추천할 만하다.

 한·줄·평

빤스PD	이거 막걸리계의 호가든 아닌가요? 은은한 이 시트러스향.
명사마	이 유자 원료 알아맞추는 사람, 소믈리에 자격 있음. 나는 못했음.
박언니	내 취향은 아니지만 마셔보면 인정할 수밖에 없는 막걸리.
신쏘	유자 막걸리 중 가장 차별화된 막걸리라고 생각해요.
장기자	단맛과 산뜻함이 같이 느껴지니 제 친구들이 정말 좋아할 것 같아요.
달교수	밸런스가 좋은 막걸리죠.

고급 샴페인을 능가하는 탄산과 향
복순도가

by 박언니

"혹시 술 좋아하세요?"

언젠가부터 처음 만나는 사람들에게 의례적으로 묻는 질문이 "혹시 술 좋아하세요?"이다. 나이가 어렸을 땐 또래 친구들이나 만나 물어봄직한 질문이지만 나이가 어느 정도 차고 나서는 나보다 나이가 적은 사람들을 만날 기회가 더 많아지기 때문에 이제는 그 질문이 자연스러워진 것이다.

돌아오는 대답으로 상대방과의 어느 정도의 친분을 유지하겠구나라는 느낌을 받는 경우도 있다. 술을 좋아한다고 무조건 친해지는 것은 아니고 술을 안 좋아한다고 해서 안 친해지는 것도 아니지만 일단 술을 좋아한다는 말을 들으면 '아, 이 사람은 술 한잔 나누며 좀 더 진솔한 대화를 이끌어갈 수 있겠구나'라는 기대감이 생기는 건 어쩔 수 없다.

주종	막걸리
제조사	복순도가
원산지	울산 울주군
용량	935ml
알코올	6.5%
원료	쌀, 곡자, 정제수, 엿류, 아스파탐, 설탕
색	탁한 아이보리색
향	풋사과 향
맛	단맛은 약하고 산미가 강함
가격	12,000원대(소비자 가격)

나의 진솔한 넋두리는 술잔을 앞에 두고서야 나오기에 혹은 상대방 넋두리 또한 끄집어낼 수 있기에 술자리에서의 인간관계는 나로서는 중요한 포인트라고 생각한다. (개개인에게는 모두 각자의 생각이 있으니 내 생각을 공감해달라고 하지 않겠다. 시비는 사실 남의 생각이 내 생각과 똑같아야 한다고 했을 때 생기는 것이기 때문에 조심스러운 부분이다)

우리 엄마와 술을 나누는 절호의 찬스!

출처 복순도가 홈페이지

어릴 적 엄마는 술을 전혀 못하셨다. 고주망태 집안인 관계로 늘 술 취한 어른들과 아빠를 대하셔야 해서일까도 생각해봤지만 그건 아닌 것 같았고 외가의 어른들도 술을 못하시니 유전적인 것이리라 결론 지었었던 것 같다.

세월이 지나고 엄마도 개인적인 시간으로 친구들과 여행을 가고 각종 모임을 다니시며 술을 한 잔, 두 잔 마시기 시작하셨던 것 같다. 어느 날 나에게 술 한잔 하자며 술을 먼저 권하신 게 불과 7~8년 전 일이다. 엄마와의 술자리는 평생 상상도 못해봤었는데. 그날, 엄마와 굴전문점에서 음식을 한가득 시켜놓고 소주를 마시며 주저리주저리 옛날 이야기를 했고 우리는 웃었다 울었다를 반복해가며 모녀의

끈끈한 정을 채워갔었다.

　그 후 내가 술 관련 일을 시작했고 새로운 술을 알게 되면 엄마에게 제일 먼저 권하게 됐고 그러면 엄마는 진지하게 그 맛에 대한 총평을 해주셨는데, 술맛을 이제 막 알기 시작한 걸음마 단계인 엄마가 총평을 하니 그 모습이 귀엽기도 하고 고맙기도 하고, 또 술꾼인 나와는 다른 입맛이라 여러 각도로 술맛을 해석할 수 있어서 도움이 되었다. 그러던 중 복순도가라는 술을 권했을 때 엄마는 세상 신기한 막걸리라며 탄성을 지르셨다.

막걸리계의 돔페리뇽, 복순도가

　호리호리한 주둥이 입구에서부터 밑으로 갈수록 볼록해지는 잘빠진 투명한 병 모양이, '막걸리 병도 이렇게 세련될 수 있구나'라고 느낄 만큼 먼저 눈에 들어온다. 밑으로 가라앉은 침전물은 병을 흔들기보다는 병뚜껑을 열었다 닫음을 반복하면 병 안에 강한 탄산이 피어올라 자연스레 침전물이 섞이는데 이는 꼭 병을 흔들면 터질 위험이 있으므로 설명서대로 오픈하는 것이 좋다. 복순도가가 막걸리계의 돔페리뇽이라고 부르는 이유는 이 탄산에 있다. 완전 발효를 해 병입을 한 것이 아니고 발효가 진행 중인 막걸리를 병입하여 병 속에서 계속 발효를 한다. 또 중간에 당을 더 넣으면 효모가 당을 먹고 이산화탄소를 더욱 많이 쏟아내는 것이다. 평소에 평범한 술을 드셨던 엄마는 (사실 샴페인도 잘 모르신다) 이 탄산감이 가득하고 새콤한 맛의 막걸리가 청량하고 과일 맛이 난다며 기존의 막걸리와는 상당히 다르다고 안주도 없이 음료수 마시듯 드셨다. 실제로 탄산이 주는 청량감으로 식사 전에 가볍에 입맛을 돋우는 술로는 최고인 듯하지만 맛을 자세히 느껴보면 짠맛이 나는 느낌을 받을 수 있는데, 이런 맛을 소믈리에 사이에서는 미네랄 맛이 난다라고 표현을 하기도 한다. 이에 전통주 전문가인 신쏘는 이런 맛과는 생굴, 혹은 미더덕 같은 해산물과 잘 어울린다고 팟캐스트에서 말한 적이 있다. 사실 와인 쪽에

출처 복순도가 홈페이지

서는 생굴과 프랑스 샤블리 와인이 잘 어울린다 하여 이것을 마치 수학공식처럼 말들을 한다. 그래서 미네랄 맛이 나는 복순도가와 해산물이 잘 어울린다는 신쏘의 말은 100% 공감할 수밖에 없다.

울주군의 쌀을 이용하고 직접 빚은 누룩을 잘 섞어 술을 만들고 볏짚을 넣어 소독해 햇볕에 잘 말린 항아리에 술을 넣어 20~30일 동안 발효해 만들어지는 복순도가. 복순도가를 만드는 박복순 여사는 브랜드명으로 자신의 이름을 쓰셨는데 그 뒤에 붙은 도가는 '동업자들이 모여서 계나 장사에 대한 의논을 하는 집', '예로부터 뭉치고 돕자고 만들었던 집'이라는 뜻이며, 그 지역 사회와의 교류 또한 도모하시고자 만든 브랜드명이라고 한다. 시어머님이 마을에서 술빚기로 유명하셨고 박복순 여사가 그 술 빚기를 전수받아 엄마표 막걸리로 소문이 자자해지자 슬하에 두 아들이 엄마표 술맛 알리기에 참여하면서 복순도가가 알려지기 시작했다. 특히 건축을 전공한 큰아들이 지금의 복순도가 주조장을 '발효'라는 주제로 설계부터 건축까지 도맡았는데 실제로 볏짚, 숯, 누룩, 황토 등 한국적인 소재들로 미생물을 생활에 담아낸다는 의미로 뜻 깊은 구조물을 만들어냈다.

이렇듯 가족이 동참해 알려지게 된 복순도가는 가족 마케팅이 아니였다면 동네에서만 유명했을 엄마표 막걸리였으니 우리가 알 리가 있었겠는가? 사실 스스로 드러내지 않으면 그 존재를 알 리 없고 스스로 자랑하지 않으면 사람들에게 오래 기억되지 못하는 게 당연한 일인데, 이 역할을 충분히 해주는 사람과 명품을 만들어내는 사람이 가족이라니 시너지는 몇 배일 것이다.

지금은 부산의 핫플레이스로 자리매김한 'F1963'이라는 곳에 복순도가 레스토랑을 오픈해 복순도가를 도시와 농촌의 소통이 이루어지는 공간이면 좋겠다는 마음으로 현대와 전통이 어우르는 인테리어와 음식으로 소비자들에게 어필하고 있다.

소박한 즐거움에 대해

엄마와 복순도가를 마시면서 "엄마는 잘하는 게 뭐가 있지? 엄마표로 브랜드 내고 싶으면 뭘 하고 싶어?"라는 질문에 바로 추어탕을 말씀하신다. 전라북도 남원이 고향이신 엄마는 정말로 추어탕을 기가 막히게 끓여내신다. 이 부분만은 인정해드릴 수 있지만 엄마의 눈빛에서 '너도 나를 한번 키워줘봐'라고 느끼는 순간 식당 하는 게 얼마나 힘든 줄 아냐, 아무나 하는 게 아니다 어쩌구저쩌구 부정적인 말만 해대는 내가, 식당할 생각 조금도 없는데 내 반응을 은근히 살펴보던 엄마도 웃겨서 서로 한참을 깔깔대었다.

정말 즐거움을 주는 것은 소박한 것들에서 오는 것 같다. 그 소박한 것들이 진실이고 진리이기에 술 한잔을 기울이며 이어지는 대화 속에서 이제는 엄마라기보다 친구 같은 친밀함과 같은 여자로서의 동지애 등, 진실함이 묻어나는 그 무언가가 가슴속 깊이 파고들어 흐뭇함이 생겨났다.

 한·줄·평

빤스PD 탄산의 청량감이 일반 막걸리와는 비교 불가네요.
명사마 짜릿한 탄산이 복순도가 동네인 언양 불고기와 먹으면 좋을 것 같아요.
박언니 얼음 바스켓에 칠링해 샴페인 잔에 식전주로 마시면 좋을 듯한 산미의 술.
신쏘 복순도가의 짠맛은 어떤 해산물 요리랑도 잘 어울릴 거예요.
장기자 복숭아 향이 느껴져요. 실제로 복순도가를 봉숭도가라고 부르는 사람도 있다죠?

땅콩맛 구름은 분명 이런 느낌일 것
1932 새싹 땅콩 막걸리

by 박언니

주종	막걸리
제조사	1932 포천 일동 막걸리
원산지	경기도 포천
용량	900ml
알코올	6%
원료	쌀, 땅콩농축액, 입국, 효모, 고과당, 정제효소제, 정제수
색	탁한 아이보리색
향	땅콩향, 곡물향
맛	탄산이 거의 없어 우유처럼 목넘김이 부드럽다
가격	20,000원대(소비자 가격)

365일이 다이어트인 박언니의 서러움

유독 어렸을 때부터 옷을 좋아했었다. 그 시작점이 언제인지는 잘 모르겠으나 최초의 멋냄을 기억하는 순간은 초등학교 4학년 때부터였다. 좋아하는 남학생이 있었던 건 아닌데 학교를 갈라치면 신경 써가며 옷을 골라야 했고 마땅한 옷이 없다고 느껴지면 새 옷을 사주시는 명절만을 손꼽아 기다렸다. 이후 중고등학교 때에는 교복을 입어야 했기 때문에 옷에 대한 큰 스트레스는 없었지만 그 대신 멋낼 시간도 장소도 대상도 없었던 그때, 교복으로 감춘 내 살들이 점점 불어가는 것을 심각하게 인지하지 못한 채 학창시절을 보냈고 그 시절을 기점으로 지워버리고 싶은 인생 흑역사의 모습은 졸업 후 2년 동안 계속되었다. 그런 상황까지 간 내 모습이 한심해지기 시작하자 태어나서 처음으로 다이어트를 결심하게 된다. 그것이 내 몸에 대한 책임감이라 여기고 운동과 식이요법을 조절해가며 실천에 옮겼다.

다시 살이 찐다면 빼기 위해 얼마나 힘든 생활을 견뎌내야 하는지 알기 때문에 식이요법은 지금까지도 긴장감을 늦추지 않고 꾸준히 하고 있다. 특히 다이어트 기간이 아닐지라도 습관화하고 있는 노력 중 하나는 술을 마실 때 거의 안주를 먹지 않는 것이다. 술에 대한 칼로리가 높다는 것은 누구나 알고 있는 사실이지만 알코올에 있는 칼로리는 보통 열을 낼 때 사용되는 칼로리로 술 자체만 즐긴다면 살이 찌지는 않는다. 하지만 같이 먹는 안주의 칼로리는 먼저 사용되어지는 알코올의 칼로리로 인해 소비되지 않고 그대로 지방으로 축척되기 때문에 살이 찌는 것이다. 그러니 술은 아무리 칼로리가 높다고 해도 포기 못하는 나로서 안주는 마치 윈스터 처칠이 마티니 마시는 것처럼 굴었다. 진과 베르무트가 들어가는 마티니를 최대한 드라이하게 마시고 싶어 단맛이 나는 베르무트는 넣지 않고 병만 보면서 진을 마시는 방식 말이다. 나도 술만 마시고 음식은 일종의 눈요기처럼 바라만 보게 되었다. 그래도 나름대로 예외로 정한 것이 있는데 '여행시에는 그 지역 음식과 술을 마음껏 즐기자', '그날 하루 식사량이 적었으면 안주 허용', '음식과 어울리는 술 간의 마리아주를 접하는 경우에는 반드시 같이 즐겨야 한다'라는 것이다.

포만감으로 만족스러운 너란 아이

3년 전 1932 새싹 땅콩 막걸리를 처음 접했다. 디지틀조선이라는 인터넷 신문에 젊은 여자 셋이 모여(신쏘, 박언니, 장기자) 전통주도 섹시하게 마실 수 있다는 콘셉트로 '우리 술 한잔 할까?(우술까)'라는 기사를 연재하기 시작했고 그로 인해 여러 가지 전통주를 접하게 되었다. 그날도 전통주를 종류별로 파는 한 퓨전 주점을 섭외해 술을 마시면서 동영상 촬영 및 기사 내용을 연재하고자 그곳에서 파는 탁주 3종을 소개했었다. 그러면서 나와 평생 함께할 동반막걸리를 만나게 되는데 이것이 지금 소개할 '1932 새싹 땅콩 햅쌀 막걸리'이다.

1932 포천 일동 막걸리 양조장이 있는 경기도 포천시는 청계산 끝자락에 위치해 주위가 야산으로 둘러싸여 있고 풍수지리적으로 물을 품고 있다가 내뿜는 형상을 하고 있어 예로부터 화강암 지하수의 물이 좋기로 유명했고 술을 빚기에는 최적의 자연환경을 가지고 있어 도내 20곳 이상의 막걸리 공장 중 9곳이 포천에 몰려 있을 정도이다.

'흰구름 맛은 어떤 맛일까?라는 양조 연구원의 상상으로 시작된 새싹 땅콩 햅쌀 막걸리는 정말 구름처럼 새하

얀 막걸리를 만들어 보고자 누룩을 적게 쓰는 방법(누룩을 많이 쓰면 색이 탁해진다)과 찐쌀을 쓰는 대신 생쌀을 자체를 곱게 갈아낸 생쌀 발효 공법, 색을 하얗게 하는 균주들을 실험을 통해 개발, 배양해 만들었다. 이는 농림축산부에서 한국식품연구원과 같이 전국 누룩 289점과 곡류 17점을 이용해 우수한 균주만을 뽑아 17종의 누룩과 10종의 효모들 중 하나로, 누룩취를 좋아하지 않는 젊음 사람들과 외국인들도 쉽게 즐길 수 있게 하기 위함이다. 처음에서 '담은'이라는 이름의 ('구름을 담은 술'이라는 듯을 착안한 이름) 쌀 막걸리를 먼저 출시했고 이후 새싹이 난 땅콩을 갈아 첨가한 1932 새싹 땅콩 햅쌀 막걸리를 출시했다.

새싹 땅콩 막걸리는 막걸리에 땅콩을 갈아넣은 것이 아니다. 땅콩 종자를 발아시킨 다음 수경재배를 통해 콩나물처럼 땅콩에 싹을 띄운 후 새싹이 핀 땅콩을 같이 갈아넣은 것인데, 이 땅콩 새싹 안에는 레드 와인에 들어있는 라즈베라트롤 성분이 23배 이상 더 들어 있다고 한다. 라즈베라트롤은 항산화작용으로 콜레스테롤을 낮춰주고 심장병이나 당뇨병, 치매 예방의 효과가 있다고 하는데 사실 늘 팟캐스트 〈말술남녀〉의 달교수님께서 말씀하시길 모든 술은 그 효과로 따지자면 한두 잔 마셔야 득이 되겠지만 술을 많이 마시는 나 같은 사람은 실이 더 많기 때문에 몸에 좋은 술이라는 말은 애초에 믿지 않는 게 좋다고 한다.

또 하나를 꼽자면 햅쌀로 만들었다는 것인데 와인으로 치면 첫 수확한 포도로 만든 보졸레누보 같은 개념 아닐까 싶다. 양조학에서는 묵은 쌀은 햅쌀보다 수분이 날라가기 때문에 햅쌀로 술을 빚었을 때 좀더 촉촉한 술이 나온다고 하는데 이 새싹 땅콩 햅쌀 막걸리는 당해년에 생산된 품질 좋은 경기도 햅쌀을 사용한다.

어찌 됐든 처음 1932 새싹 땅콩 햅쌀 막걸리를 마셨을 때는 그날의 촬영 준비로 온종일 식사를 못한 상태였음에도 세상 처음 보는 하얗고 뽀얀 막걸리에서 고소한 땅콩 향이 배어나와 식욕을 돋구는 게 아닌 술욕을 돋구었고 그 자리에서 시원하게 원샷을 해버렸다. '아, 이건 술이 아니라 음식이다'라고 생각하며 시원한 여름철 콩국수의 콩국물을 마시는 듯 고소함이 입안에서 팡팡 터지는데 정말이지 잘 삶은 소면과 채 썬 오이를 막걸리에 넣어서 갓 담은 김치를 곁들여 먹고 싶다는 마음이 간절해졌다.

또, 일반 막걸리와 비교해 술 지게미가 3배 이상 들어가 있는 것을 눈으로 확인할 수 있는데 눈으로 보이는 만큼 쌀 함량이 높고 쌀 함량이 높다는 것은 비싸고 고급 술

임을 말해주며 포만감 또한 3배일 것이라 내 마음대로 생각해버렸다. 아무튼 처음 마신 1932 새싹 땅콩 막걸리는 그날 종일 빈속이었던 나에게 푸짐하게 나온 안주에 손 대지 않아도 될 만큼의 만족감을 주었고 그다음 날부터 나의 다이어트 필수품이 된다. 그리고 지금까지도 본격 다이어트에 돌입할 시기가 오면 양조장으로 주문을 해 냉장고에 빼곡히 채워두곤 한다.

들어는 봤니? 막걸리 다이어트?

　　막걸리 다이어트라는 것이 실제로도 존재하고 있다는 사실은 아는 사람들은 알 것이다. 쌀 함량이 많은 막걸리가 탄수화물로 인해 더더욱 살이 많이 찔 것이라고 착각하는 사람이 꽤 많은 걸로 알고 있는데 이는 사실이 아니다. 쌀의 탄수화물은 술이 되어가는 발효 과정에서 당으로 바뀌고 이 당을 효모들이 거의 다 먹고 알코올로 내뿜기 때문에 사실상 남아 있는 성분들은 탄수화물보다는 단백질이나 섬유질 함량이 더 많다.

　　특히 다이어트에 좋은 점이 있다면 막걸리에는 유산균과 효모균, 누룩 곰팡이 등 몸에 좋은 균들이 많기 때문에 배변활동을 원활하게 해주고 무엇보다 포만감을 느끼게 해주어 다이어트에는 확실한 효과가 있다.

　　그렇다 하더라도 이 막걸리 다이어트를 굳이 권장하려고 말하는 건 아니다. 술을 사랑하는 나는 아주 잘 맞는 방법이지만 혹여 술을 분해 못하는 사람이거나 지속적으로 할 경우 영양학적으로 불균형을 초래할 수도 있고 그러다 보면 어느새 중독의 문턱으로 접어들 수 있으니 말이다.

즐길 수 없는 것에도 즐거움을 부여함이 어떨까

인생에는 마음껏 즐길 일이 너무나 많다. 그게 반드시 대단한 일일 필요도 없고 매일 같이 새롭고 흥미로울 필요도 없다. 내가 인생을 즐기는 모든 방법을 말할 수는 없지만 핵심은 긍정적인 마인드로 현실을 바라보는 거다. 즐길 수 없는 일을 억지로 한다거나 그로 인해 불행하다고 생각이 드는 순간 삶이 힘겨워짐을 몸소 체험한 바도 있다. 즐길 수 없는 일은 우리에겐 늘 일어날 것이고 이것을 피할 수 없다면 바라보는 관점을 역으로 틀어 긍정적으로 바꿔 생각해보는 건 어떨까? 죽을 때까지도 예쁜 옷을 입고 싶어 하는 박언니는 인생의 숙명처럼 늘 관리하며 살 것이다. 이것이 결코 즐겁지 않은 힘든 여정이겠지만 내가 좋아하는 1932 새싹 땅콩 막걸리가 있으니 끝까지 같이 가자!

 한·줄·평

빤스PD	프레시한 풀향도 느껴지면서 텍스처는 정말 부드러워요.
명사마	쌀가루의 까슬거림이 느껴져 미숫가루 먹는 기분이 들어요.
박언니	약간의 오일리함이 땅콩의 고소함에서 오는 거라 더 맛있게 느껴져요.
신쏘	입안으로 뭉글뭉글 넘어가요.
장기자	새털처럼 가볍고 비단처럼 부드러워요.

전통주 입문자를 위한 최고의 선택
느린마을 막걸리

by 장기자

막걸리는 전통주를 떠올리면 대표적으로 생각나는 주종이다. 대중적이고 친근한 술이지만, 한편으로는 시큼한 맛과 텁텁한 질감으로 호불호가 갈리기도 한다. 지금 소개하는 느린마을 막걸리는 흔히 우리가 생각하는 시큼하고, 텁텁한 막걸리가 아니다. 마셔보면 부드럽고, 상큼한 단맛이 난다. 구수하기보다는 산뜻한 과실향에 더 가깝다.

배상면주가의 느린마을 막걸리는 전통주를 잘 모르는 사람들도 많이들 알고 있는 제품이다. 아스파탐 등 막걸리의 단맛을 내는 별도의 인공감미료를 첨가하지 않고 단맛을 낸다. 이 때문에 신맛이 덜하고, 부드럽다.

특히 전통주 입문자에게 이 술을 추천하고 싶다. '전통주는 맛없다'라는 편견을 완전하게 깰 수 있는 제품이기 때문이다. 달큰하지만 끈적끈적 기분 나쁜 단맛이 아닌 깔끔

주종	막걸리
제조사	배상면주가
원산지	경기도 포천
용량	750ml
알코올	6%
원료	쌀, 국, 효모, 정제수
색	우유처럼 뽀얀 하얀색
향	산뜻한 과실향
맛	부드럽고, 상큼한 단맛
가격	2000원대(온라인)

하게 딱 떨어진다. 달콤한 술을 좋아하는 사람도, 깔끔한 술을 좋아하는 사람도 모두 무난하게 즐길 수 있다.

사계절을 품은 막걸리

느린마을 막걸리는 계절마다 그 맛이 약간씩 다르다고 한다. 이는 계절에 따라 달라지는 온도와 습도 등 각기 다른 숙성 환경에서 술을 빚기 때문이다. 또한 인공감미료를 넣지 않고 오로지 쌀과 물, 누룩만을 사용하여 원재료 그대로의 맛을 느낄 수 있다.

특히 배상면주가에서 운영하는 '느린마을 펍'에 가면 사계절의 느린마을 막걸리를 만날 수 있다. 보통 보관조건이나 계절에 따라 네 가지의 맛이 있다. 맛의 명칭 역시 봄, 여름, 가을, 겨울이라 하여 계절의 이름을 그대로 사용했다. 각 계절마다 미묘하게 다른 맛을 느껴보는 것도 이 술의 재미 중 하나이다. 그리고 이와 어울리게 제품 라벨에 그려진 산과 강, 마을은 계절에 따라 봄에는 벚꽃, 여름에는 바다, 가을에는 단풍, 겨울에는 눈이 등장하는 등 사시사철마다 디자인이 달라진다.

느린마을 막걸리는 밥을 찌지

않고 생쌀을 갈아 발효시키는 생쌀 발효법으로 만들어진 술이다. 덕분에 혀끝으로 쌀가루가 묻어나오는 색다른 식감도 맛볼 수 있으며, 부드러운 목넘김과, 쌀의 풍미를 그대로 느낄 수 있도록 한다.

포천 맑은 물로 빚어진 술

배상면주가의 산사원은 경기도 포천에 위치한다. 포천은 그 이름처럼 '물을 품고 있다'는 뜻으로 물이 깨끗하고 맑은 고장으로 알려져 있다. 특히 술을 빚을 때 가장 중요한 조건 중 하나가 물인데, 이 때문에 경기도 막걸리 20종의 공장 중 9곳이 포천에 위치해 있을 정도로 포천은 막걸리의 고장으로 유명하다.

산사원은 전통주의 제조 과정과 유물을 널리 알리고, 계승, 보존하기 위하여 설립된 전통주 박물관이다. 산사원이라는 이름은 '산사나무 정원'이라는 뜻으로, 이름에 걸맞게 박물관에 들어가면 사람만 한 크기의 500여 개의 커다란 술 항아리와 산사나무가 조화로운 4000여 평 규모의 산사정원을 만날 수 있다.

산사정원의 하이라이트는 500여 개의 술항아리가 늘어선 세월랑이다. 항

아리에는 실제로 술을 담아 발효, 숙성시키고 있어 회랑 전체에 구수하게 퍼지는 술 익어가는 냄새에 '향기만으로 취한다'는 뜻이 말이 절로 생각난다. 또한, 지하 1층에 위치한 시음마당에서는 배상면주가에서 빚은 20여 가지의 다양한 전통주를 맛볼 수도 있다. 탁주와 약주, 소주는 물론이며 계절마다 다르게 빚은 세시주도 시음이 가능하다. 여기에 술지게미로 만든 과자와 술지게미 무박이 등 산사원에서 개발한 독특한 음식도 함께 제공된다.

 한·줄·평

빤스PD	마실수록 과실향이 강하게 느껴집니다.
명사마	마실 때마다 항상 밸런스가 좋아요.
박언니	첫 맛은 달지만 끝에서는 씁쓸함이 남네요.
신쏘	아니, 막걸리에서 바나나향이?
장기자	부담스럽지 않고, 계속 마실 수 있을 것 같아요.

막걸리의 새로운 얼굴
이화주

by 신쏘

주종	막걸리
제조사	국순당 외
원산지	대한민국
용량	400ml
알코올	12.5%
원료	쌀, 누룩
색	요플레색
향	흰꽃향, 요플레향, 누룩향
맛	달콤 상큼, 쌀의 씁쓸함
가격	45,000원

술 만들기는 어려워요

이화주는 빚기가 어렵지 않은 술 중에 하나이다. 누룩까지 만들기에는 어렵지만 말이다. 만약 이화주를 만들기 위한 전용 누룩인 이화곡이 준비만 된다면 집에서도 후딱 만들 수 있다. 그래서 이화주 빚기 강의를 많이 하고 있는데 매번 너무 힘든 시기를 보내고 있다. 술이란 발효 과정이 존재하기에 단 몇 시간 만에 완성되는 게 아니다. 낮에 빚어 저녁에 먹는다는 쉰다리술조차도 하루라는 시간이 소요된다. 하지만 수강생들은 오늘 당장 막걸리를 걸러 집에 가서 마시고 싶어 한다. 으악, 그건 불가능한 과제이다.

얼마 전에는 강의 때 만든 이화주가 이상하다고 항의 전화가 불이 나게 왔었다. 회사 쪽으로 연결이 갔었는데 연휴, 공휴일에

직원을 아주 많이 괴롭힌 것 같았다. 휴일이 지나고 나에게도 항의 전화가 왔고 아주 상세하게 설명을 드리고 반액 환불을 해드리는 것으로 일이 마무리되었다. 그래도 어떻게 문제가 된 것인지 알기 위해 사진을 보내달라 했다. 상상초월의 상태였다. 어떤 교수님에게 보내드려도 이화주가 이렇게 될 수 없다는 답변이었다. 분명 이 신청자는 술 관리를 하지 않았을 것이라고 이야기할 뿐이다. 이화주가 빚기 쉬운 것은 사실이나 양조 자체가 쉬운 일이 결코 아니다. 그렇기에 아카데미에서는 몇 달에 걸친 양조 과정이 있고 그 수업을 전부 들어도 끝내 술 빚기에 서툰 사람들은 당연히 존재한다. 그래서 말하는 부분인데, 사먹을 수 있는 것은 사먹는 게 좋다. 국내에서 판매되는 이화주가 5종 정도 되는데 요즘은 온라인 구매도 가능하니 이쪽을 추천해본다.

배꽃이 필 무렵

배꽃이 필 무렵 누룩을 만들기 시작하여 만들어지는 술이라고 하여 '이화주'라고 불린다. 실제 배꽃이 들어 있지는 않은 셈이다. 이화주는 곡물 중에서도 가장 비싼 값이었던 쌀로만 빚어지는 술로 고급 탁주 중 하나이다. 이화주는 여자들한테도 인기가 많았는데 여성이 술을 벌컥벌컥 마시는 것

이 아닌 수저로 떠서 입을 가리고 조신하게 먹을 수 있는 술이라는 게 그 이유란다. 또 이화주는 먼 길을 떠날시 다른 막걸리보다 가지고 다니기에 편리함이 있었고 하며, 어린아이 영양식으로 먹이기도 했다고 한다. 이화주는 드라마 〈육룡이 나르샤〉에서도 등장을 한다. 이방원(유아인)이 아버지인 이성계(천호진)가 아프다는 것을 숨기기 위해 "아버지가 평소에 좋아하시던 이화주와 곶감 그리고 향이 좋은 차를 함께 사오거라"라는 대사를 하게 된다.

다양한 이화주

이화주는 쌀가루, 이화곡, 물만 있으면 만들 수 있는 막걸리이다. 먼저 쌀가루를 뜨거운 물로 익반죽한다. 너무 질면 나중에 모양 잡기가 힘드니 조심한다. 익반죽이 잘 끝나면 반죽을 도넛 모양으로 비슷한 크기로 만들어준다. 다 만들었으면 뜨거운 물에 도넛 모양 반죽을 잘 익혀야 하는데 이때 급하다고 다 익히지 않으면 술이 잘 안 될 수 있으니 충분히 익힌다. 잘 익힌 반죽은 꺼내어 으깨주는데 곱게 으깰수록 좋다. 이때 힘이 많이 들어가고 뻑뻑해지는데 뜨거운 물을 조금씩 넣어가며 으깨면 조금 수월할 것이다. 다 으깼으면 제일 중요한 작업인 식히기 작업을 시작한다. 한참 놀다 보면 반죽이 차갑게 식었을 텐데 이때 이화곡을 골고루 섞어준다. 그리고 소독한 통에 넣어주면 1차 만들기가 끝난다. 그 후 공기가 통하게 통에 면보를 씌우고 하루에 한 번씩 젓다 보면 한 10~15일쯤 이화주가 완성이 될 것이다.

이화주를 처음 마셔보는 이에게는 술샘의 '백설공주'

술샘 이화주 '백설공주'는 대학 시절 내 후배의 아르바이트비를 탕진하는 술 중에 하나였고 매년 봄이면 선후배의 마음을 흔들어 벚꽃 아래에서 '백설공주'를 먹으며 음주 수업을 강행하였던 술이다. 술샘의 이화주는 이화주 초보자들에게 추천한다. 신맛과 단맛, 쌀맛, 쌀향, 누룩향, 꽃향 모든 것이 넘치는 것이 없이 각자의 자리를 지켜준다. 알코올 또한 낮은 편이며 소용량으로 판매되어 구매에 있어 부담감이 덜하다.

상큼함을 추구한다면 '봇뜰 이화주'

우리가 생각하는 요구르트 용기와 같게 생긴 봇뜰 이화주는 일단 친숙함을 불러온다. 봇뜰 이화주는 4종 중 가장 신맛이 강하고 단맛이 적은 이화주였는데 신맛을 좋아하지 않는 장기자에게는 힘들었던 것 같지만 신쏘는 신맛을 굉장히 좋아하는 편이라 레몬 요구르트를 먹는 느낌이었다. 신쏘처럼 레몬, 라임 등을 선호한다면 추천하고 싶은 이화주이다. 굉장히 상큼해서 식전에 입맛을 돋우기 위해 먹는다면 다가오는 더운 여름 입맛을 사로잡아줄 것 같다.

부드러운 느낌을 원한다면 '국순당 이화주'

대용량을 자랑하는 국순당 이화주는 4종 중 가장 맑은 느낌이었다. 작은 유리잔으로 먹는다면 수저가 없어도 마실 수 있는 정도로 흐르는 술이었다. 입안에서의 느낌도 가장 부드러웠고 낮은 알코올은 아니었으나 단맛이 있어 실제 알코올보다는 낮게 느껴졌다. 4종 중 향기는 최고였으며, 다양한 과실의 향과 꽃향기가 많이 풍겨왔다. 아직 이화주의 요구르트 같은 질감이 어색한 분들에게 추천하고 싶으며 패키지가 고급스럽고 가장 용량이 커서 선물용으로도 많이 판매되고 있다고 한다. 실제 제품을 봤을 때도 선물을 해도 좋을 만큼 포장의 수준이 탁월했다.

이화주 마니아라면 예술주조 '배꽃이 필 무렵' 이화주

올해 출시되어 신쏘도 처음 맛보게 된 예술주조의 '배꽃이 필 무렵'. 8개가 한 세트이며 작은 플라스틱 수저까지 패키지에 포함이 되어 있다. 20ml씩 포장되어 많은 사람과 깨끗하게 나누어 마실 수 있는 것이 패키지의 장점이었다. 가장 묵직하여 휘핑크림이나 그리스식 요거트를 머금은 것처럼 입안이 꽉 찬 느낌이었다. 맛은 가장 고소했는데 장기자와 박언니는 잣의 향과 맛이 난다고 하였다. 가장 고소하고 단맛이 강한 이화주였고 알코올 도수도 가장 높아서 소량의 음용으로도 취기가 올라왔다. 도수가 높고 맛의 이미지가 강해 다양한 이화주를 접해본 사람들에게는 추천하고 싶은 개성이 강한 이화주였다.

이화주는 이렇게 즐겨라

박언니는 이화주와 깔루아를 섞어 디저트처럼 먹는 것을 좋아하는데 깔루아가 없다면 에스프레소와 섞어도 맛이 있다고 한다. 생과일에 발라먹는 것과 쨈에 혼합하여 스프레드처럼 먹는 것도 흔하다. 월향의 이여영 대표는 이화주를 가리켜 '막걸리 에센스'라고 표현하면서 다양한 막걸리에 혼합하여 마시면 그 막걸리의 맛이 더 좋아진다고 설명했다. 신쏘와 명사마의 추천은 요거트와 혼합하여 먹는 것이다. 더 부드러워지고 도수도 낮아지면서 달콤함을 유지할 수 있다. 또 그 상태에서 크래커와 함께하면 색다른 어른의 디저트가 만들어진다.

 한·줄·평

빤스PD	그냥 이대로가 제일 맛있는데?
명사마	역시 요거트와 잘 어울려요.
박언니	일단 저를 믿고 깔루아 밀크랑 섞어 드셔보세요.
신쏘	요즘 다양한 이화주를 만들어보고 있어요.
장기자	나의 페이보릿 막걸리.
달교수	그냥 그대로 먹는 것이 제일 맛있는 듯.

묵직하고 구수한 맛의 옛스러움
지평 생막걸리

by 장기자

주종	막걸리
제조사	지평 주조
원산지	경기도 양평
용량	700ml
알코올	6%
원료	밀, 정제수, 국, 분말종국, 효모, 정제효소 등
색	노란 빛이 감도는 하얀색
향	담백하면서도 구수한 향
맛	밀 막걸리 특유의 걸쭉한 텁텁함. 단맛이 강하고, 산미는 적은 편
가격	1650원(마트)

그 시절 우리가 좋아했던 막걸리

친구들과 함께 부어라 마셔라 한창 술 마시며 놀기 바빴던 대학 시절, 매일이 즐거운 시간들이었다. 이때까지만 하더라도 술에 대해서는 아무것도 모르는 풋내기였다. 그저 투명한 건 소주이고, 노란 건 맥주로 구분하는 게 전부였다. 지금은 사라졌지만, 당시 건국대입구역에 위치했던 '누룩'이라는 전통 주점이 있었다. 누룩이 무슨 뜻인지도 모르면서 그저 안주가 맛있다는 이유로 매일같이 드나들었다. 나와 친구들의 아지트나 다름이 없었다. 이곳에서 나는 지평 막걸리를 처음 마셨다. 술에 대해 아무것도 몰랐던 풋내기였으니, 적은 산미와 묵직한 단맛 등 지평 막걸리의 특징 따위는 안중에도 없었다. 그저 남들과 다른 술을 마신다는 것이 좋았을 뿐이다.

당시에는 맛보다, 누가 더 많이 잘 마시느냐가 훨씬 중요했을 때였다.

이후로는 이곳에서 술을 마실 때면 지평 막걸리가 빠지지 않았다. "이 술 마셔본 적 있어?"라며, 친구들에게 우쭐대는 건 또 하나의 재미였다. 대학 시절 4년을 함께해서일까? 지평 생 옛막걸리를 볼 때면, 마치 스무 살의 나, 지평 막걸리 한 병을 주문하여 친구들 앞에서 의기양양했던 나의 모습이 떠오른다. 술 자체가 좋은 것보다도 지평 막걸리를 좋아했던 스무 살의 내가 참 좋았다. 항상 열정적이고, 긍정적인 나의 모습 말이다. 요즘에도 때때로 그 시절의 내가 그리워질 때면 지평 막걸리를 마신다. 예전에는 전통주점에서나 마실 수 있었지만, 요새는 마트며 편의점에서 구매도 할 수 있게 되었다. 유통 지역도 수도권에서 강원도 전역으로 넓어지고 있다. 처음에는 쉽게 구할 수 있다는 게 어쩐지 내 것을 뺏기는 것 같아 서운했는데, 요새는 가까워진 만큼 추억을 쉽게 만날 수 있다는 생각이 든다. 마치 그리웠던 친구를 자주 만날 수 있게 된 것처럼 말이다.

대한민국에서 가장 오래된 양조장에서 만들어지는 술

지평 막걸리는 지평 주조에서 만들고 있다. 특히 지평 막걸리에 대하여 이야기할 때는 양조장을 빼놓을 수가 없다. 이 술을 빚는 지평 주조가 바로 대한민국에서 가장 오래된 양조장이기 때문이다. 지평 주조는 경기도 양평군 지평면 지평리에 있는 막걸리 양조장이다. 지난 1925년부터 현재까지 꾸준하게 막걸리를 생산해왔다. 지난 2014년 7월 1일 대한민국의 등록문화재 제594호로 지정되었다. 현재 3대에 걸쳐 가업을 이어 전통주를 제조하고 있다. 1925년 고 이종환 씨에 의해 설립된 후, 1960년 김기환 대표의 할아버지인 김교섭 씨가 이를 인수

해 아버지 김동교 씨를 거쳐 현재 김기환 대표에 이르고 있다.

　지평 주조의 양조장은 환기를 위해 높은 창을 두고, 보온을 위해 벽체와 천장에 왕겨를 채웠으며, 서까래 위에 산자 대신 대자리 형식으로 짠 것, 외벽의 일부에 흙 벽돌을 사용한 것이 특징이다. 일제 강점기 한식 목구조를 바탕으로 일식 목구조를 접합하여 당시 탁주 생산공장으로서 기능적 특성을 건축적으로 잘 보여준다. 특히 이곳은 한국전쟁 당시 인근에서 잔존한 유일한 건물로, 지평리 전투 당시 UN 사령부로 사용되었다. 당시 사령부였음을 알려주는 기념비가 지금까지도 양조장 입구에 세워져 있다.

　지평 주조는 약 90년간 한 곳에서 변함없이 막걸리를 빚어왔으며, 현대화와 기계화에 의존하지 않고 전통 주조 방식을 고수하고 있다. 특히 긴 시간 동안 본연의 맛을 계속해서 이어오기 위하여 지금까지도 주조장에 있는 우물에서 길어올린 맑은 지하수를 사용하여 술을 빚고 있다.

쌀 막걸리 '지평 생 쌀막걸리'와
밀 막걸리 '지평 생 옛막걸리'

　지평 주조에서 생산하고 있는 술은 총 4종으로 그중

에서도 쌀 막걸리인 '지평 생 쌀막걸리'와 밀 막걸리인 '지평 생 옛막걸리'가 대표 제품이다.

지평 생 쌀막걸리는 양평 친환경쌀과 이천쌀 등 국내산 쌀을 이용하여 빚는 술로, 밀 막걸리와 다르게 부드러운 목넘김과 깔끔함을 가지고 있다. 청량미가 강하고 유산균 음료를 마신 듯하다. 산미가 적고 단맛이 강해 입안에 남는 여운이 오래간다. 본래는 6%였지만, 저도주 트렌드에 따라 지난 2015년 5월 알코올 도수를 5%로 낮췄다.

지평 생 옛막걸리는 밀을 입국하여 미숙성된 술로써, 전형적인 밀가루 막걸리이다. 묵직하고 구수한 맛의 옛스러운 막걸리의 맛이 그대로 담겨 있어서 옛날 그 맛을 그리워하는 사람이라면 그 기억을 떠올리기에 가장 적합한 막걸리라고 할 수 있다. 입국에 의한 발효취가 강하게 올라오고 밀가루 막걸리 특유의 걸쭉함과 텁텁함이 있다. 단맛이 강하고 산미는 적다.

한·줄·평

빤스PD	굉장히 스탠다드한 막걸리의 맛이에요.
명사마	술에서 식빵 냄새가 나는 것 같은데요.
박언니	지평 막걸리랑 송명섭 막걸리랑 섞어서 마셔보세요.
신쏘	밀 막걸리는 미숫가루처럼 완전 걸쭉하네요.
장기자	밀 막걸리 너무 좋아. 우유 같은 느낌의 술!

응답하라 1960
옛날 고(古) 막걸리

by 신쏘

주종	막걸리
제조사	국순당
원산지	대한민국
용량	750ml
알코올	7.8%
원료	쌀, 국, 기타 과당, 밀
색	진한 미숫가루색
향	포도, 청사과
맛	고소함, 상큼한 과일의 맛
가격	2000원대

딱 봐도 너라는 걸 알 수 있어

　　전통주 소믈리에 대회를 출전하면 가장 흥미진진한 부분이 바로 블라인드 테이스팅이다. 잔에 담긴 술이 어떤 술이고 재료가 무엇이며 양조장은 어디인지 등등 술술술 말을 해야 하는데 선수들은 색, 향, 맛으로 추측을 하여 말을 하게 된다. 신쏘도 대회에서 블라인드 테이스팅을 경험했었는데 그때 나왔던 막걸리가 이번에 소개하는 고 막걸리이다. 이 막걸리가 나왔을 때 얼마나 기쁘던지 색만 봐도 이건 무슨 막걸리인지 알 수 있다 보니 대회가 시작하고 향을 맡거나 맛을 보지 않고 바로 "이 막걸리는 국순당의 고 막걸리입니다"를 외쳤고 참관석에 있던 신쏘의 교수님은 흐뭇한 표정으로 바라봐주셨다.

할아버지, 아버지가 즐겼던 옛날 맛을 추구한다

옛날 맛을 구현하고자 전통 밀누룩을 사용한 막걸리로 요즘 많이 사용되는 쌀누룩(고우지)을 사용하여 빚는 맛과는 다르게, 밀누룩을 사용한 막걸리로 풍부한 향과 맛이 특징인 막걸리이다. 발효도 옛날 맛을 위해 자연발효를 선택했는데 누룩, 쌀의 자체로 맛과 향을 내어 인위적이지 않고 누룩에 있는 천연 유산균과 효모와 미생물들을 통해 자연적인 맛을 구현하였다. 막걸리를 빚을 때, 미생물을 최대한 증식해서 진행하여 자연적인 발효를 하고 있다. 또한 일반 막걸리보다 누룩과 쌀의 양을 3배 더 넣어 만들었다고 한다. 하지만 그에 비해 막상 마셔보면 많이 걸죽하거나 텁텁하지는 않다.

정말 옛날 막걸리 맛인가?

1960년대 유행했던 막걸리의 맛을 복원하기 위해 노력했다는 고 막걸리는 옛날의 양조장에서 돈을 받고 가져온 주전자에 술을 담아주던 정서를 이어받았다고 한다. 고 막걸리는 다른 막걸리에 비해 진한 색을 띠고 있는데 약간의 회색빛이 도는 커피우유색과 흡사한 색을 띤다. 향은 포도향, 잘 익은 사과향, 밀가루 볶은 향 그리고 곡물의 고소함이 함께 어우러져 코를 자극한다. 고소하면서 상큼한 맛도 나지만 곡물의 단맛이 지배적으로 많이 나는 막걸리이다. 또한 인공 감미료를 넣지 않아 마신 후에도 입안에 남는 단맛이 없고 오히려 약간의 쓴맛이 넘기고 난 후에 느껴져 식욕을 자극한다.

과연 이 맛이 옛날에 어르신들이 마셨던 그 막걸리 맛인지는 아무도 장담

할 수 없을 것이다. 그 당시에는 어떤 맛의 막걸리를 마셨는지 정확히 알 수는 없으니까 말이다. 하지만 이러한 시도로 인해 우리는 약간의 궁금증을 풀어갈 수 있지 않을까?

 한·줄·평

빤스PD	생각보다 괜찮은데요?
명사마	오우, 진한 맛이야.
박언니	재미있긴 한데 달아요.
신쏘	이미지와 다르게 맛은 세련되었어요.
장기자	제 입맛은 어린이 입맛이라…….

잣의 고소함, 쌀의 부드러움
─── 가평 잣 막걸리

by 명사마

주종	막걸리
제조사	(주)우리술
원산지	경기도 가평
용량	750ml 등
알코올	6%
원료	쌀, 가평잣 등
색	아이보리
향	은은한 잣향
맛	뒤에서 느껴지는 잣의 향
가격	2000원 전후(소비자 가격)

한국화에 불세출의 명작이라고 불리는 그림이 하나 있다. 바로 국보 180호로 지정된 추사 김정희의 〈세한도〉이다. 추사 김정희는 당시 안동 김씨의 견제를 받아 제주도에 귀양을 가게 되는데, 자신이 귀양에 가 있는 상황에서도 변함없이 자신을 찾아주고 원하는 귀한 책을 청나라에서 가져다준 제자 이상적에 대한 감사를 표현한 글이다. 아무리 추워도 변함없이 우뚝 서 있는 나무를 제자 이상적에 비유한 것이다. 그럼 이 〈세한도〉에 나오는 그림은 무엇일까? 바로 소나무와 잣나무이다. 선비들은 소나무와 잣나무를 무척 좋아했다. 늘 변함없는 푸르름 때문이다. 그런데 엄밀히 말하면 소나무보다 잣나무를 더 선호했다. 이유는 소나무는 구부러지는데 잣나무는 늘 꼿꼿하며, 불의나 타협을 모르는 선비정신과 정확히 맞아 떨어진다.

추사 김정희 〈세한도〉. 구부러진 것이 소나무, 꼿꼿한 것이 잣나무

잣이 귀한 이유는?

　　잣은 조선 시대부터 명나라의 사신이 왔을 때부터 헌상했던 귀한 열매이다. 이렇게 귀한 데는 이유가 있는데 바로 매년 수확을 할 수도 없으며(평균 1~2년 전후가 걸린다), 무조건 사람이 나무에 올라가서 따야 한다. 문제는 잣나무는 기본적으로 높이가 30m, 큰 것은 40m도 넘는다. 이 높은 곳에 올라가서 하나씩 하나씩 잣송이를 처리해야 하는 것이다. 또 하나 잣송이를 딴다고 해도 그다음 과정이 복잡하다. 잣송이에 있는 열매를 빼고, 또 껍질을 제거해야 한다. 이 모든 작업 하나하나가 손으로 이루어지기에 비쌀 수밖에 없다. 최근에 많이 기계화가 되었다고 하지만 여전히 손을 거쳐야 한다.

가평이 잣으로 유명한 이유

잣은 현재 한국, 만주, 일본에 있는데, 흥미롭게도 영어로 'Korean Pine'이라고 불린다. 학명도 'Pinus Koraiensis s.et z.'로 여기서 'Koraiensis'는 한국을 뜻한다. 명실공히 한국의 나무라고 부를 수 있다. 이 잣나무가 잘 자라는 조건이 있는데 높은 산, 강, 그리고 안개이다. 이 세 가지 조건을 갖춘 곳이 있다. 바로 가평이다. 가평이 잣으로 유명한 이유는 이러한 이유가 있어서이다.

인공향과 색소를 넣지 않은 가평 잣 막걸리

현재 가평 잣 막걸리를 만드는 곳은 여러 곳이 있지만 가장 대중적인 막걸리를 만드는 곳은 가평 현리에 있는 ㈜우리술에서 나오는 가평 막걸리이다. 이곳은 최초로 농가와의 계약재배를 통해 막걸리를 빚었으며, HACCP 승인도 받은 현대화된 양조장이다. 가평 잣 막걸리는 인공향이나 색소를 넣지 않고 만들고 있다. 그래서 초기에는 정말로 잣이 들어갔냐는 의혹도 많이 받기도 했다. 하지만 마셔보면 다 마시고 끝에서 여운으로 느껴지는 자연스러운 잣의 고소함과 담백함이 느껴진다. 오히려 막걸리의 맛을 방해하지 않는다고 해야 할까, 오히려 자연스럽다. 마트에서는 한 병에 2000원 내외에 판매되고 있다. 현재 두 가지로 나눠 있는데 일반 버전은 100% 국산이지만, 염가 버전은 국산 쌀이 아닌 경우도 있다. 뒤에 라벨을 꼭 확인하고 구입하는 것이 좋다.

가평 막걸리, 이왕이면 신선하게 즐기길

가평 막걸리가 가장 맛있는 시기는 출하된 지 2~3일째 정도였다. 그리고 마트에서 사서 마시는 경우도 있지만, 실은 가평에 가서 마실 때가 가장 기억에 남는다. 당시 같이 먹었던 음식은 가평 잣 두부. 직접 찐 두부에 잣이 올라가 있는데, 김치와 같이 먹었을 때, 잣의 부드러움이 김치의 강한 맛을 잡아주는 느낌이었다. 여기에 담백한 가평 잣 막걸리를 한 잔 들이키면 개운함은 물론, 부드러움까지 살아 있다. 그 부드러움은 잣이 주는 것도 있지만, 실은 쌀이 주는 맛도 있다. 둘의 앙상블이 개인적으로 무척 잘 어울리며, 무척 가성비 좋은 막걸리라고 평하고 싶다.

 한·줄·평

빤스PD	오, 은은한 잣향이 느껴져요.
명사마	후미에서 나는 향이 좋아요.
박언니	의외로 고소한 맛이 나네요.
신쏘	인공향 없이 올라오는 잣향이 은은해요!
장기자	청량함과 부드러움 모두를 갖춘 막걸리!

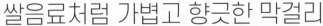

쌀음료처럼 가볍고 향긋한 막걸리
백련 막걸리

by 신쏘

주종	막걸리
제조사	신평 양조장
원산지	충청남도 신평면
용량	750ml
알코올	6%
원료	백미, 연잎, 아스파탐, 효모, 정제효소, 누룩, 종제종국, 구연산, 젖산, 물엿
색	밝은 베이지색
향	쌀뜬물 같은 연한 곡물향과 흰꽃 계열의 꽃향
맛	부드러우면서 산뜻하고 깔끔
가격	3000~8000원 (시리즈마다 가격차가 있다.)

2년 연속 틀렸던 블라인드의 그 술

신쏘가 전통주 소믈리에 대회에 출전을 할 당시에는 주류 후보 리스트가 없었다. 어떤 주류가 나오는지 모르는 상태에서 출제가 되었고 한국 와인까지 포함하여 공부를 해야 했었다. 그렇다 보니 다양한 변수가 많이 생기고 마셔보지 못한 술에서 출제가 될 가능성도 높았다. 한국의 다양한 술을 다 마셔보기에는 몇 백만 원의 투자가 필요했고 어떤 술은 지금보다 더 구하기 어려웠으니 솔직히 블라인드 테이스팅에 나온 술을 전부 맞춘다라는 것이 기적에 가까웠다.

그래도 신쏘는 블라인드 테이스팅에 강한 편이라 다른 선수들에 비해 높은 점수를 가져갔었는데 그럼에도 불구하고 2년 연속 틀린 막걸리가 바로 지금 소개하는 백년 막걸리. 지금도 이 막걸리만 보면 신쏘는 마음이 쓰리다.

가격이 비싸도 여심을 흔들 정도로 맛있는 막걸리

백련 막걸리가 처음 서울권에 판매가 될 때 많은 힘든 점이 있었다고 한다. 그 시기에는 다들 1000원 이하의 막걸리가 인기가 있고 막걸리는 저렴하고 아저씨들이 마시는 술, 비 오는 날 파전과 마시는 술로만 인식이 있던 시기였다고 한다. 하지만 그때 당시 백련 막걸리는 페트병에 담긴 것이 2000원대 후반, 유리병의 경우에는 그보다 훨씬 더 비싼 가격으로 책정되어 있었다. 그러다 보니 일반 사람이 품기 쉬운 선입견, 아니 고작 막걸리 한 병을 왜 그 돈을 주고 마셔야 하는데? 라는 생각을 변화시키기란 쉬운 일이 아니었다.

그래서 신평 양조장에서는 색다른 시도를 하게 된다. 바로 클럽에서 마시는 프리미엄 막걸리! 박언니는 이 클럽 파티에 놀러갔던 적이 있다고 한다. 그때 모든 사람들이 막걸리를 들고 춤을 추는 모습이 굉장히 신선한 충격이었고 이렇게 세련된 막걸리도 있구나 라고 생각했었다는 것이다.

은은한 꽃향기가 나는 막걸리

백련 막걸리는 은은한 꽃향기가 매력인데 막걸리향이 싫다라고 하는 분들도 백련 막걸리는 좋아하시는 분들이 많다. 익힌곡물의 고소한 향과 맛보다는 쌀음료 같은 깔끔하고 산뜻한 곡물의 맛과 꽃향기, 사과향으로 여성들이 좋아하는 막걸리로 자리를 잡았다.

백련 막걸리를 만드는 신평 양조장은 '찾아가는 양조장'으로 선정되었던 양조장인 만큼 다양한 체험과 볼거리가 마련되어 있는 곳이기도 하다. 박언니, 장기자와 방문을 했을 때도 연꽃과 연잎을 따고 술 빚는 것도 보았고 백련 막걸리를 활용한 칵테일 만들기 체험도 했었으며, 양조장 구석구석을 구경하는 재미도 있었다. 양조장에서 직접 구매한 막걸리를 마시는 그 시원한 느낌도 각별하다. 혹시 휴일에 시간이 되는 분이라면 한 번쯤 놀러가보시기를.

 한·줄·평

빤스PD	여성분들이 왜 좋아하는지 알 것 같습니다.
명사마	연잎차를 마시는 듯한 이 느낌!
박언니	이 정도의 단맛이라면 좋아요
신쏘	대학생들도 좋아해요!
장기자	어디 하나 튀지 않고 잔잔해서 마시기 좋아요.

오미자로 빚은 스파클링 막걸리
오희

by 장기자

주종	막걸리
제조사	문경 주조
원산지	경상북도 문경
용량	700ml
알코올	8.5%
원료	밀, 정제수, 국, 분말종국, 효모, 정제효소 등
색	맑고 투명한 붉은색
향	산뜻한 과실향
맛	밀 막걸리 특유의 걸쭉함과 텁텁함이 느껴진다. 단맛이 강하고, 산미는 적은 편.
가격	20,000원대(온라인)

승리를 위하여 치얼스, 평창올림픽 만찬주 '오희'

'오희'라는 술을 처음으로 알게 된 건 지난 2018 평창 동계올림픽 때였다. 나름 전통주 기자라고 올림픽이 개막하기 전부터 온통 관심사는 '과연 어떤 술이 만찬주로 선정될까?'였다. 이후 문경 주조에서 만든 오희가 만찬주로 선정되었다는 소식을 접했고, 당시에는 처음 보는 술이기에 그 맛이나, 향이 궁금해 미칠 지경이었다.

찰랑찰랑 잔 속에 흔들리는 붉은 물결과 촘촘하게 올라오는 탄산방울까지. 겉보기로만 보고서 '아, 이건 와인이로구나'라고 확신까지 했었다. 그런데 알고 보니 문경 오미자로 만든 스파클링 막걸리였다. 어쩐지 뒷통수를 한 대 얻어 맞은 느낌이었다.

오희라는 이름은 '다섯 가지 맛의 즐거움'이라는 의미를 지녔다. 주 재료인 오미자의 단맛, 신맛, 쓴맛, 짠맛, 매운맛을 표현한 이름이다. 문경 오미자의 다섯 가지 맛과 효능, 붉은색의 아름다운 빛깔, 술 자체에서 뿜어져 나오는 스파클링의 역동적인 모습이 평가 당시 심사위원들의 높은 점수를 받았다. 특히 '다섯 가지 맛의 즐거움'이라는 의미가 올림픽 화합 정신의 오륜 마크와도 일맥상통한다는 점도 고려된 것으로 알려졌다.

어떻게 만들어질까?

오희는 전통 막걸리보다 투명하고 탄산이 강한 발포주이다. 일부러 청량감이 가득한 스파클링 와인의 느낌이 나도록 만들었으며, 오미자의 아름다운 붉은 빛깔이 더해져 화사하고 아름답다.

오희는 경북 문경에 위치하고 있는 '문경 주조'에서 빚고 있다. 오미자를 사용하여 일반적인 막걸리와 다르게 맑고, 투명한 붉은 빛이 돈다. 맛 또한 과실 향과 함께 상큼하다. 일반적인 막걸리는 3~4일이면 만들어지는 데 이에 반하여 오희는 완제품으로 만들어지기까지 약 한 달 정도 걸리는 제품이다. 특히 오희는 문경 주조가 2014년 농촌진흥청이 개발한 탄산가스 함량을 마음대로 조절할 수 있는 기술을 이전 받아 생산한 전통주이다.

탄산이 풍부해 입안에서 톡 쏘는 청량감을 느낄 수 있다. 발효공정에서 막걸리 침전물을 최소화하여 텁텁한 맛을 줄였다. 침전물 함량이 적기 때문에 옷에 묻어 냄새가 나거나 얼룩이 남는 등의 문제가 적다. 따라서 샴페인처럼 파티술, 축배주, 만찬주 등으로 사용할 수 있는 막걸리이다.

오희가 만들어지는 문경 주조는 어떤 곳?

문경 주조에서는 국내산 찹쌀과 물, 전통 누룩과 오미자로 술을 빚는다. 이곳에서 만들어지는 모든 전통주는 단순한 국산 쌀이 아닌 경북 쌀만을 사용한다. 내 고장의 쌀을 사용하겠다는 생각으로 경북의 쌀만은 고집하고 있는 곳이다. 이곳에서 만드는 대표적인 전통주가 바로 프리미엄 막걸리 '문희'이다. '문경의 기쁨'이라는 뜻으로, 쌀과 물이 분리가 잘 안 될 만큼 쌀의 비율이 높다. 마시는 순간 쌀이 가진 풍미와 단맛이 입안을 그대로 감싸준다.

문희는 옹기에서 100일 이상 숙성하여 완성되며, 쌀과 누룩 그리고 물만 들어간 무첨가 막걸리이다. 문희 역시 오미자를 넣은 제품도 있으며, 이밖에도 문경 주조에서는 오미자 막걸리, 오미자 청도 만들고 있다.

 한·줄·평

빤스PD	굉장히 한국적인 식전주입니다.
명사마	가장 세련된 형태의 막걸리라고 할 수 있어요.
박언니	덜 달고, 끝에 남는 오미자의 씁쓸한 향이 매력적이에요.
신쏘	산뜻한 상큼함이 인상적.
장기자	오미자의 나뭇가지 향!

좋은 음식, 좋은 술, 좋은 사람들

자희향

by 박언니

주종	막걸리
제조사	(주)자희자양
원산지	전라남도 함평군
용량	500ml
알코올	12%
원료	찹쌀, 맵쌀,누룩
색	탁한 아이보리
향	레몬향
맛	찹쌀의 단맛
가격	15,000원대(소비자 가격)

AAA에서 벗어나기

지금은 어떠한 일들이 닥친다 해도 왠만한 것들에 대한 무뎌짐이 자연스러운 나이가 됐지만 A형의 소녀 감성이 남달랐던 나는 유난히 자그마한 일에도 밤새도록 일기장 한 가득을 고민으로 매우며 A에서 트리플 A의 모습으로 점점 진화해가기 시작했다.

학업을 마치고 사회생활을 시작해야만 하는 시기가 다가올수록 미친 듯이 불안해지더니 급기야 그 부담감으로 배앓이를 꽤 했었다. 불안감은 현실이 되고, 현실은 늘 존재하고, 존재하는 시간은 멈출 수 있는 일이 아니기에 그렇게 나의 첫 사회생활은 두려움으로 가득 찬 채 시작되었다.

'이 또한 곧 지나가리라'라는 말은 맞는 듯하다. 업무 초반에 극도의 소심함을 보이긴 했지만 이 소심함이 남들이 전혀 눈치채지 못할 만큼 곧 적응한 데다가 모난 구석은 없었던지 단체 생활에 그럭저럭 섞였다. 극심한 불안증을 안고 시작한 첫 사회생활 이후 지금은 사회 능구렁이가 되어 제법 잘 살아가고 있다.

벗어나고파, 소주에게서 벗어나고파

그때의 사회 생활을 어떻게 잘 적응했는지 이야기하고 싶다. 회사의 공식적인 회식은 한 달에 한 번 같은 팀 상사와 함께하는 회식이었지만 그보다 일주일에 몇 번씩 생기는 직장 동기 혹은 얼마 터울 없는 선배와의 술자리는 퇴근하면 흩어짐이 아닌 또 다른 뭉침으로 누가 먼저랄 것도 없이 무언의 공식적인 의례처럼 되었다. 그리고 그 시간이 마냥 좋았던 사람들의 섞임이 자연스러워졌고 사회 초년생의 불안감을 떨쳐버리기에 충분했다.

요즘도 물론 그때와 다를 바 없는 회식 문화이겠지만 어느 정도 바뀐 것만은 확실하다. 부서별로 나오는 회식비로 연극이나 영화를 본다 던지, 퇴근 후 저녁 시간 뺏기길 원치 않아 점심 시간을 이용해 평소엔 주머니를 아끼느라 뜸했던 이탈리아 음식이나 고급 중국음식으로 회식비를 쓰는 경우도 있다. 술을 쫓는 박언니로서도 기쁜 현상만은 아니다. 분명 부정적인 측면의 회식 문화는 있는 게 확실하지만 사람과 사람 간의 교류, 그 속에서 느껴지는 인간미는 내 하루의 절반을 머무는 공간 속 함께하는 이들의 인간미이며 그것은 서로에 대한 배려와 이해심을 갖게 할 수 있는 것이기에 회식 자체를 너무 부정적으로 생각하지 말아줬으면 한다. 그래서 한 가지 제의해본다. 술을 고급스럽게 마셔보는 건 어떨까? 단지 취하기 위해 마시는 것 말고 즐기면서 마시는 것 말이다.

술도 어떻게 마시느냐 혹은 어떻게 즐기느냐에 따라 단순히 술이 아닌 음식이 된다. 맛있는 음식을 즐기기 위해서 음식의 부족한 부분인 국물을 술로 연결했고 술은 곧 음식화되어 식사에 빠져서는 안 되는 것으로 자리매김되었다. 이는 곧 우리나라의 밥과 국, 서양에서의 음식과 와인의 형태인데 그러므로 우리도 술을 맛있는 음식과 매칭해 음식처럼 즐길 수 있을 것이다.

고급스러운 사람들과 고급 막걸리를

막걸리라는 술이 있다. 흔히 싸구려 술이라는 이미지가 있는 것은 사실이고 그러기 때문에 잘 어울리는 안주를 꼽으라면 그 이미지에 합당한 서민음식인 전이나 김치를 떠올린다. 하지만 이러한 개념을 트렌드화시키려는 조짐이 2003년부터였는데, 그 배후에는 일본이라는 나라를 빼놓을 수 없다. 당시 한국 드라마 보급으로 일본에서 한류 열풍이 일어나기 시작했는데 그 영향으로 아이러니하게도 막걸리가 일본에서 먼저 유행을 하기 시작했다. 처음에는 한국 요리가 유행하면서 자연스럽게 막걸리도 유행을 타기 시작했으니, 그러고 보면 술과 음식은 떼려야 뗄 수가 없나보다. 건강을 생각하는 일본 여성들 사이에서 막걸리 속의 유산균과 식이섬유가 장 운동에 도움을 준다고 생각해 웰빙의 술로 인식되었다. 이런 열풍이 역바람으로 몰고와 우리나라도 유행처럼 막걸리를 찾았고 많은 주점들이 생겨났으며 막걸리의 종류도 다양화되기 시작했다. 그리고 몇몇의 술을 빚는 양조인들은 막걸리의 고급화를 위해 프리미엄 막걸리를 개발하기에 이르는데 그중에서도 고급스러운 회식 문화를 주장하는 박언니의 추천 아이템 하나를 소개하겠다.

전라남도 함평군 신광면에 위치한 자희자양의 '자희향(스스로 그 향기에 기뻐하다)'은 말 그대로 마시기 전부터 그윽한 시트러스향이 코로 스며 들고 입으로 머금고 넘기다 보면 쌀에서 나오는 고급스러운 단맛과 함께 여러 가지 복합적인 과실향이 미소짓게 만드는 탁주이다. 2010년 처음 출시한 자희향은 멥쌀로 죽을 쑤어 밑술을 만든다. 밑술이란 쌀과 누룩을 섞어 일차적으로 효모를 증식, 배양하는 작업을 일컫고, 이러한 밑술을 떡이나 죽 형태로 나눌 수 있는데 죽의 형태로 할 경우 과실향이 더 많이 난다. 그것에 찐 찹쌀을 넣어 만드는데 이 모든 과정을 수작업으로 하면서 전통방식 그대로 옹기로 100일 동안 숙성하여 우리술 고유의 맛을 살리고자 노력했다. 그렇기 때문에 앞서 말했던 향기로운 향이 특징이고 이 방식은 우리나라 주류 문헌에 나오는 '석탄주'를 복원하고자 노력한 자희자양의 노영희 대표의 노고가 완벽한 결과물로 나오기에는 충분했고 탁주가 프리미엄으로 나올 당시 잘 안 될 것이라는 편견을 처음 깨준 술이다. 그럼 문헌에 나오는 석탄주는 무엇이기에 복원한 것일까?

1800년대 주류 관련문헌인 《주찬》이라는 책에 수록된 '석탄주(惜呑酒)'라는 술은 말 그대로 '향이 좋아 차마 마시기 아깝다'라는 뜻이다. 자희향은 옛날 문헌의 이 석탄주와 마찬가지로 향이라는 키워드로 제조 방법에서 숙성 방법까지 복원한 결과물인 것이다. 사실 문헌상의 석탄주는 청주 형태이지만 이곳에서는 탁주 형태로 출시했고 하나의 팁을 말하자면 탁주에 가라앉은 술 지게미가 위에 맑은 부분이 섞이지 않은 상태에서 윗술만 따로 음용해보면 마치 석탄주 약주처럼 향이 짙은 자희향의 풍미를 느낄 수 있을 것이다.

또 자희향이 고급스러운 음식과 즐기면서 마시기 좋다고 추천한 또 한 가지 이유는 노영희 대표의 이력에서도 알 수 있다. 술을 빚기 전 가정주부였고 한식 공부를 하셨던 분으로 한식과 잘 어울리는 술을 빚기에 이르렀다. 음식을 알고 그 음식과의 매칭이 잘 되게끔 술을 빚는다는 건 또다른 기술이라 생각이 들어 고급 음식과의 매칭에서 자희향은 가히 어울릴 만하다고 생각한다.

스스로 내는 향기를 선입견 없이 봐주는 이가 있다면

직장인들의 도시에는 수많은 희노애락이 엉켜 있을 것이고 하루의 마감을 기다리며 한 시간, 한 시간을 열심히 달리고 있을 것이다. 혹시 오늘 그대 하루의 마침표를 동기들 혹은 친한 상사와 찍고 싶다면 자희향과 함께해보는 건 어떨까? 그리고 자희향이 가지고 있는 뜻처럼 스스로의 아름다운 향기를 나뿐만이 아닌 나를 잘 알아주는 동료와 함께 기뻐하길, 그리고 그 사람의 향기 또한 같이 기뻐해주길. 스스로의 아름다운 향기란 나의 대단함을 과시하는 것도, 다른 사람의 호감을 얻기 위해 성실하고 긍정적인 나를 연기하는 것은 아닌 것 같다. 자신의 약점과 콤플렉스를 모두 받아들인 다음 자신이 가지고 있는 점을 최대한으로 갈고 닦아 능력을 보이면 된다. 맛있는 음식, 좋은 술 한 잔과 함께 나를 보이고 상대방을 봐준다면 서로의 향기가 공유되어 기쁨이 배가 될 것이다.

 한 · 줄 · 평

빤스PD	코를 타고 올라오는 향이 싱그럽기까지 해요.
명사마	라떼와 같은 부드러움이 있어요.
박언니	맑은 부분의 과실향이 굉장히 풍부해요.
신쏘	찹쌀 자체에서 오는 자연스러운 단맛이 레몬향과 어우러져요.
장기자	석탄주를 해석해서 만든 만큼 그 향에 매료되어 삼키기 아까워요.

05

특별한 날
특별한 술

탄산이 있는 화이트와인 VS 샴페인
모엣 & 샹동

by 박언니

주종	샴페인
제조사	모엣 & 샹동
원산지	프랑스
용량	750ml
알코올	12%
원료	피노누아, 샤도네이
등급	champagne AOC
향	시트러스향, 미네랄
맛	풍부한 과일의 드라이한 맛
가격	60,000원 전후부터 (소비자 가격)

연말에는 뭐니 뭐니 해도 샴페인이지

더는 예전 같지 않은 크리스마스 분위기 때문인 건지 내가 동심을 잃은 늙은 아줌마여서인지 모르겠지만 신나는 연말 분위기는 즐기지 못해도, 내가 좋아하는 술과 함께 흥을 내는 건 크리스마스가 아니여도 일상이기에 오늘도 그 일상을 달려볼까 한다.

연말이니 어떤 술로 기분이라도 낼까? 내 전용 술 냉장고를 둘러보고 한순간의 망설임도 없이 샴페인을 꺼낸다. 나에게 샴페인이란 특별한 날 마시는 특별한 술이 아니다. 평소에 탄산 음료를 전혀 마시지 않지만 대신 탄산이 땡기는 날엔 맥주와 스파클링이 있는 와인을 마신다. 가끔 맥주가 질릴 때면 이것들을 꺼내 마시는데 한 병을 너끈히 다 마실 준비가 되었을 때만 오픈을 한다. 이런 술은

그 자리에서 다 마시지 않고 남기면 탄산이 날아가 나중엔 차마 못 마실 상태가 되어버리는데, 내 좌우명이 술은 절대 하수구가 아니라 내 배 속으로 버리자이다.

와인 셀러가 있지만 샴페인이나 스파클링이 있는 와인은 일반 냉장고에 넣어둔다. 차갑게 식혀놓은 모엣 & 샹동을 조심스레 열어 잔에 따르고 바삭하게 구운 녹두전과 함께 술상을 세팅한다. 음악을 틀고 조명을 조금 어둡게 하고, 그리고 맛있게 마신다.

탄산 있는 화이트 와인은 모두 샴페인일까?

샴페인과 스파클링 와인이 어떻게 다른지 아는가? 박언니는 위에서 두 가지를 언급했는데, 탄산이 있는 와인은 무조건 샴페인 아니던가? 이 두 가지의 다름이 무엇인지 설명하고자 한다. 우리는 심지어 나조차도, 늘 기포가 올라오는 화이트 와인을 샴페인이라고 불렀다. 그것이 와인, 맥주, 소주 같은 하나의 장르인 술이라 생각했던 것이다. 사실 샴페인이라는 말은 프랑스 샹파뉴 지방에서 탄산이 있는 와인이 처음 발명이 되어 붙은 이름인데 샹파뉴라는 프랑스어의 단어를 미국식으로 읽으면 샴페인이 된다. 그리고 이 샹파뉴에서 만든 탄산이 있는 화이트 와인만이 샹파뉴

(샴페인)이라고 부를 수 있고 나머지의 와인들은 그 이름을 쓰지 못한다. 프랑스 내에서도 샹파뉴 지방 이외의 것들은 무쉐나 크레망 같은 이름으로 불러서 그 둘을 구별한다. 각 나라별로도 이름이 달라지는데 예를 들어 스페인은 카바, 독일은 젝트, 미국은 스파클링 와인 같은 식으로 불린다.

최고의 샴페인, 돔페리뇽

그럼 샹파뉴에서 처음 탄산이 함유된 샴페인이 처음 탄생했다는데 어떻게 생겨난 것일까?

와인으로 유명한 프랑스이지만 이곳은 연평균 기온이 낮아서 와인용 포도의 당도가 높아지기 어려워 그다지 맛있는 와인이 생산되지 않는 곳이다. 당이 높지 않은 포도로 와인 발효를 하다 보니 길게 발효를 안해도 당이 모두 소진되기에 적당한 기간에 바로 발효된 와인을 병에 넣어 보관했고 그때까지만 해도 아무 문제 없었었다. 그러던 어느 해에 포도 농사가 잘되어 평년보다 당도가 높은 포도가 수확되었는데 그것으로 늘상 하던 방법으로 똑같이 발효시키고 와인을 병입하여 보관했다. 겨울이 지나 봄이 되자 작년에 만들어 보관했던 와인병이 전부 폭발하여 산산조각으로 깨어지고 병뚜껑이 날아가버렸다. 이런 현상이 왜 발생했는지 추적한 사람이 성 베네딕트 오빌레 수도원의 수도

사 피에르 페리뇽인데 오늘날 유명한 고가의 샴페인 '돔페리뇽'의 바로 그 페리뇽이다. '돔'은 그 시대 수도원의 최고 직급을 칭하는 말로, 모엣 & 샹동은 피에르 페리뇽을 기리기 위해 최고급 샴페인 '돔페리뇽'을 출시한 것이다.

　　루이14세 시대의 수도원에서는 술 빚는 일도 같이했는데 수도사이자 동시에 와인 제조 책임자 피에르 페리뇽은 시각장애가 있는 대신 후각과 미각이 특출 났다고 한다. 처음에 피에르 페리뇽은 저장고에서 와인의 병들이 깨진 것을 보고 악마의 장난이라고 생각했지만 깨진 병조각 사이로 흐르는 와인 맛을 보고는 "형제들이여, 빨리 오시오. 나는 지금 별을 마시고 있습니다"라고 했다는 말은 너무도 유명하다. 병이 깨졌던 원인은 당도가 평년 해보다 높았던 포도이니 발효를 더 시켜 효모가 모든 당을 먹어 전부 알코올로 만들고 난 후 병입을 했어야 했는데 그 점을 간과하고 당분이 전부 발효되기 전에 병에 넣어버린 데서 왔다. 잠자고 있던 효모들이 봄이 되어 깨어나 다시 발효가 시작되니 이산화탄소가 병 안에서 점점 증가했고 압력을 견디지 못하고 마침내 병이 깨져버린 것이었다. 그 후 피에르 페리뇽은 좀 더 맛있는 샴페인을 만들기 위해 압력에 견디는 병과 코르크 마개를 개발하고 청포도보다 적포도로 화이트 와인을 만드는 방식을 고안하여 샴페인 양조에 큰 업적을 남겼다.

몸값 비싼 샴페인, 너의 친구라도 탐하겠어

　　1743년에 설립된 모엣 & 샹동은 그 당시 루이 15세가 살고 있는 베르사유 궁전에 "거품이 있는 흰 포도주"로 불리며 인기가 좋아 납품을 전담했다. 특히 나폴레옹 1세는 이 모엣 & 샹동을 좋아하여 전쟁을 치루고 이곳을 지날 때마다 샴페인을 마시며 전쟁의 승리를 기념했는데 이들의 우정을 표하기 위해 탄생한 술이 바로 모엣 & 샹동 임페리얼이다.

프랑스 대혁명 이후 폐허로 방치되었던 오빌레 수도원을 복원하면서 샴페인의 아버지라고 불리는 돔페리뇽의 동상을 모엣 & 샹동 본사 앞에 옮겨놓고 1921년부터 돔페리뇽을 출시해왔다.

모엣 & 샹동은 비싸고 그보다 더 비싼 샴페인 브랜드도 아주 많다. (태생적으로 비쌀 수밖에 없는 샴페인 고유의 공정 과정은 글의 마지막에 설명할 것이다.) 이런 샴페인을 일상적으로 마실 수 있는 사람은 드물기 때문에 다들 생일이나 기쁘게 축하할 만한 날에나 기념으로 샴페인의 코르크 마개를 "펑!" 터트리는 것이다. 그래서인지 샴페인은 미국의 유명한 힙합 가수들이 즐겨 마시는 술이기도 하다. 샴페인이 부를 상징한다고 여기기 때문이다. 자신이 가진 부유함을 랩 가사에서도 어필하는 힙합 뮤지션들에겐 최고급 샴페인을 얼마나 자주 흔하게 마시는지가 곧 자신의 위치

를 과시하는 행위로 통한다. 특히 비욘세의 남편이자 힙합 뮤지션 제이지는 아예 2014년 미국 주류 회사를 통해 '아르망 드 브리냑'이라는 샴페인 와이너리를 매입했는데 매입 금액은 알려지지 않았다고 한다.

그럼 우리는 자주 마실 수

없으니 그 맛있는 탄산와인을 포기하란 말인가? 단순히 탄산 가스만을 주입해서 만든 스파클링도 저렴하게 나온 것은 많다. 그중에서도 스페인의 스파클링 와인 가운데 카바는 가성비가 좋은 스파클링 와인으로 추천할 만하다. 프랑스 샹파뉴 지방의 샴페인과 동일한 제조 공정으로 만들어지는데 스페인 카탈루냐 지방에서 제조되는 경우에만 까바라는 이름을 붙일 수 있다. 이 까바는 1970년부터 공식적으로 cava라는 이름을 지정했고 이는 프랑스의 샴페인가 구별하기 위해서라고 한다. 쉽게, 스페인의 샴페인이라고 생각하면 된다. 요즘은 이 카바라는 좋은 친구를 밖에서 발견하면 한 병씩 사다가 집 안의 주류 냉장고에 쟁여 두는 습관이 생겼고 언제든 부담없이 꺼내 마시곤 한다. 특히 4~5월의 봄이 되면 늘 집 앞 작은 공원에 돗자리를 펴고 내가 준비한 스파클링 와인, 친구가 준비한 프라이드 치킨, 주위에 피어난 봄꽃 몇 송이를 꺾어다 세팅을 하고 부드러운 봄 향기와 함께 술, 음식, 꽃의 '삼합'을 즐기는 일은 매년마다의 의례가 되었다.

느긋함으로 마무리하기

고요하고 한가한 연말을 보내고 있자니 너무도 빠르게 지나가는 한 해가 왠지 우울함으로 연결될 수도 있겠지만 참된 한가함을 보내고자 아무것도 안하는 것보다 좋아하는 것을 하는 게 낫겠다 싶었다. 와인에 있어 떼루아란 기후, 환경, 토양이 최고의 술을 만드는 자연 환경적인 조건의 개념이라면 모든 술에 있어 떼루아란 좋은 사람과 좋은 날, 좋은 장소에서 좋은 음식과 추억을 쌓아가며 술맛의 최고조를 이끄는 또 다른 조건의 개념이라 생각한다. 향기로운 모엣 & 샹동을 최대한 조용히 터트리고 나만의 시간을 느긋하게 보내는 이 연말은 게으

름도 아니고 처량도 아니다. 그냥 연말을 풍요롭게 보내고
싶은 나만의 또 다른 방식일 뿐이다.

 한 · 줄 · 평

빤스PD	나를 깨우는 상큼한 산미가 너무 좋네요.
명사마	사과, 배, 살구 맛이 확 올라오네요.
박언니	기포에서 오는 즐거움을 바삭한 음식을 먹을 때 오는 즐거움과 함께하고 싶어요.
신쏘	깊은 맛과 미세한 기포
장기자	적절한 단맛, 상쾌한 신맛, 그리고 시원한 탄산.

샴페인 제조 과정

- **수확** : 9월 중순~10월 초 사이에 수작업으로 포도를 수확한다. 기계로 수확하면 포도알이 으깨져서 색깔이 진해지기에 수작업으로만 한다.
- **압착** : 적포도가 주를 이루는데 가지를 제거하지 않고 색소가 우러나오지 않도록 송이째로 바로 압착하여 주스로 짜낸다. 보통 두 번째 짜내는 주스까지만 사용하는데, 프레스티지 퀴베의 경우에는 첫 번째만 사용한다.
- **1차 발효** : 품종별로 따로 발효
- **혼합** : 1월이나 2월에 완성된 와인을 섞어 회사의 고유의 맛이 날 수 있도록 해야 한다. 어떤 품종을 어떤 비율로 사용할 것인가. 어느 포도밭에서 나온 것을 얼마나 섞을 것인가. 어느 해 담근 와인을 얼마나 섞을 것인가 등을 유형별로 선별하여 정한다. 그러므로 샴페인은 공식 빈티지가 없다. 그러나 특별히 좋은 해는 빈티지를 표시하여(이것을 '그랑 아네' 즉, 위대한 해라고 부른다) 그해 생산한 포도를 100% 사용한다. 보통 30~60종의 와인을 혼합한다. 샹파뉴 지방은 기후 변화가 심한 곳이라 어느 해든 당해에 혼합한 와인의 20% 정도는 다음 해에 쓸 용도로 비축해둔다.
- **병입** : 설탕과 이스트를 넣고 마개로 닫음. 와인 1리터에 설탕 4그램을 넣으면 탄산가스의 압력은 1기압이 나온다. 5~6기압 이상이 나올 수 있도록 계산하여 첨가한다.
- **2차 발효** : 병을 뉘어 상온 15도 이하의 어둡고 시원한 곳에 둔다. 6~12주 후에 탄산가스가 차오르고 바닥에는 이스트, 단백질, 아미노산 등의 찌꺼기가 엉겨붙어 가라 앉고 알코올 함량이 약 1%로 높아진다.
- **숙성** : 10도 이하의 장소로 옮겨 숙성한다. 이 숙성 과정에서 와인은 이스트 잔여물과 접촉하면서 어느 정도 분해되어 복잡 미묘한 특유의 향(부케)을 남긴다.
- **리들링** : A자 모양의 경사진 나무판(퓌피트르)에 구멍을 뚫어 병을 세우고 병을 회전시키면 찌꺼기가 병 입구 쪽으로 모이면서 뭉쳐진다. 그러면서 조금씩 미세하게 경사도를 높여 최종적으로 거의 수직 상태가 된다.(6~8주) 이 작업은 사람의 손으로 하기에 힘든 작업이지만 샴페인 제조공정에서 가장 상징적인 작업이기도 하다.
- **침전물 제거** : 병을 거꾸로 해서 영하 25~30도의 소금물이나 염화칼슘 용액에 병 입구만 냉각하고 뚜껑을 열면 탄산가스 압력에 의해 찌꺼기를 포함한 얼음이 밀려 올라온다.
- **보충** : 일정량의 샴페인이나 설탕물로 채우는 것.
- **코르크 마개** : 쇠고리가 달린 병마개로 봉인해둔다.

프랑스 주요 샴페인 제조사

샴페인은 여러 품종의 포도가 섞이고 서로 다른 지역의 포도가 수십, 수백 종이 혼합되어 탄생하므로 생산 지역보다 제조사가 중요하다.

1. 뵈브 클리코 퐁사르댕(Veuve Clicquot Ponsardin)

1805년 창업자 필립 클리코의 아들이 일찍 사망하고 27세에 과부가 된 며느리가 와이너리 운영에 참여하면서 과부(뵈브)와 자신의 미혼 시절 성씨(퐁사르댕)을 덧붙여 현재의 이름으로 만들었다. 그녀는 평생을 샴페인 제조에 바쳤는데, 각도조절형 A자형 나무판인 퓌피트르를 발명하여 '라 그랑 담(La Grande Dame)'이라는 칭호를 얻기도 했다.

2. 볼렝저(Bollinger)

1829년에 자크 조셉 볼렝저가 설립한 이래 철저하게 가족 소유의 와이너리로 운영해오다가 2002년 제롬 필리퐁이 회장직에 취임, 처음으로 외부인이 CEO가 되었다. 볼렝저 최고 등급 R.D.(recently disgorge)라는 샴페인은 1955년 출시 이후 연간 7만 상자를 판매하고 있다. 역대 007 시리즈 중에서 12편에 등장해서 별명은 '제임스 본드의 샴페인'.

3. 크루그(Krug)

1843년 요한 요제프 크루그가 독일에서 프랑스로 이주해 크루그 하우스 설립했고 현재 6대손 올리비에 크루그가 이어받았고 명품의 왕국 LVMH가 소유 중이다. 코코샤넬, 어니스트 헤밍웨이, 마돈나, 데이비드 베컴, 나오미 캠벨, 엘튼 존, 샤론 스톤 등 유명 인사들 가운데 크루그 애호가들이 많고 이 술의 마니아들을 크루기스트(Krugist)라고 부른다.

4. 루이 뢰드레(Louis Roederer)

1776년 시작된 와이너리로 1876년 로마노프 왕조 알렉산드르 2세가 특별 주문해 마신 샴페인으로 명성을 얻어 러시아 궁정과 귀족 사회에서 인기 있었다. '크리스털'은 1876년 러시아 황제를 위한 샴페인으로 특별하게 제조된 것으로 샹파뉴 지방 최초의 퀴베 스페시알로 출발하여 유명해졌다. 이 술은 돔 페리뇽보다 가격이 비싸다.

오미자로 만든 한국의 고급 와인
오미로제

by 장기자

주종	와인(레드)
제조사	오미나라
원산지	경상북도 문경
용량	750ml
알코올	12%
원료	오미자
색	옅은 선홍색
향	베리류의 과실향, 은은한 스파이스 향
맛	깔끔하고 산뜻한 산미, 오미자의 다섯 가지 맛의 조화
가격	39,000원(공식 홈페이지)

오! 나의 로제

나에게 술은 사람과 소통하기 위한 가장 좋은 매개체 중 하나이다. 특히 사랑하는 사람들과 술잔을 기울일 때면 그것만으로도 일상의 고단함은 사라지고, 즐거움만 남게 된다.

누군가 내게 가장 좋은 술이 뭐냐고 묻는다면, 단연코 좋은 술은 '마시면 생각나는 사람이 많은 술'이라고 대답할 것이다. 마실 수록 주변 사람들과 나누며 즐기고 싶은 그런 술 말이다.

처음 맛을 봤던 오미로제는 좋다는 것 이상의 경험을 안겨주었다. 코로 향을 들이맡는 순간부터, 입술을 넘어 혀끝을 지나 목구멍에서 삼키기까지. 혼자 술을 마시는 게 이토록 안타까웠던 적은 처음이었다. 그리고 그 아쉬운 만큼이나 떠오르는 얼굴도 하나둘 늘어났다. 무슨 일이 있어도 나의 편이 되어줄 가족들, 함께 있는 것만으로도 즐거운 친구들, 순간순간마다 곁에서 함께해준 모든 사람들. 내게 소중한 사람들이 이토록 많다는 걸 오미로제 한 잔이 알려주더라. 그래서 이 술, 소중한 사람을 모두 모아두고 마시고 싶다.

경북 문경에서 나오는 최고급 와인

오미로제는 해발 300m 이상의 문경 산골에서 자란 무농약, 유기농 오미자만을 원료로 사용하고 있다. 오미자는 익은 정도에 따라 색깔과 맛이 다르기 때문에 오미로제의 경우, 양조용으로 적합한 완숙 오미자만을 골라 사용한다. 완숙 오미자를 사용하지 않으면 술의 산도가 굉장히 높아지기 때문에 로제와인이나, 스파클링와인을 만들기 어렵기 때문이다. 오미자는 매년 9월쯤 와인 제조사가 직접 재배농가와 함께 수확 시기를 결정하고, 잘 익은 오미자 송이를 선별하여 수확한다. 수확한 오미자는 잘 씻어 잘 발효되도록 으깨는 읍착 과정을 거친 뒤, 발효와 숙성 과정을 거친다.

특히 오미나라에서는 유럽의 정통 와인 양조 기법을 그대로 오미자를 발효하고, 오크통에서 숙성한다. 대개 일반적으로 와인은 1~3주 정도 발효 과정을 거치는 반면, 오미로제는 기본 발효 기간에만 18개월 이상이 소요된다.

기본 발효는 스테인리스로 만든 발효, 저장 탱크에서 진행한다. 발효 과정이 끝나면 스틸 와인(무발포 와인)은 오크통에서 18개월, 스파클링 와인은 병에 넣어 18개월 이상 발효 및 숙성 과정을 거친다. 결국, 최초의 오미자 수확 뒤에 최소한 3년 이상이 지나야 와인으로 거듭난 것이 오미로제이다.

오미자는 산도가 포도와 비교했을 때 4배 정도 높기에 포도로 만드는 와인보다 제조하기가 더 어렵다. 특히 오미자 매입 단가가 포도보다 다섯 배 비싸다는 게 문제점이다. 1킬로그램당 12,000원꼴이며, 와인 한 병을 만드는 데 약 600그램 정도의 오미자가 사용된다.

오미로제라는 이름의 의미는?

오미로제의 원료인 오미자는 천연의 다섯 가지 맛을 담아 절묘한 균형을 이루고 있어 라틴어로 'Themaximowiczia Typica' 즉 '최상의 맛'이라는 뜻으로 불린다. 매력적인 천연의 선홍색과 잘 익은 오미자에서 퍼지는 은은한 스파이스 향, 오미자 특유의 다섯 가지 맛이 어우러져 있다. 맛과 색에 걸맞게 오미로제라는 이름은 오미자의 '오미'와 장밋빛의 '로제'를 합친 의미이면서 동시에 '오 마이 로제'라는 뜻을 가지기도 한다. 특히 오미로제의 이름과 술병 디자인은 '참이슬', '처음처럼'을 네이밍하고 디자인한 브랜드 전문가인 손혜원 씨(전 더불어민주당 의원)가 맡았다.

오미로제를 만든 마스터 블렌더

오미로제는 오미나라 이종기 대표가 만든다. 이 대표는 30년이 넘게 세계적 양조 기술자들과 함께 일하면서 발효, 증류, 숙성 및 블렌딩 등 양조 기술을

터득한 전문가이다. 세계적 주류회사에서 마스터 블렌더로 활동했다. 마스터 블렌더는 위스키의 맛을 결정하고, 품질이 계속 유지될 수 있게 관리하는 매우 핵심적인 역할을 하는 사람으로, 이 대표는 한국의 대표 위스키인 '윈저'와 '골든블루' 등 일류 증류주 제품을 개발한 경력의 소유자이기도 하다.

이 대표가 오미로제를 개발하게 된 계기는 20여 년 전으로 거슬러 올라간다. 그는 현지에서 위스키 양조학을 배우기 위해 1990년 스코틀랜드로 유학을 떠난다. 이때 담당 교수가 세계 각국에서 모인 학생들에게 각 나라의 대표 술을 가지고, 시음회를 열자고 제안한다. 당시 이 대표는 인삼주를 준비한다. 그런데 담당 교수가 다른 술들을 마시면서는 칭찬을 하더니 인삼주를 마시고는 혹평을 쏟아낸 것이었다. "한국 사람들은 술과 약도 구분하지 못하냐" 하면서. 이 대표는 그날 프랑스 학생이 가져온 로제 샴페인을 마시고 그 빛과 맛, 향이 너무도 환상적이어서 이것처럼 세계에서 인정받는 한국산 명주를 만들어야겠다고 결심하게 된다.

오미나라에서 나오는 다른 술들은?

오미나라에서는 증류주도 생산하고 있다. 두 종류로 '고운달'과 '문경바람'이다. 문경바람은 문경에선 나는 사과

로 만든 증류주, 고운달은 앞서 소개한 오미로제를 증류한 브랜디이다. 두 제품 모두 백자 항아리에서 숙성한 것과 오크통에서 숙성한 것 두 가지로 출시한다. 백자 숙성 고운달은 투명한 빛깔에 순수하고 우아한 향미가 고급스럽고, 오크통 숙성은 캐러멜색에 은은한 복합미가 매력적이다.

 한·줄·평

빤스PD   뭔가 맛과 향이 전반적으로 강하네요.

명사마   굉장히 스파이시한 와인. 기름기 있는 음식과 꼭 마셔보세요.

박언니   우리나라의 어떠한 음식과 마셔도 잘 어울려요.

장기자   영롱한 붉은색! 너무 좋아.

한국의 3대 명주를 아시나요?

감홍로

by 신쏘

주종	증류식 소주
제조사	감홍로 양조장
원산지	평안도(경기도 파주)
용량	400ml
알코올	40%
원료	쌀, 조, 용안, 계피, 진피, 생강, 정향, 감초, 지초
색	투명한 감귤 속 색
향	은은한 계피향에 다양한 약재의 단향과 나무향
맛	감초와 꿀의 단맛과 계피맛
가격	45,000원

감홍로처럼 따뜻한 명인의 말씀

전통주 업계에서 신쏘가 살아남기에는 그리 쉬운 일은 아니었다. 그 시기에 전통주 업계에 활동하는 또래의 20대도 별로 없었고, 내 목소리를 내기도 어려운 상태였다. 또한 직업에 있어 길잡이가 없이 혼자서 길을 만들어가던 신쏘의 24살은 그야말로 눈물의 해였다.

그 눈물 속에서도 신쏘의 편은 언제나 있었는데 지금까지도 가장 든든하게 믿어주시는 이기숙 명인님이 제일 감사한 분이다. 어려운 일은 없는지, 잘하고 있는지를 항상 물어봐주셨고, 매 행사 때마다 정신없이 인사를 하러 다니는 신쏘에게 따뜻한 한잔을 건네주셨다. 시음용 플라스틱잔에 술을 잘 못 마시는 신쏘에게 1/5 정도를 따라서 마시면 기운이 날 거야, 힘이 날 거야, 몸이 따뜻해질 거야 라면서 건네주시는 한 잔 한 잔이 얼마나 감사했는지 모른다. 지금은 명인의 자녀분들과도 친하게 지내며 더욱 좋아하는 술이 되어버린 감홍로. 나는 감홍로라는 술 자체를 좋아하기도 하지만 감홍로와 관련된 모든 것을 좋아하고 있는 모양이다.

'감홍로'인데 왜 붉은색이 아니죠?

한국에는 가양주 문화가 있다. 집집마다 술을 빚는 문화인데 이 덕분에 그 술인 듯 그 술 아닌 그 술 같은 술이 빚어진다. 그것이 무엇이냐 하면 집집마다 장이나 김치 맛이 다른 것과 같은 이유이다. 특히 김치는 지역적 특징을 가지고 있지만 그렇다고 같은 지역의 집집마다 김치의 맛이 같은 것은 아니다. 술 또한 그렇다. 한산 소곡주라고 해도 양조장마다 조금씩 다른 맛을 내고 안동 소주라고 해도 양조장마다 맛이 미묘하게 다르다. 특히 안동 소주는 명인님이 두 분 계신데 그 맛 또한 차이가 분명하다. 이렇듯 감홍로도 집집마다 맛과 재료가 달랐을 것이다.

그중에 평양의 술인 감홍로 가운데 지금의 이기숙 명인님 가문에서 내려온 감홍로는 색이 진하지 않고 연한 붉은색이며 차라리 주황에 가까운 색을 낸다. 그래도 붉은 계열의 색을 가지고 있다고 할 것이다. 아마 평양에서 다른 집안의 감홍로를 마셔본다면 그 또한 같은 듯하면서 조금은 다른 맛을 느낄 것이라고 예상한다. 이것이 우리 전통주의 맛이자 멋이 아닐까?

수정과를 생각나게 만드는 술

첫잔을 따르는 순간 영롱한 감귤 빛을 내는 술이 앞에 놓여 있다. 마치 귤의 겉껍질과 그 속의 속껍질을 벗긴 후 보이는 귤의 영롱한 과육처럼 보인다. 잔을 코 가까이에 들고 숨을 들이키는 순간 그 뒤로는 한국 사람이라면 누구나 한 번쯤은 먹어본 익숙한 음료의 향이 뒤따라 들어온다. 바로 수정과이다. 계피와 감초향이 어우러지면서 수정과의 향으로 느껴지는 것 같다. 한약 재료를 크게 좋아하지 않는 사람들은 선뜻 망설이게 되는 술일 것이다. 하지만 수정과의 향을 느끼고 있으면, 어디선가 동양과는 거리가 먼 다른 향기가 풍겨온다. 희미하지만 초콜릿향이 슬금슬금 풍겨온다. 적은 양을 목으로 넘겼을 때 다른 40도의 소주들보다 약재의 향이 어우러져서 훨씬 부드럽게 넘어간다. 또한 약재의 맛이 하나하나 모나게 느껴지는 것이 아니라 하나하나 조합이 잘되어 넘어간다.

감홍로는 보고, 맡고, 삼켰다고 끝이 아니다. 한 모금을 마신 뒤 숨을 내쉬면 박하를 먹은 듯이 코가 뻥 뚫리는 것처럼 시원해진다. 외국인들도 감홍로의 매력을 안다. 일반적으로 소주가 투명하기 때문에 외국인들은(특히 서양인) 사케와 혼동하는 경우가 많다. 가끔은 소주에 대해서 열심히 설명을 했음에도 불구하고 시음하실 때에는 "이거 코리아 사케?"라고 물어보시는 분들도 많다. 하지만 감홍로는 오해 받을 일이 없다. 서양에도 흔히 있는 위스키나 브랜디와 흡사한 색을 띠고 있기 때문이다. 위스키나 브랜디를 좋아하는 외국인은 향을 느끼자마자 흥미를 가진다.

감홍로를 즐기는 방법은 여러 가지가 있는데 그중 몇 가지를 소개해보려고 한다. 스페인에 가면 견과류 아이스크림에 달콤한 셰리를 살짝 끼얹어주는데 셰리 대신 감홍로를 끼얹어 먹는 것도 맛이 있다. 다만 감홍로가 지나치게 많이 들어가게 되면 디저트의 느낌이 사라지고 만다.

또 다른 방법은 감홍로 명인님 식구분들이 개발한 칵테일인데 오렌지주스와 콜라와 혼합하여 먹는 방법이다. 신쏘가 운영하는 '주식회'라는 모임에서 시도했었는데 탄산을 좋아하는 사람들은 콜라와, 부드럽고 산뜻한 맛을 좋아하는 사람은 오렌지주스를 선호했었다. 이렇게 혼합하면 굉장히 세련된 칵테일이 되는데 마치 젊은 층에서 보드카에 다양한 음료를 혼합하는 것처럼 파티에 딱 어울리는 칵테일이었다.

한국의 3대 명주

한국의 3대 명주는 중국과 달리 치열한 경합을 겨뤄 탄생한 것은 아니다. 한국의 3대 명주라 하면 많은 애주가들이 "그래, 이 술 정도면 3대 명주에 속할 만하지"라고 인정을 해주시는 것에 가깝다. 많은 전통주 중에 죽력고, 이강고, 감홍로만 주목을 받는 것은 전통주 소믈리에로서 안타까운 일이지만 많은 이들이 이 술들을 3대 명주라고 하는 이유는 분명히 있다. 그러기에 각자의 취향이 아니더라도 이 3대 명주를 한 번쯤 경험해보셨으면 하는 바람이다.

 한·줄·평

빤스PD	이 계피향 너무 좋아요.
명사마	감홍로는 투게더 아이스크림에 발라먹는 게 제맛이죠.
박언니	나는 단것 싫어하지만 감홍로의 깊은 맛은 인정합니다.
신쏘	저에게 마음의 힘이 되어주는 술입니다.
장기자	저 빨리 바닐라 아이스크림에 부어먹고 싶어요.

사계절을 담은 네 가지 술
━━━ 풍정사계

by 박언니

주종	약주
제조사	유한회사 화양
원산지	충청북도 청주시
용량	500ml
알코올	15%
원료	찹쌀, 누룩(향온곡), 정제수
색	연한 황금색
향	잘 숙성된 누룩향, 배꽃, 메밀꽃, 풋사과향
맛	산미와 단맛으로 잔잔한 재료를 살리는 맛
가격	30,000원대(소비자 가격)

이제는 오롯이 혼자 해야
즐겨지는 것들의 맛

간결한 문화의 흐름 속에 혼밥과 혼술이 자연스러워진 요즘이다. 몇 년 전만 해도 우리의 시선은 혼자서 무언가를 하러 온 이들의 모습을 힐끔거리며, 아니 어쩌면 무언가 사연 있는 사람일 거라는 확신 아래 조심스레 봤던 기억이 있을 것이다. 나 또한 그런 사람 중에 하나였고 혼자서는 커피 한 잔도 못 마시는 얼뜨기였다.

일찍이 일본은 개인주의 문화가 자연스러워 가끔 일본을 갈 때면 용기를 내어 혼밥, 혼술을 해봐야겠구나 하고 다짐을 하곤 했다. 그리고 어느 날 나는 그것을 했고 알아버렸다. 혼자만의 시간에서 오는 모든 것의 재미를.

박언니는 혼밥보다는 혼술 횟수가 많다. 지금 생각
해보니 한국에서의 첫 혼술이 아마도 8년 전 지금 사는 판
교로 이사했을 때인것 같은데, 남편이 늦는 저녁이면 샤워
부터 말끔히 하고 머리를 쫑긋 묶어 올리고 맥주에 간단한
안주를 차려놓고 영화 한 편 혹은 밀린 드라마를 틀어놓고
혼술을 하기 시작했다. 서울에 친구들을 두고 홀로 판교로
건너왔으니 텔레비전과 맥주는 나의 친구가 되기 시작한
것이다. 혼술할 때마다 주종이 바뀌지만 주종이 바뀔 때마
다 같이하는 놀이들은 달라진다. 맥주에는 영화를, 와인에
는 음악을, 소주에는 친구와의 전화 수다를, 막걸리에는 파
전을, 최근에는 반신욕을 하며 혼술하는 버릇이 생겼다. 주
종은 약주, 술의 이름은 풍정사계.

충청북도 청주시 청원구 내수읍 풍정리의 화양 양
조장에서 만들어지는 약주이다. 1554년 《고사촬요》에 나온
'조화양지'의 줄임말인 화양은 찹쌀과 직접 디딘
누룩인 향온곡을 끊여 식힌 물에 가장 이상적인
방법으로 조화롭게 섞어 빚기에 가져온 이름이
다. 양조장 이름처럼 술맛이 어느 한쪽으로 치우
치지 않고 향기롭고 조화롭다.

풍정사계 또한 풍(楓, 단풍), 정(井, 우물)
의 한자를 쓰고 있을 만큼, 옛날부터 물맛 좋기로
유명한 마을 이름 풍정리에서 착안한 것인데, 풍
정의 자연을 술독에 담아 맛과 향이 다른 네 가
지 술로 만들어서 춘(春, 약주), 하(夏, 과하주), 추

(秋, 탁주), 동(冬, 증류주)이라는 사계의 이름으로 출하된다.

국내산 쌀을 떡범벅으로 만들어 직접 디딘 향온곡이라는 누룩을 넣고 100일 이상 숙성해 만들어지는 풍정사계는 누룩에서 오는 풍부하고 숙성된 향이 일품인데, 녹두는 단백질 함량이 높아 조금만 잘못 되어도 쉰내가 나고 발효가 실패하는 터라 원래 술을 빚을 때 좀처럼 사용하지 않는 재료이다. 지금은 서울시무형문화재로 지정되어 있는 향온주(소주) 만들 때 사용되고(무형문화재 9호 박현숙 명인) 풍정사계에도 이 향온곡이 들어가는 것이 특징이다.

푸릇했던 나뭇잎이 초가을을 머금어 붉게 물들려 하던 계절 좋은 날, 풍정사계의 화양 양조장을 방문한 적이 있다. 풍정이란 이름 그대로 단풍이 돋보이는 작은 마을에 위엄있어 보이는 한옥은 술 빚는이의 위풍을 보여주는 듯했다. 그날 풍정사계의 이한상 대표와 짧은 인터뷰를 하면서 느꼈던 뚝심 있고 선비 같은 이미지는 이제 막 출시되어 마셔보지 못한 궁금증의 조바심보다도 그의 술에 대한 열정과 자부심이 어떤 술로 표현되어 나왔는지 느껴보고 싶은 것에 대한 조바심이 마음을 급하게 만들었다. 양조장을 같이 운영하는 단아한 사모님이 내온 풍정사계의 첫맛. 어쩜 이렇게 마을의 아름다운 이미지와 빚는 사람의 진솔한 성향이 술 속에 고스란히 담겨 있을까 감탄을 마지 않았다. 그 마을과 그 사람, 그 술내음의 각인을 받고 돌아온 후 풍정사계 '춘'은 2016년 우리술 품평회 최우수상에 이어 2017년 대한민국 주류대상 대상을 수상하고 2018년 한미 정상회담의 만찬주로 선정이 된다.

나와 풍정사계가 같이 있으면 그곳이 파라다이스

입욕제를 풀은 욕조에 물을 받고, 향초와 재즈 음악을 틀고, 얼음을 채운 바스켓에 담아 식힌 풍정사계를 욕조 옆에 두면 나의 혼술 준비는 끝난다. 마치 옛날 옛적 황후가 몸을 담갔던 욕조 옆에 나를 섬기는 하녀들이 준비한 향기로운 음료와 초를 세팅해놓은 것처럼, 그윽한 향초에 취하고 재즈에 취하고 풍정사계에 취해 시간 가는 줄 모르면 어느새 내 몸은, 때가 불어 있다. 적당히 해야 하는 입욕을 한 시간 동안 하니 때밀이 노동을 감수할 수밖에. 여유롭고 감성이 묻어나는 혼술을 즐기려다 매번 같은 실수(긴 입욕)로 황홀은커녕 팔이 끊어지는 아픔을 느끼면서 천천히 현실로 돌아오는 지경이 된다. 그래도 괜찮다. 정갈한 몸 상태로 취침 전 다시 한 잔 느끼는 풍정사계에 또다시 스르륵 황홀한 꿈속으로 스며들어가면 되니까. 행복을 즐겨야 할 시간은 지금이고 그 행복을 함께해야 하는 이는 풍정사계인 듯하다.

Tip★

누룩의 종류

조곡 : 가장 기본이 되는 누룩(밀 누룩)

죽곡 : 밀과 쌀가루 섞는다(먼저 쌀가루로 죽을 만들고 밀가루를 나중에 섞는다)

이화곡 : 쌀을 계란처럼 뭉친다

백곡 : 밀가루로 디뎌 밟는다

향온곡 : 밀에 녹두를 불린 물(녹두물즙)을 반죽한다

과하주

- 여름에 빚어 마시는 술, 여름이 지나도록 맛이 변하지 않는 술, 봄에 빚어 마시면 여름에 건강하게 지낼 수 있는 술, 약주에 소주가 들어가 상하지 않는 술이라는 뜻을 담고 있다.
- 발효 도중에 증류주를 넣어 여름철과 같이 온도가 높은 환경에서도 재발효를 예방할 수 있어 장기 저장이 가능한 술. 즉, 발효주의 단점을 방지하고자 빚는 술이 과하주이다. 김천 과하주가 유명하다.

 한·줄·평

빤스PD	자극 없는 기품이 느껴집니다.
명사마	백설기로 빚은 만큼 적절히 담백한 맛이라고 할까요?
박언니	드라이하고 절제되어 있는 향과 맛이 안주 없이 단독으로 마시기에 너무 좋아요.
신쏘	드라이한 약주라고 하지만 미세한 곡물 단맛 때문에 독하다는 느낌은 없어요.
장기자	풍정사계 과하주는 도수는 더 높지만 단맛은 더 있어요.

진달래꽃 향기가 배어 있는 술
면천 두견주

주종	약주
제조사	면천 두견주 보존회
원산지	충청남도 당진시
용량	700ml
알코올	18%
원료	찹쌀, 진달래꽃(두견화), 누룩(곡자), 정제수
색	담황 갈색
향	진달래의 은은한 향
맛	부드러운 감칠맛
가격	10,000원대부터(소비자가)

꽃의 흐드러짐에 발길 닿고 싶어지는 곳

여행이라는 것은 봄에만 하는 것이 아니다. 여름엔 더위를 피해 떠나야 하고, 가을에는 단풍을 즐기러 가고, 여행하기 딱 좋은 연말연시 겨울엔 눈을 즐기러 떠나고.

술도 여행처럼 엮자면 봄이 되면 꽃이 피어나니 날이 좋아 한 잔, 여름에는 더워서 시원하게 한 잔, 가을에는 서늘한 바람과 함께 떨어지는 낙엽에 고독을 느끼며 한 잔, 겨울에는 입김으로 느껴지는 추위를 잠재우기 위해 한 잔. 여행과 술이란 모름지기 해야 할 이유를 붙이기에 너무나 적절한 이유와 타이밍을 가지고 있지 않은가?

그럼 여행과 술. 단순히 엮는 것이 아닌 어떠한 연관이 있을까? 국내 여행을 가더라도 그 지역의 유명한 음식을 먹어보는 것은 누구나 그럴 것이다. 지금은 그 지역의 특산품의 음식 또는 종류를 불문하고 그 지역에서 유명하다는 음식점을 찾아 다닌다. 그럼 음식을 먹을 때 술을 매칭한다면 어떤 것을 고를 것인가? 박언니는 제발 부탁한다. 그 지역의 지역술을 꼭 한번 마셔보라고. 국내만을 말하는 것은 아니다. 해외여행시에도 그 지역의 로컬 음식과 술을 미리 체크하고 어느 정도 음식과 술에 대한 정보를 알아본 뒤 현장에서 매칭해보면 그것을 통해 그 나라의 지역 특성을 알게 되고 그 음식과 술을 왜 즐길 수밖에 없었는지에 대해서도 알게 된다.

제주도를 가면 한라산 소주는 꼭 마셔보겠지? 그럼 왜 한라산 소주를 마셔봐야 하는가? 같은 주정이라도 물맛과 조미료에 따라 희석식 소주의 맛도 달라지는데 이미 한라산에서 흘러나오는 삼다수의 물로 만들기 때문에 25%라는 도수에도 일반 소주 18%의 도수와 다를 바 없이 깔끔하고 시원하게 목넘김이 좋다. 그리고 지역 특산품인 흑돼지와의 매칭으로 한라산만한 술이 없고 청정 지역의 맑은 공기와 함께하기에 평소보다 술맛이 상승됨을 느낄 것이다. 혹시 술을 못하는 이들이 있다면 그 지역의 물과 매칭해보는 것도 좋다. 지역마다, 나라마다 물맛이 다르다는 것은 익히 알고 있다. 경수인지 연수인지, 미네랄 함량과 탄산, 수질에 따라 음식 맛이 달라진다.

사계절이 있는 우리나라는 많은 이점이 있다. 몸으로 느낄 수 있는 온습도의 다양함, 그에 따른 먹거리, 그 먹거리 중 하나인 계절 술 같은.

진달래꽃 두견화

4월쯤 되면 사방이 진분홍으로 물들게 되는데 그 이름이 진달래, 다른 이름으로 두견화이다. 색깔에 따라 홍두견, 백두견으로 구분되고 참꽃이라고 하여 먹을 수 있으며 솔잎과 같이 술에 잘 어울려 술 재료로 곧잘 쓰인다.

충청남도 당진시 면천면에서 양조하는 면천 두견주는 1986년 88 서울 올림픽을 앞두고 문배주, 경주교동법주와 함께 국가중요무형문화재 86-2호(제조비법)로 지정되어 복원된다. 그 후 2001년 유일한 기능보유자인 박승규 명인이 별세하면서 면천 두견주 이수자들이 문화재청 심사에서 자격 미달 판정을 받자 애가 탄 면천 주민들은 직접 팔을 걸어 붙이고 나선다. 술을 전공한 대학교수들에게 용역을 줘서 옛 문헌에 나타난 두견주 제조법을 복원하고 전국의 술 잘 빚는다는 마을들을 돌아다니며 전통주 제조법을 배우고

그렇게 빚은 술을 놓고 전문가와 두견주 맛을 기억하는 지역 주민들로부터 심사를 받는 등 많은 노력을 기울였다.

　　2003년 문화재청은 개인 보유자를 따로 두지 않는 조건으로 면천 주민들에게 자격을 인정해주고 지금 무형문화재 보유자 주체를 '면천 두견주 보존회'로 지정한다. 현재 면천 두견주 보존회는 면천 두견주를 계승, 발전시켜서 전통문화와 무형문화재의 세계화 및 보급 선양을 목적으로 설립된 대한민국 문화체육관광부 소관의 사단법인이다.

　　한산 소곡주만큼 손이 많이 가는 면천 두견주는 밑술과 두 번의 덧술(이양주)로 발효와 숙성까지 100일 걸리는 술이다. 찹쌀 고두밥에 진달래꽃과 누룩을 섞는데 이때 꽃술을 일일이 떼내고 꽃잎만 말린다.(암술, 수술, 꽃받침에는 알레르기 유발 물질이 있다) 그리고 덧술을 만들 때 물과 함께 치댄다. 숙성까지 마친 진달래 향을 품은 두견주는 전통 약주 중에서 가장 높은 18도의 도수가 느껴지지 않을 만큼 점성 있는 단맛과 적당한 산미가 있고 누룩 냄새는 거의 나지 않아 마시기에 부드럽고 감칠맛이 난다. 아마도 양조용수로 쓰이는 면천의 안샘물이 부드러운 맛에 한몫하지 않았나 싶다.

남북 정상회담 만찬주로 선정

　　2018년 가장 뜨거웠던 뉴스는 아마도 남북 정상회담이 아닐까 한다. 어떤 정상회담을 하던 나의 관심사는 만찬주를 어떤 술로 하느냐가 핵심 뉴스만큼 큰 이슈로 다가온다. 이번 남북 정상회담 만찬주의 하나로 면천 두견주가 선정이 되면서 새삼 그 이유에 대해서 생각해보게 됐다.

1980년대 한창 남북 통일에 대한 열기가 뜨거웠던 시절 그때 통일의 상징으로 진달래가 등장한다. 개나리보다 늦게 피지만 새해의 전령사라 불렸던 진달래는 젊고 담백하며 백두산에서 제주도 한라산에 이르기까지 전국에 빠짐없이 피는 꽃이다. 이런 진달래의 특성 때문에 통일의 꽃으로 추앙받았는데 당시 통일을 반대하던 사람들이 진달래가 북한의 국화이라며 적화통일을 바란다고 어깃장 놓는다. 그러나 사실 북의 국화는 함박꽃(작약)이다. 어쨌든 통일을 염원하는 남북 정상회담에서 만찬주로 쓰인 진달래꽃의 면천 두견주는 그 쓰임이 마땅하고 맛있기로 정평이 나 있으니 북한 동포와 도란도란 나눌 만한 술이다.

 한·줄·평

빤스PD	진달래 향인지는 구분이 잘 안 가지만 복잡미묘하게 여운이 길게 느껴져요.
명사마	52%의 찹쌀 함량이 주는 진함이 있지만 한산 소곡주보다 라이트한 맛이에요.
박언니	열자마자 단내가 훅 들어오네요. 식혜 마시고 난 후처럼 단맛이 계속 남는데요.
신쏘	미나리 초무침 같은 약간은 시큼한 음식과 매칭하고 싶어요.
장기자	확실히 단신(단맛, 신맛)의 맛이 조화롭네요.

Tip★

면천 두견주 설화

고려 개국공신 복지겸이 큰병을 얻어 눕게 되자 딸 영랑이 병을 낫게 해달라고 마을 뒷산 '아미산'(349미터)에 올라가 매일 기도 올렸다. 기도 100일째 되는 날 꿈에 산신이 나타나 말하길, "아미산 진달래꽃을 따서 술을 빚되 반드시 안샘물로 빚어 드리고 안샘 곁에 두 그루의 은행나무를 심어 정성껏 기도해라. 그럼 아버지의 병이 나을 것이다." 이때부터 면천에서 두견주 빚었고 두견주의 맛을 내려면 안샘물로 빚어야 한다는 말도 같이 전해졌다.

설화 풀이

- 명주가 되기 위해서는 술에 얽힌 사연이 있어야 하고 그 사연을 증거할 공간이 있어야 하고 그 술과 공간에 감동을 하여 찾아오는 사람이 있어야 한다라는 말이 있다. 관광 스토리텔링 3요소는 사연(스토리), 공간(관광지), 사람 (관광객)이다. 그렇기에 스토리텔링으로 쓰여진 설화는 필요하다.

- 왜 하필 은행나무 두 그루를 심었을까? 은행나무가 암수로 구분되기 때문이 아닐까. 그래야 열매를 맺으니까.

- 그런데 왜 은행나무일까. 산신령이 술만 권할 수 없어서 안주까지 권해준 것일지도?

- 은행은 신장에 좋은데 복지겸이 신장결석이나 신장병에 걸렸을 것을 추측해볼 수도 있다.

- 은행은 하루 5알 이상 먹으면 안 되는데 그게 안주로 괜찮았을까. 은행 한 알에 두견주 한 잔 기준으로 하루 5잔 이상 마시지 말라는 경고인 듯하다 '두견주 석 잔에 5리를 못 간다'는 유명한 말도 있다. 그만큼 두견주는 약주로서는 도수가 센 술이다.

88 서울 올림픽을 앞두고 전통주를 복원시킨 이유

1988년은 한국 전통주 르네상스의 시작과 같은 해라고 해도 과언이 아니다. 복원된 전통주는 이 시기에 한국을 방문하는 외국인들을 대상으로 판매하려는 목적, 공식 만찬주로 사용하기 위한 목적 두 가지가 있었는데, 정부 차원에서도 많이 샀고 많이 뿌리기도 했다.

한국 전통주의 역사에는 와인도 있다

꿈

by 신쏘

영동 와이너리

주종	과실주(와인)
제조사	여포농원
원산지	충청북도 영동
용량	375ml
알코올	12%
원료	머스캣 오브 알렉산드리아
색	옅은 꿀물색
향	청포도 껍질, 노란꽃 계열 향
맛	산뜻하면서 달콤하다.
가격	20,000원

신쏘는 충청북도 영동에 위치한 영동대학교(현 유원대학교) 와인학과를 졸업하였다. 그러다 보니 영동 와이너리 대표님들 중 친한 분들이 많다. 아무래도 수업 과정에서 직접 양조장으로 가서 양조를 체험하거나 테이스팅을 하는 경우도 많고 와인 행사에 부스 참가를 하여 직접 와인 판매도 했다 보니 오며가며 그 지역 양조인들과 친해질 수밖에 없었다. 그래서 특히 친한 와이너리에서 생산된 한국 와인들에게 애정이 남다르다.

한국의 와인 역사가 짧다고?

와인이라고 하면 꼭 포도로 만드는 것은 아니다. 와인은 여러 과일의 발효주라고 보면 되는데 한국에서는 과실주로 불리우며 감 와인, 사과 와인, 복분자 와인, 오미자 와인 등 다양한 형태의 와인들이 생산되고 있다.

그런데 많은 사람들이 한국 와인이 전통주라고? 우리나라가 언제부터 와인을 마셨는데? 하고 되묻지만 와인은 해외에서도 우연하게 만들어진 술이다. 포도가 땅에 떨어져서 즙이 흘러나왔고 그곳에 야생효모가 붙어 발효를 시작한 것이다. 그것을 동물들이 핥아먹는 것을 보고 사람이 따라서 마셔본 것이 초기 와인의 발견이다. 그렇다면 과연 과일이 많은 한국에서도 그 옛날 비슷한 현상이 없을까?

또 오만 원 지폐를 보면 신사임당이 그린 그림이 있다. 바로 〈묵포도〉라는 그림인데 이 그림 속 과실은 포도보다는 머루에 가깝다고 하지만 머루는 현재 한국에서 양조를 하기에 가장 적합한 품종으로 알려져 있다. 많은 상황을 돌아봤을 때 한국의 와인은 적어도 우리의 생각보다는 긴 역사를 가지고 있을 것이다.

달달한 한국 와인 의외로 입맛에 딱이야

여포농원의 여인성 대표에게 있어 와인이란 '나의 꿈'이다. 그래서 아직 모두를 아우를 수 있는 와인을 만들지 못했지만 계속 노력하여 그러한 와인을 만들 때에는 기존의 '꿈'이라는 이름 대신 자사에서 생산되는 모든 와인의 이름을 바꾸고 싶다고 밝혔다. 그만큼 여포농원은 매해 품질을 높이기 위해 많은 노력을 하고 있으며 레드 스위트, 레드 드라이, 화이트 스위트 등 다양한 와인을 판매하고 있다.

어떤 사람들은 단맛의 와인은 맛이 없거나 저렴하다고 생각하지만 단맛이 나는 와인 중에 훌륭한 와인들이 많이 있다. 또한 외국 와인과 다르다고 하여 나쁘거나 맛없는 와인은 아니다. 실제 한국 와인을 맛보고 좋아하시는 분들도 정말 많았다. 또한 한국 와인은 단맛과 어울림이 좋은데 마셔보면 드라이 와인보다 스위트 와인 쪽이 인기가 더 좋다. 꿈 화이트 와인도 스위트 와인인데 상큼한 산도도 있어 달콤상큼하게 마실수 있다. 꿈화이트는 디저트 와인으로도 맛있지만 간단한 치즈나 과일과 함께해도 좋다.

 한·줄·평

빤스PD	와인에서 살구와 복숭아향이!
명사마	이 와인, 외국인들에게도 인기가 좋았어요.
박언니	내가 단맛을 싫어하지만 이 와인은 맛있네요.
신쏘	영동와인 많이 사랑해주세요.
장기자	다른 말은 필요 없습니다. 그저 맛있습니다!

무형문화재는 고리타분하다는 편견
문배주

by 신쏘

주종	증류식 소주
제조사	문배주 양조원
원산지	경기도 김포시
용량	200ml
알코올	40%
원료	조, 수수, 효모
색	투명
향	수박껍질향
맛	목넘김이 부드럽고 곡물의 맛이 진하다.
가격	10,000원

전통주라고 다 고리타분한 것은 아냐

무형문화재 문배주는 고량주를 만드는 재료인 수수로 만들어지면서 많은 사람들이 고량주와 맛이 비슷하다라는 말을 많이 한다. 조금 이상한 상황이지만 고량주를 좋아하는 분들은 문배주 또한 좋아하시는 분들이 많다. 특이 이러한 점으로 인해 문배주는 한식 외에도 잘 어울리는 음식들이 많은데 중국 음식과 태국 음식하고 어울림이 좋다는 것은 이미 많이 알려져 있다. 또한 문배주는 이름만으로는 굉장히 올드하지만 다양한 칵테일로도 변신을 많이 해왔다.

전통주라고 하면 이런 생각이 떠오른다. 어르신들이 마셨던 술, 선물용 술, 술장식장에서 본 술. 하지만 실제 전통주를 접하다 보면 세련되고 재미있는 술들이 많이 있다.

문배주처럼 말이다. 그러니 많이들 시도해보고 다양하게 즐길 수 있으면 하는 바람이다. 전통주가 한식하고만 먹거나 어르신들이나 마시는 고리타분한 술이 아니다라는 것을 알려줄 수 있는 가장 대표적인 술이 문배주라고 하고 싶다.

돌배는 없다

문배주는 술에서 문배향이 난다 하여 붙여진 이름이다. 여기서 문배가 돌배라고 하는데 실제 지금은 돌배가 흔하게 구할 수 있는 과일이 아니지라 돌배향을 아는 사람은 거이 없을 것 같다. 신쏘 또한 돌배향을 직접 맡아본적은 없다. 그래서인지 공감이 잘 가지 않는다. 신쏘는 돌배향이라기보단 수박껍질 또는 무화과의 향과 비슷하다고 느꼈다. 실제 '월향'에 가면 수박과 문배주를 이용한 칵테일이 있는데 너무나 잘 어울리고 맛있고, '우술까' 촬영 중 문배주와 생무화과주스와 칵테일을 만들었을 때도 굉장히 맛있었다.

또 문배주는 초콜릿하고도 잘 어울리는데 같이 먹어도 맛있지만 문배주를 활용해서 초콜릿을 만들어도 맛이 좋다. 신쏘가 생각하기에 문배주는 이름은 전통스럽지만 맛은 세련된 맛을 가지고 있는 충분히 젊은층도 좋아할 만한 술이라고 생각한다.

월향에 문배주와 수박 참나물을 이용한 칵테일

고량주는 무슨 맛?

고량주는 간단하게 청향, 농향, 장향으로 나눈다고 한다. 여기서 신쏘의 아버지 세대에 유행한 고량주는 청향이었다. 또 지금 신쏘 세대에 유행하는 고량주는 농향이다. 그래서 문배주가 고량주와 비슷하다고 했을 때 공감을 한다면 최소 30대 중반이고 이해를 못 한다면 최대 30대 초반이 아닐까? 문배주는 고량주 스타일로 보면 청향에 가까워 고량주와 같다라고 하면 이해하지 못하는 사람들도 있을 것이다. 문배주는 다양한 도수와 용량으로 판매되는데 취향에 따라 골라 마실 수도 있고 병도 도자기병과 세련된 유리병과 고급 도자기병으로 판매되어 상황에 맞게 구매할 수 있다.

또한 100ml 작은 용량으로도 판매되기에 대뜸 큰 병으로 첫 시도를 하기 두려우신 분들 또는 혼술을 위해 부담없이 구매할 수 있다.

 한·줄·평

빤스PD	프리미엄 고량주!
명사마	드라이함의 극치. 왠지 만주 벌판이 보여요.
박언니	레몬 하나 넣어주면 더 맛있겠네요.
신쏘	무화과랑 함께 마시면 맛있어요.
장기자	크…… 40도는 좀 쎄네요.

칵테일의 제왕을 즐겨보자
마티니

by 박언니

로맨스를 쫓는 언니

주종	칵테일
알코올	평균 25%
원료	진, 드라이 마티니, 베르무트
색	투명
향	진에서 오는 향긋함
맛	쓴맛과 올리브 짠맛의 조화
가격	15,000원~(Bar 가격)

책에 대한 흥미를 가지게 됐던 최초의 기억은 지금까지도 또렷이 생각나는 세계명작동화 전집인데 그중에서도 '신데렐라'에 집착했었다. 몇 번을 읽었어도 그런대로 멀쩡했던 수십 권의 명작동화 중 유일하게 신데렐라는 책이 너덜너덜해지다 못해 나중엔 페이지가 찢겨져 나가 순서를 맞춰가며 다시 읽기를 해야 할 정도였다. '현재의 어려움에 굴하지 않고 최선을 다하고 착하게 살면 좋은 일이 있을 것이다'라는 동화 속 교훈은 뒤로한 채, 신데렐라 동화책을 계기로 동화 속 왕자님만을 쫓는 로맨스 소설 혹은 만화 등 분야를 가리지 않고 나를 그 세계에 집어넣고 주인공 놀이를 해댔던 것이다.

어찌 됐든 지금 생각해보면 로맨스 소

설이나마 만들어놓은 그때의 독서 습관이 성인이 되어서도 이어져 아직도 책 읽는 것을 좋아한다. 특히 구입 날짜 도장이 찍힌 새로 산 책을 한 장 한 장 넘겨 가며 읽는 그 맛은 편리하다는 전자책과는 사뭇 다른 희열감이 있다.

로맨스라는 장르를 좋아하게 된 계기로 한 드라마에 꽂히고 그곳에서 등장하는 하나의 술이 나의 인생 술로 다가왔다. 〈섹스 앤 더 시티〉라는 미국 드라마, 엄밀히 말하자면 로맨스만 있는 내용은 아니지만 여자라면 누구나 동경할 수밖에 없는 뉴욕이라는 배경, 그 속의 주인공 캐리 브래드쇼(사라 제시카 파커)의 화려하고 당당한 캐릭터, 일과 사랑, 패션, 우정, 파티, 그리고 칵테일.

〈섹스 앤 더 시티〉 속의 칵테일

처음에는 뉴욕을 배경으로 주인공의 화려한 생활의 시각적인 매력에 먼저 빠져들어 접하게 됐는데 후에는 여러 에피소드에서 보이는 여주인공 4인방의 각기 다른 연애 패턴과 여자들의 의리와 우정을 동경하며 봤었다. 그리고 또 하나, 그 속에서 늘 함께하는 그녀들의 술 문화는 내 눈을 사로잡기에 충분했다.

2000년쯤 〈섹스 앤 더 시티〉를 보고 뉴욕의 음주 문화를 동경했지만 당시 우리나라에서는 바(bar) 문화가 많이 없어서 막연히 부러워만 했다. 아니, 있기는 했겠지만 초록색 병 소주에 지출하기에도 버거웠던 주머니 사정이 빈약했던 어린 시절, 바에 간다는 건 사치이자 그리 자연스러운 일도 아니었다. 드라마 속의 캐리는 떠들썩한 분위기 속 캐주얼바에서, 혹은 여러 파티 장소에서 항상 한 손엔 술을 들고 다른 한 손은 특유의 제스처를 드러내며 즐거운 대화를 나눈다. 그 여리여리한 손가락으로 칵테일 잔의 가느다란 스템(stem)을 잡아 입으로 가볍게 가져다 대는 모습, 그리고 위아랫니 치아 8개가 훤히 보일 정도의 미소를 지으며 술맛을 음미하는 그 섹시함.

드라마에 자주 등장했던 칵테일은 코스모폴리탄과 마티니였는데 이 두 잔의 술 중 나의 인생 술이 되어버린 마티니에 대해 설명해 보기로 하겠다.

인생 술로 만들어버릴 거야

우선 코스모폴리탄은 보드카를 베이스로 코인트로라는 오렌지 리큐르와 라임 주스, 크랜베리 주스를 믹싱한 것이다. 라임 주스는 신선하게 갓 짠 주스를 사용하는 것이 원칙이고 크랜베리 주스는 색깔을 내기 위해 사용하는데 완성된 칵테일을 보면 드라마에서와 같이 엷은 핑크색을 띠게 된다. 사실 나는 이 핑크색의 코스모폴리탄을 보고 '저

걸 한번 마셔보고 싶다'는 생각은 한 적이 없다. 벌써 색깔부터가 여성스러운 것이 딸기맛 춥파춥스를 연상하게 만들어 다디달 것이라는 생각이 막연히 떠올랐기 때문이다.

그럼 마티니는 어떤 술일까? 〈섹스 앤 더 시티〉에서의 마티니는 애플 마티니가 주로 등장한다. 애플 마티니도 보면 외관상 연두빛 사과맛 사탕을 연상케 해 관심을 두지 않았었는데, 다른 타입의 드라이 마티니는 내가 관심을 갖기에 충분한 이유가 있었다. 하지만 '술알못' 시절 나에게는 세상 이렇게 독한 술이 없었고 그 안에 들어 있는 올리브 또한 세상 맛없는 열매였다. 나의 첫 마티니 시음이 실패했고 훗날 마티니를 미소로 반기는 캐리의 섹시한 모습에서 '리스펙트(respect)'를 외쳤다.

칵테일의 왕

칵테일의 왕이라고 부르는 마티니는(칵테일의 여왕은 맨해튼) 탄생에 있어서 몇 가지 설이 있는데 첫 번째는 1911년 미국 뉴욕의 니커보커 호텔의 바에 근무하던 수석 바텐더 마티니가 처음 만들었다는 설, 두 번째는 마티니에 사용하는 베르무트가 이탈리아 회사 마티니 앤 로시의 제품이기 때문에 유래됐다고 설이다. 마티니는 들어가는 비율에 따라 혹은 어떤 첨가물을 넣었느냐에 따라 종류가 꽤 많다. 보통 진과 베르무트을 3:1로 저어서 믹스해 잔에 따르고 가니쉬로 올리브나 레몬껍질로 장식하는 게 표준이지만 얼마나 드라이하게 만드느냐도 여러 가지 변형이 일어난다. 가장 드라이한 것은 진을 따른 잔 주위에 베르무트을 묻히거나 얼음 위에 살짝 뿌리는 정도라 하니 거의 베르무트 향만 살짝 입힌 진 만을 마시는 것과 다름 없다.

마티니는 온도가 중요하다. 마티니의 드라이함과 깔끔함을 내기 위해서는 얼음을 잔에 넣어 차갑게 식혀놓고 만든 마티니를 따라주는 것이 대부분이지만 마티니 잔을 그대로 냉장 보관해 쓰는 것이 정석이라 한다. 온도만큼 중요한 것이 있다면 진과 베르무트를 넣고 셰이킹을 하느냐 혹은 전용 스푼으로 저어서 섞느냐, 그리고 술의 베이스를 진으로 넣느냐 보드카로 넣느냐이다.

영화 007시리즈 중 제3편 1964년 작 〈골드핑거〉에서는 "보드카 마티니, 젓지 말고 흔들어서."라고 주문한다. 반대로 2015년에 개봉한 〈킹스맨〉에서는 "마티니, 당연히 보

드카 말고 진이지. 따지 않은 베르무트를 바라보며 10초간 저어서."라고 한다. 이게 무슨 말인가? 뭔가 복잡하게 들리겠지만 앞서 설명했듯 마티니는 진에 베르무트를 휘저어 섞는 것이다. 일부 마티니 마니아 사이에서는 칵테일 셰이커에 넣고 흔들어서 만든 마티니는 맛이 난잡해져서 좋지 않다라고 말한다. 이는 셰이커 안에 공기를 잔뜩 넣고 흔들면 진의 원료인 노간자나무 열매

베르무트
화이트 와인에 브랜디
나 당분을 섞고 향쑥 종
류의 약초를 넣어 향미
를 낸 리큐르

에서 나오는 특유의 향과 맛이 부드러워져 마티니의 개성
을 해치기 때문이라는 게 이유이다. 반대로 보드카의 경우
잉여 작물을 써서 증류한 술이라 무색무취해서 개성이 없
기 때문에 얼마든지 흔들어 마셔도 별 상관이 없다.

내 마음대로 '마티니'. 칵테일이냐 폭탄주냐?

집에서 혼술을 하게 되면 제일 손이 많이 가는 것은
당연히 맥주이다. 그다음이 와인이고 가끔 브랜디나 위스
키도 한 잔씩 한다. 언젠가부터는 아예 지인과의 약속이 아
니면 마티니를 맛볼 기회가 없어 탱커레이 No. 10과 몽키
47 진, 마티니 베르무트를 사다놓고 레시피에 상관없는 마
티니를 만들어 먹고 있다. 처음엔 인터넷에 나와 있는 레시
피대로 만들기 위해 한 방울 한 방울 정성스레 따라 믹싱했
지만, 어느 순간 귀찮아져 눈대중으로 대충 섞어 마셨는데
이제는 많아지는 진, 덜 넣게 되는 베르무트, 또는 탱커레이
와 몽키47을 같이 넣고 만든 마티니 등등 내 마음대로 즉흥
적으로 마시고 있다.

나이가 들수록 번잡한 곳보다는 조용한 곳에서 단란
히 이야기하고 싶어지고, 안주에 대한 고민 없고 굳이 시킬
필요도 없으며, 혼술 때에는 음악이라는 친구가 있기에 그
공간은 또 다른 나만의 공간임을 알게 된다.

여러 종류의 술 문화가 있다지만 단순히 하나에 집중해왔던 것 같다. 그러나 여러 가지의 경험으로 나만의 방식을 만들 수 있으니 나만의 방식대로 즐기자 생각했다. 드라마 속, 마티니 잔에 입술을 가져다 대는 캐리의 섹시한 모습에서 새로운 술을 배웠듯, 누군가 씁쓸하고 드라이한 마티니를 즐겁게 마시는 나를 보며 새로운 술 문화에 젖어 보았으면 하는 바람이다.

 한·줄·평

빤스PD	코에서 느껴지는 향긋함이 마시는 순간 차갑고 도도하게 바뀌어요.
명사마	외유내강. 소프트한 것 같지만 강하네요
박언니	술 베이스를 무엇으로 쓰느냐에 따라 맛이 많이 바뀔 것 같네요.
신쏘	드라이하지만 주정에서 오는 단맛도 느껴져요.
장기자	드라이 마티니는 저한테 너무 강하게 느껴져요.

Tip★

마티니 종류

- **스위트 마티니** : 스위트한 베르무트가 쓰이고 레시피보다 베르무트 양을 더 많이 넣는 다. 그러면 진의 씁쓸한 맛이 달달한 베르무트가 커버해 달콤한 칵테일이 만들어진다.
- **퍼펙트 마티니** : 드라이 진 + 드라이베르무트 + 스위트베르무트 = 2 : 0.5 : 0.5
- **보드카 마티니** : 진 대신 보드카를 베이스로 쓴다. 술을 섞을 때 젓지 않고 쉐이크 기법 을 쓴다. 북미 쪽의 바에서는 쑥, 솔잎향의 진이 부담스럽다 느껴 보드카 마티니가 대세.
- **더티 마티니** : 보드카 마티니에 올리브 주스가 들어간다. 보드카2 : 드라이베르무트 1/3 : 올리브 주스 1/3이 들어간다.

진 종류

- **탱커레이(Tanqueray)** : 1830년 찰스 탱커레이가 영국 블룸스베리에 차린 증류 시설을 기원으로 1차 세계대전으로 파괴된 후 스코틀랜드의 카메론 브 릿지로 자리 옮김. 4회 증류를 기본. 탱커레이 기본라인이 있고 탱커레이 넘 버 10이 있는데 레몬향이 더 강하고 2010년 한국에 수입되고 있다.
- **비피터(Beefeater)** : 영국 런던탑을 지키는 붉은 제복의 근위병을 가리키 는 별명에서 가져온 술 이름이다. 근위대가 병에 그려져 있고 1820년 런던 템즈 강변에서 제임스 버로가 생산을 시작한 이래 지금까지 이어져오는 오 래된 역사를 자랑하는 술이다. 진 하면 떠오르는 아주 표준적인 제품이다.
- **고든스(Gordon's)** : 탱커레이 보급판이라고 부르지만 유서 깊은 술이다. 1769년부터 만들어진 세계 최초의 칵테일이라는 고든스 앤 토닉을 통해 진 의 원조라고 볼 수 있다. 네모난 모양에 노란색 라벨에 멧돼지 모양은 고든 가문의 상징. 다른 진에 비해 심심하다고 느껴질 수 있지만 군더더기 없는 깔끔한 표준적 모습이다.
- **봄베이 사파이어(Bombay Sapphire)** : 1987년 출시. 향수처럼 화려한 향 으로 짧은 기간에 세계적으로 인기를 얻었다. 앱솔루트 보드카와 함께 술병 에서는 최고의 디자인이라는 평가를 받고 있다. 향이 다른 진에 비해 상당히 강하고 특이한 편이라 진토닉 용도로는 좋지만 마티니에 쓰이기에는 별로라 는 평.

비 오는 날 생각나는 스파클링 와인
모니스트롤 카바

by 신쏘

주종	과실주(와인)
제조사	보데가스 베르베라나
원산지	스페인
용량	750ml
알코올	11.5%
원료	마카베오, 페레이아, 샤렐로
색	연한 황금색
향	시트러스 계열과 열대과실의 향과 약간의 탄산향
맛	탄산이 강하고 약간의 단맛이 있어 드라이 스파클링 중 달콤한 편
가격	1만~2만 원대

스페인의 스파클링 와인

많은 분들이 모든 스파클링 와인을 샴페인이라 칭한다. 하지만 샴페인(샹파뉴)이란 프랑스 샹파뉴 지역에 전통방식으로 만든 스파클링 와인만을 의미한다. 유명한 샴페인으로는 모엣 & 샹동, 돔페리뇽, 뵈브 클리코, 파이퍼 하이직, 멈, 떼땅져 등이 있다. 그렇다면 그 외에 우리가 봐왔던 스파클링 와인으로는 무엇이 있을까?

샹파뉴 지역 외에서 만들어지는 크레망, 이탈리아는 스푸만테, 스페인은 카바라고 불리운다. 그리고 많이들 달콤한 샴페인이라고 생각하는 와인들은 대부분 모스카토 다스티라고 하여 이탈리아에서 만들어지는 도수가 낮고 달콤하며 탄산이 있는 와인이다.

또 많은 분들이 샴페인은 와인이 아니

다고 하는데 샴페인 또는 스파클링은 와인의 다양한 스타
일 중 하나이기에 엄연히 와인에 속하는 술이다.

빈대떡과 와인의 조화

빈대떡을 판매하는 식당에 가보면 많이 파는 술은
막걸리, 소주, 맥주이며 그중에서도 가장 많이 마시는 술은
막걸리와 소주 같다. 특히 전 하면 떠오르는 술은 막걸리가
아닐까? 신쏘도 광장시장에 놀러가면 빈대떡에 막걸리 한
잔 하는 것을 좋아한다. 언제부터인지는 모르겠으나 한국
에는 비 오는 날이면 파전에 막걸리라는 말이 있는 터라 많
은 사람들이 전에는 막걸리가 잘 어울린다고들 한다. 하지
만 막걸리만 어울리는 것은 아니다. 색다른 조합으로 훨씬
더 재미있고 맛있게 즐길수 있다. 그중에 말술남녀에서 추
천하는 주류는 바로 스페인의 스파클링 와인 카바이다.

빈대떡은 기름기가 많고 고기도 많이 들어가 기름지
고 바삭한 식감을 자랑하는데 스페인의 스파클링 와인 카
바와 함께한다면 탄산과 화이트 와인의 상큼함이 입속에
남은 기름기를 없에주고 산뜻하게 만들어주면서 바삭한 식
감과 탄산이 만나 입속의 즐거움을 더해준다.

우리가 알던 샴페인과는 조금 다른 맛

모니스트롤 카바는 탄산감이 강하고 달콤한 향이 있어 카바 중에도 단맛이 있는 편이다. 모스카토처럼 아주 달지는 않지만 약간의 단향이 곡물에서 오는 단맛하고도 잘 어울리기에 빈대떡하고도 잘 어울릴 수 있는 것이다.

카바는 화이트 품종으로만 만들어지기 때문에 더욱 더 깔끔하고 레몬향과 오렌지 껍질향이 많이 나며 청사과 향도, 파인애플향도 느낄 수 있다. 맛은 탄산의 쌉사름한 맛과 높은 산도로 입 속의 침을 고이게 만든다.

한·줄·평

빠스PD	가장 깔끔한 조합이네요. 빈대떡과 카바!
명사마	막걸리도 스테이크랑 매칭하면 의외로 잘 어울리는데, 이 조합도 신선하네요.
박언니	기름진 음식하고 딱인 술이라고 생각합니다.
신쏘	약간의 단맛이 있어 와인이 어색하신 분들에게도 추천을 해봅니다.
장기자	이보다 어울릴 수는 없네요. 카바와 광장시장 빈대떡!

마셔봐야 이 술의 진가를 알 수 있다
경주 교동법주

by 신쏘

주종	약주
제조사	교동법주
원산지	대한민국
용량	900ml
알코올	16%
원료	찹쌀, 정제수, 누룩
색	황금색, 진한 보리차색
향	구수한 곡물의 향, 식혜 끓이는 향, 조청
맛	맑은 조청과 비슷하고 구수하다.
가격	40,000원

신라 시대부터 이어져온 술

경상북도 경주의 교동법주는 중요 무형문화재 제86-3호로 1986년 11월 1일에 서울의 문배주, 충청남도 면천의 두견주와 함께 중요 무형문화재로 지정되었다. 문배주는 과실로 만든 술이 아니지만 문배(돌배) 향기가 난다 하여 붙여진 이름이다. 과실이 아닌 조와 수수가 들어가는데 수수는 중국에서 고량주를 만드는 재료로 많은 분들이 고량주와 맛이 비슷하다라고 느낀다. 면천 두견주는 복지겸이 병을 앓다가 두견화(진달래)와 찹쌀, 샘물로 빚은 술을 마시고 병을 고쳤다는 이야기에서 유래되었다. 진달래술이라고 하여 핑크색 술을 생각하시는 분들이 있지만 실제는 진한 황갈색에 달콤한 약주이다.

경주 교동법주는 찹쌀로 빚어진 달달

한 술인데 신라 시대부터 유명한 술이었다고 한다. 경주법주는 공식 홈페이지에서 온라인 구매를 하거나 직접 현지 양조장을 방문해서 구매해야 할 정도로 판매처가 많이 없어 구하기 힘든 술 중에 하나이다.

진짜 법주란 무엇인가

다양한 정보를 취합해 보면 술을 빚는 기준을 잡고 그 법에 따라 만든 술이라고 보면 된다. 교동법주 외에서 다양한 법주가 있었는데 그 법주마다의 기준은 제각각 달랐다. 하지만 현재 그 법을 따라 (현재 기준에 변경된 사항도 있다) 만들어져 제품화된 술은 경주 교동법주만 남았다고 보면 된다.

하지만 경주 교동법주는 앞에서 말했듯 구매가 어려운 술이다. 그럼에도 불구하고 워낙 유명한 술이다 보니 알고 계시는 분들이 많고 그분들이 구매를 위해 마트에 가서 접하게 되는 술은 교동법주가 아닌 경주법주일 것이다. 하지만 경주법주는 경주 교동법주와 전혀 다른 술이다. 경주법주는 새로 만들어진 술이며 마셔보면 맛 또한 다른 것을 알 수 있다.

고급스러운 단맛

　　실제 술이란 서민들이 빚어 마시기에는 힘든 존재였다. 술을 곡물로 빚는데 먹고 남은 술로 빚을 만큼 곡물이 풍족하게 수확되는 시기는 별로 없었기 때문이다. 특히 약주와 소주는 더욱 비싼 술이었는데 1리터의 탁주로 약주를 만든다면 그 양은 더 줄어들고 소주를 만들면 더더욱 양을 줄어든다. 또 곡물을 많이 넣으면 단맛이 그만큼 많이 나고 도수가 높아지는데 설탕의 원료도 없는 나라에서 단맛이란 굉장히 귀한 맛이었다. 각종 사극 드라마를 보면 조청, 꿀, 엿, 설탕 등은 굉장히 귀하게 다뤄지는 걸 알 수 있다. 우리도 힘든 일을 하던 와중에 달콤한 것이 입에 들어가면 얼마나 행복해지는가? 옛날에는 단맛이 나는 재료가 많지 않았기에 그 맛은 더 귀했을 것이다. 그래서 큰 가문에서 만들어지는 술들은 곡물을 많이 넣고 만들어 달거나 도수가 높고 맑은 술 또는 증류주가 많았다. 이렇게 만들어진 경주 교동 법주는 고급스러운 단맛이 느껴지는 약주이다.

 한·줄·평

빤스PD	맛이 고급스러워요.
명사마	약간 소곡주와 비슷한 느낌인데요?
박언니	굉장히 달지만 인위적인 단맛이 아니어서 마음에 들어요.
신쏘	달다고 싫어하지 마시고 한 번쯤은 고급스럽고 자연스러운 단맛을 즐겨보세요.
장기자	내가 좋아하는 단맛의 균형!

좁쌀과 화산 암반수로 빚어낸 상큼함
오메기술

주종	약주
제조사	제주샘주
원산지	제주도
용량	375ml
알코올	13%
원료	쌀, 차조, 입국, 누룩, 효모, 효소, 청호, 조릿대, 감초, 정제수
색	투명감 있는 황금색
향	상큼하게 올라오는 과실향
맛	쌉싸름한 홉의 풍미, 몰트의 달콤함
가격	3000원대(마트)

제주도 푸른 밤, 오메기술과 함께

지금까지 제주도에는 대여섯 번쯤 다녀왔다. 여행도 있었고, 취재차 가보기도 했다. 갈 때마다 느끼지만 제주도는 참 아름다운 곳이다. 섬 이곳저곳에서는 여유가 넘쳐흐른다. 같은 대한민국 땅인데도 어쩐지 제주도는 특별하게 다가온다. 이상하게도 이곳에서는 햇볕 한 줌, 바람 한 점조차도 낭만이다.

최근에도 친구와 함께 여행차 제주도를 다녀왔다. 이때 제주도 전통주인 오메기술을 마셨다. 물론, 이전에도 서울에서 몇 차례 오메기술을 마셔본 적은 있지만, 막상 제주도에서는 처음이었다. 감회가 남달랐다. 이때 오메기술을 마시며, 숙소 앞 펼쳐진 바다를 보았다. 출렁이는 바다는 푸르다 못해 잔 속 술처럼 녹빛이었다. 이후 바다가 아름다워서

338

한 잔, 바람이 좋아서 한 잔, 연거푸 건배를 나눴다. 다른 안주는 필요 없었다. 그저 제주 바다만으로도 충분했으므로. 마치 한 장의 사진처럼 그때의 장면과 기분이 각인되어버렸다. 백문이불여일견. 아무리 좋다고 말한들 직접 보고 느끼는 것만큼 확실한 방법은 없다. 혹시 제주도에 간다면 그 감동을 여러분도 한번 느껴보길 추천한다. 제주도 푸른 바다와 함께.

오메기술은 오메기떡으로 만드나?

현재 오메기술은 제주도 애월읍에 위치한 '제주샘주'라는 양조장에서 만들고 있다. 오메기는 제주 방언으로 좁쌀을 의미한다. 결국, 오메기술이라는 이름은 좁쌀로 만든 술을 뜻한다. 제주도는 예로부터 물이 귀했기 때문에 논이 많지 않았다. 따라서 자연스럽게 제주도에서는 쌀이 귀한 존재가 되었다, 이를 대신하여 제주도에서 많이 재배하는 차와 좁쌀로 술을 빚게 되었다. 본래 오메기술은 차, 좁쌀 가루로 만든 오메기떡을 삶아 만든다. 이를 잘 으깨서 누룩과 제주 청정수를 섞어 항아리에 넣고, 일주일 정도 발효시키면 상층부에 맑은 청주가 생기는데, 이 부분이 바로 오메기술이다. 현재는 떡의 형태가 아닌 차와 좁쌀로 술을 빚는다.

제주샘주 김숙희 대표는 오메기술과 이 술을 증류하여 만든 고소리술을 현대인의 입맛에 맞도록 개선하고, 발전시켜 술을 만든다. 특히 제주 화산 암반수와 조릿대 등 제주도에서 나고 자란 농산물을 사용한다. 제주도의 자연을 고스란히 품고 있으니, 어찌 보면 제주 바다와 오메기술의 환상적인 조화는 당연한 셈이다.

맛은 상큼한 과실향과 차, 좁쌀의 독특한 향미를 동시에 가지고 있다. 자극적이지 않고, 부드러우면서도 달콤하다. 알코올 도수는 13%이다. 쓴맛이나 알코올 냄새가 강하게 느껴지지 않는다. 덕분에 술을 잘 마시지 못하는 사람에게도 부담이 적다. 또한, 술을 좋아하는 사람이라면 질리지 않고, 계속해서 마실 수 있다. 마치 가도 가도 매번 또 가고 싶은 제주도처럼.

제주도 관광지로 자리 잡은 제주샘주

제주샘주는 1999년부터 꾸준히 술을 빚어오고 있는 양조장이다. 대표적으로 고소리술, 오메기술, 세우리술, 니모메를 만들고 있다. '찾아가는 양조장'에도 선정되어 다양한 체험 프로그램을 진행하고 있다. 제주샘주에 방문하면 고소리술과 오메기술을 직접 맛보고, 술이 만들어지는 과정도 직접 눈으로 볼 수 있다. 또한, 오메기떡 체험과 쉰다리 체험, 칵테일 만들기 체험 등이 가능하다.

게다가 양조장이 위치한 애월읍은 제주도의 유명 관광지이다. 제주샘주에서 차로 10분 거리에는 곽지과물 해변과 오름, 해안을 따라 형성된 해안도로가 있다. 특히 애월 해안도로는 여러 해안도로 중 가장 아름답기로 유명하며, 해안도로 주변에는 이국적인 분위기의 레스토랑, 카페, 호텔, 민박이 많이 자리 잡고 있다.

한·줄·평

빤스PD	어우, 엄청 새콤하네요.
명사마	시원한 박하향이 나는데?
박언니	자연이 빚은 자연스러운 맛이에요.
신쏘	바다 바람의 짠맛이 느껴집니다.
장기자	상큼상큼해요.

맛과 향으로 가득한
술 의 신 세 계

말술
남녀

인쇄일 2019년 4월 15일
발행일 2019년 4월 20일

지은이 · 명욱, 박정미, 신혜영, 장희주
펴낸이 · 김순일
펴낸곳 · 미래문화사
등록번호 · 제2014-000151호
등록일자 · 1976년 10월 19일
주소 · 경기도 고양시 덕양구 고양대로 1916번길 50 스타캐슬 3동 302호
전화 · 02-715-4507 / 713-6647
팩스 · 02-713-4805
이메일 · mirae715@hanmail.net
블로그 · blog.naver.com/miraepub

ISBN 978-89-7299-503-6 03590